Anwendung pogrammierbarer Taschenrechner

Band 3/I

Peter Kahlig

Mathematische Routinen der Physik, Chemie und Technik für AOS-Rechner

Teil I

Mit 129 Beispielen, 71 Abbildungen, 34 Tabellen und einem Anhang: Universelle Sonderprogramme zum Zeichnen und Drucken

Springer Fachmedien Wiesbaden GmbH

CIP-Kurztitelaufnahme der Deutschen Bibliothek

Kahlig, Peter:
Mathematische Routinen der Physik, Chemie und
Technik für AOS-Rechner/Peter Kahlig. —
Braunschweig, Wiesbaden: Vieweg.
Teil 1. — 1979.
(Anwendung programmierbarer Taschenrechner;
Bd. 3)
ISBN 978-3-663-19890-1   ISBN 978-3-663-20231-8 (eBook)
DOI 10.1007/978-3-663-20231-8

Satz: Friedr. Vieweg & Sohn, Braunschweig

Vorwort

Dieses Buch ist als Soforthilfe für die Praxis bestimmt: Oft benötigte spezielle Funktionen der Physik, Chemie und Technik stehen auf Knopfdruck zur Verfügung. Die Handlichkeit von Taschenrechnern ist dabei ein gewisser Vorteil gegenüber Tabellenwerken oder Großrechnern. Auch leisten Taschenrechner gute Dienste bei Test und Auswahl von ökonomischen Algorithmen für Großrechner. — Die Idee zu diesem Buch geht auf Anregungen von Studenten der Naturwissenschaften an der Universität Wien zurück.

Bei vielen Funktionen sind mehrere Programmversionen angegeben: ‚Schnelle‘ Versionen (meist mit mäßiger Genauigkeit) und ‚genaue‘ Versionen (meist mit mäßiger Schnelligkeit). Einige Versionen brauchen nur wenige oder gar keine Datenregister; dieses wurde durch Verwendung von unkonventionellen Hierarchie-Befehlen erreicht (Anhang A).

Die Programme zum Plotten und Drucken (Anhang B bis E) sind ein ‚Tuning Kit‘ für den TI-59. Fast alle Abbildungen und Tabellen wurden mit diesen komfortablen Sonderprogrammen erzeugt. — Funktionsroutinen, die sich auch für den TI-58 eignen, sind als solche gekennzeichnet.

Zur Verminderung der Programmlaufzeit wurde durchgehend absolute Adressierung angewandt. Auf Modul-Programme wird nicht zugegriffen; daher sind die Programme dieses Buchs parallel zu jedem beliebigen Modul verwendbar. Für mathematische Grundlagen sind zahlreiche Literaturstellen angegeben. Für Rechner-Details wird auf Handbuch und einführende Literatur verwiesen (z.B. H. H. Gloistehn: Programmieren von Taschenrechnern, Band 3, Lehr- und Übungsbuch für den TI-58 und TI-59, Vieweg, Braunschweig 1979).

Der vorliegende Band 3/I in der Reihe „Anwendung programmierbarer Taschenrechner" behandelt u.a. folgende Funktionen: Gamma- und Beta-Funktion, Binomialkoeffizienten, Digamma- und Polygamma-Funktionen, Exponentialintegrale, Integrallogarithmus und Integralsinus. Der Anhang enthält Plotroutinen (zum Zeichnen von mehreren Kurven) und Druckroutinen (zum 9-, 10- und 13-stelligen Drucken). — Der Fortsetzungsband 3/II ist in Vorbereitung. Vorgesehen sind: Zeta-Funktion von Riemann, Fehler-Funktionen und Fresnel-Integrale, elliptische Integrale und Funktionen, Theta-Funktionen, orthogonale Polynome, Legendre-(Kugel-)Funktionen, Bessel-(Zylinder-)Funktionen und Kelvin-Funktionen.

Der Autor wünscht dem Leser Anregung und Erfolg bei der Verwendung dieses Buchs. Vorschläge für Verbesserungen und Ergänzungen werden gern entgegengenommen. Dem Vieweg Verlag und Herrn H. J. Niclas wird für die angenehme Zusammenarbeit gedankt.

Peter Kahlig

Wien, im Mai 1979

Inhaltsverzeichnis

Einleitung

Zu Beginn jedes Kapitels findet man

(I) eine Übersicht über die enthaltenen *Programme* als Hilfe bei der Auswahl einer passenden Routine,

(II) eine Übersicht über die behandelten *Funktionen* (in Form von Integraldarstellungen, Reihendarstellungen, Differential- und Differenzengleichungen) zur raschen Identifikation einer Funktion als Lösung eines Problems,

(III) eine Auswahl von einführender und weiterführender *Literatur.*

Den Hauptteil jedes Kapitels bilden die Programmbeschreibungen. Zur leichteren Orientierung ist jede Programmbeschreibung in sechs Abschnitte gegliedert:

(a) Algorithmus,   (d) Datenregister,
(b) Bedienungshinweise,   (e) Eingabe des Programms,
(c) Checkwerte,   (f) Funktions-Anwendungen.

Die Abschnitte (a), (c), (f) sind für beliebige Rechnertypen (auch Großrechner) brauchbar. In Abschnitt (c) sind Richtwerte für Laufzeiten angegeben; das Verhältnis der Laufzeit von zwei Routinen ist annähernd auch für andere Rechnertypen gültig. Die Beispiele in Abschnitt (f) enthalten detaillierte Angaben über die Tastenfolge zur Lösung eines Problems, wobei nur konventionelle Befehle aufscheinen (unkonventionelle Befehle wie HIR werden ausschließlich in den Funktionsroutinen eingesetzt). Wie in Programmlisten üblich, wird die Präfix-Taste 2nd nicht angeführt. Ein Hinweis wie „Gl. (1.12)" bezieht sich auf die numerierten Gleichungen der Übersicht (II) am Kapitelanfang.

Bekanntlich hat der Rechner sechs Subroutine-(SBR-)Ebenen, neun Klammer-Ebenen und acht unvollständige Operations-Ebenen; die Anzahl der von einem Programm belegten Ebenen ist bei den „Programmkenndaten" in Abschnitt (b) angegeben.

Jede Routine wird in Grundstellung der Speicherbereichsverteilung geladen. Zum Abruf einer Funktion ist daher nur folgendes zu tun: Rechner einschalten, Magnetkarte(n) einlesen, Argumentwert eingeben, Funktionstaste drücken. Die Funktionsroutinen enthalten absichtlich keine Druckbefehle; soll gedruckt werden, ist vom Anwender nach Funktionsaufruf ein Druckbefehl anzuschließen (oder ein Druckprogramm zu verwenden, Anhang D und E).

Bei Benutzung einer Funktionsroutine als Unterprogramm steht dem Anwender für sein Hauptprogramm (und für eine Plot- oder Druckroutine) mindestens der gesamte Block 2 zur Verfügung (Schritt 240–479). Die Programm-Koordination sieht hier so aus:

Block 1 (manchmal auch 3, 4)	Block 2
Unterprogramm: Funktionsroutine Aufruf: A, B, …	**Hauptprogramm:** Zusatzroutine Aufruf: E (oder SBR Label)

Die Abbildungen und Tabellen dienen zur Auflockerung und als zusätzliche Information. Bei allen Zahlenangaben ist die letzte Stelle i.a. um höchstens eine Einheit unsicher.

Mathematische Schreibweise und Bezeichnungen sind möglichst konform zu den weit verbreiteten Standardwerken "Handbook of Mathematical Functions" von Abramowitz-Stegun und „$\Sigma \, \Pi \int$" von Ryshik-Gradstein. Der russische Name „Chebyshev" erscheint in englischer Transkription (deutsch Tschebyschew, französisch Tchebicheff, phonetisch Čebyšev). Zahlenangaben erfolgen in der Form $c = 5.67 \times 10^{-8}$ (was der Rechner-Anzeige und Ein-Ausgabe ähnlicher ist als $5{,}67 \cdot 10^{-8}$).

Viele mathematische Details sind vereinfacht dargestellt; z.B. steht hinter den asymptotischen Reihen und Kettenbruch-Entwicklungen von Programm 1.3 und 2.2 die Theorie des Stieltjes-Integrals. Wenn nicht anders vermerkt, sind die auftretenden Variablen stets reell („x beliebig" bedeutet daher „x beliebig reell"); dadurch erübrigen sich z.B. beim Exponentialintegral (Kap. 3) nähere Angaben zu Integrationsweg und Verzweigungsschnitt.

Abkürzungen:

$f(x)$, 8D	Die Funktionswerte $f(x)$ sind auf acht Dezimalstellen genau.
$f(x)$, 7S	Die Funktionswerte $f(x)$ sind auf sieben signifikante Ziffern genau.
$f(x)$, 6D/S	Die Funktionswerte $f(x)$ sind für $f(x) \leqslant 0.1$ auf sechs Dezimalstellen genau, für $f(x) \geqslant 0.1$ auf sechs signifikante Ziffern genau.
P.V.	Cauchy-Hauptwert (principal value) eines uneigentlichen Integrals.

$\boxed{\quad x \quad}$ Argumentwert x eingeben, angegebene Taste drücken.

$\boxed{\quad x \to f \quad}$ Argumentwert x eingeben, Funktion aufrufen (durch Tastendruck); Funktionswert $f(x)$ wird angezeigt.

$\boxed{\; x \rightleftharpoons u \to f \;}$

1. Argumentwert x ins T-Register bringen (durch $x \rightleftharpoons t$),
2. Argumentwert u eingeben, Funktion aufrufen; Funktionswert $f(x, u)$ wird angezeigt.

$\boxed{\; x \to f \rightleftharpoons g \;}$

Argumentwert x eingeben, Funktion aufrufen;
1. Funktionswert $f(x)$ wird angezeigt,
2. Funktionswert $g(x)$ ist im T-Register (Anzeige durch $x \rightleftharpoons t$).

1 Gamma- und Beta-Funktion, Kombinationen (Binomialkoeffizienten), Variationen (permutations, factorial powers) und ihre Logarithmen

(I) Programme in Kapitel 1 (Übersicht)

Programm	Funktion	Argument	Genauigkeit	Datenregister
1.1 *)	$\Gamma(x)$	x ganz- oder halbzahlig (auch negativ)	sehr hoch	keine
	$B(x, u)$	x, u ganz- oder halbzahlig (auch negativ)	sehr hoch	keine
	$\binom{a}{k}$, P_k^a	a beliebig, k ganzzahlig (auch negativ)	sehr hoch	keine
1.2 *)	$\Gamma(x)$	x beliebig	hoch	keine
	$B(x, u)$	x, u beliebig	hoch	keine
	$\binom{a}{b}$, P_b^a	a, b beliebig	hoch	keine
1.3 *)	$\Gamma(x)$	x beliebig (auch groß)	hoch	keine
	$\ln \Gamma(x)$	$x > 0$ (auch groß)	hoch	keine
	$B(x, u)$	x, u beliebig (auch groß)	hoch	keine
	$\ln B(x, u)$	$x, u > 0$ (auch groß)	hoch	keine
	$\binom{a}{b}$, P_b^a	$-1 < b < a + 1$	hoch	keine
	$\ln \binom{a}{b}$, $\ln P_b^a$	(a, b auch groß)		
1.4	$\Gamma(x)$	x beliebig	sehr hoch	effektiv
	$B(x, u)$	x, u beliebig	sehr hoch	keine

*) auch für TI-58 geeignet

Vergleich mit Modulprogrammen:

Modul 1, ML-16: $\Gamma(n + 1) = n!$, n nur ganzzahlig, drei Datenregister; $\binom{n}{k}$, P_k^n, n und k nur ganzzahlig, vier Datenregister.

Modul 2, ST-21: $\Gamma(n/2)$, n ganzzahlig, nur positiv, sechs Datenregister.

(II) Funktionen in Kapitel 1 (Übersicht)

Gamma-Funktion (2. Eulersches Integral)

Integraldarstellungen:

$$\Gamma(x) = \int_0^\infty t^{x-1} \exp(-t)\, dt = 2 \int_0^\infty t^{2x-1} \exp(-t^2)\, dt \quad (x > 0) \tag{1.1}$$

Differentialgleichung (mit algebraischen Koeffizienten): nicht existent

Differenzengleichung (Rekursion):

$$f(x+1) - (x+c)^k f(x) = 0, \quad c, k = const.; \quad \text{Lösung: } f(x) = A\,[\Gamma(x+c)]^k, \tag{1.2}$$

A eine Konstante (oder eine Funktion von x mit Periode 1)

Natürlicher Logarithmus der Gamma-Funktion

Integraldarstellungen:

$$(1) \quad \ln\Gamma(x) = \int_0^\infty \frac{1}{t}\left[(x-1)\exp(-t) - \frac{\exp(-t) - \exp(-xt)}{1 - \exp(-t)}\right]dt \quad (x > 0) \tag{1.3}$$

$$(2) \quad \ln\Gamma(x) = \left(x - \frac{1}{2}\right)\ln x - x + \frac{1}{2}\ln(2\pi) + J(x) \tag{1.4}$$

$$\text{mit der Binet-Funktion } J(x) = \frac{x}{\pi}\int_0^\infty \frac{1}{x^2 + t^2}\ln\left[\frac{1}{1 - \exp(-2\pi t)}\right]dt \quad (x > 0) \tag{1.5}$$

Reihendarstellungen:

$$(1) \quad \ln\left[\frac{\Gamma(x+n)}{\Gamma(x+1)}\right] = \ln\prod_{k=1}^{n-1}(x+k) = \sum_{k=1}^{n-1}\ln(x+k) \quad (1 < n,\ \text{ganzzahlig}) \tag{1.6}$$

$$(2) \quad \ln\left[\frac{\Gamma(\frac{x}{2}+n)}{\Gamma(\frac{x+1}{2}+n)}\,\frac{\Gamma(\frac{x+1}{2}+1)}{\Gamma(\frac{x}{2}+1)}\right] = \ln\prod_{k=1}^{n-1}\frac{x+2k}{x+2k+1} =$$

$$= \sum_{k=1}^{n-1}\ln\left(\frac{x+2k}{x+2k+1}\right) = \sum_{k=21}^{2n-1}(-1)^k\ln(x+k) \quad (1 < n,\ \text{ganzzahlig}) \tag{1.7}$$

Differentialgleichung (mit algebraischen Koeffizienten): nicht existent

Differenzengleichung (Rekursion):

$$f(x+1) - f(x) = k\,\ln(x+c), \quad k, c = const.; \quad \text{Lösung: } f(x) = k\,\ln\Gamma(x+c) + A, \tag{1.8}$$

A eine Konstante (oder eine Funktion von x mit Periode 1)

Beta-Funktion (1. Eulersches Integral)

Integraldarstellungen:

$$B(x, u) = \int_0^1 t^{x-1}(1-t)^{u-1}dt = 2\int_0^{\pi/2}(\sin t)^{2x-1}(\cos t)^{2u-1}dt \quad (x, u > 0) \tag{1.9}$$

Differentialgleichung (mit algebraischen Koeffizienten): nicht existent

Differenzengleichungen (Rekursionen):

$$(1) \quad u\,f(x+1, u) - x\,f(x, u+1) = 0; \quad \text{Lösung: } f(x, u) = A\,B(x, u), \tag{1.10}$$

A eine Konstante (oder eine Funktion von x und u mit Periode 1)

(2) $(x + u) f(x + 1, u) - xf(x, u) = 0$; Lösung: $f(x, u) = A\,B(x, u)$,   (1.11)
      A eine Konstante (oder eine Funktion von x mit Periode 1)

(3) $u\,[f(x + 1, u + 1) - f(x, u + 1)] - (u + 1)\,f(x + 1, u) = 0$;
      Lösung: $f(x, u) = A/B(x, u)$,   (1.12)
      A eine Konstante (oder eine Funktion von x und u mit Periode 1)

Kombinationen (Binomialkoeffizienten) mit beliebigen Argumenten

Darstellung durch Gamma-Funktion:

$$\binom{a}{b} = \Gamma(a + 1) / [\Gamma(b + 1)\,\Gamma(a - b + 1)]$$ (1.13)

Differentialgleichung (mit algebraischen Koeffizienten): nicht existent

Differenzengleichungen (Rekursionen):

(1) $f(a + 1, b + 1) - f(a, b + 1) - f(a, b) = 0$; Lösung: $f(a, b) = A\binom{a}{b}$,   (1.14)
      A eine Konstante (oder eine Funktion von a und b mit Periode 1)

(2) $(a - b + 1)\,f(a + 1, b) - (a + 1)\,f(a, b) = 0$; Lösung: $f(a, b) = A\binom{a}{b}$,   (1.15)
      A eine Konstante (oder eine Funktion von a mit Periode 1)

(3) $(b + 1)\,f(a, b + 1) - (a - b)\,f(a, b) = 0$; Lösung: $f(a, b) = A\binom{a}{b}$,   (1.16)
      A eine Konstante (oder eine Funktion von b mit Periode 1)

Variationen (permutations, factorial powers) mit beliebigen Argumenten

Darstellung durch Gamma-Funktion:

$$P_b^a = \Gamma(a + 1) / \Gamma(a - b + 1)$$ (1.17)

Differentialgleichung (mit algebraischen Koeffizienten): nicht existent

Differenzengleichungen (Rekursionen):

(1) $f(a + 1, b + 1) - f(a, b + 1) - (b + 1)\,f(a, b) = 0$; Lösung: $f(a, b) = A\,P_b^a$,   (1.18)
      A eine Konstante (oder eine Funktion von a und b mit Periode 1)

(2) $(a - b + 1)\,f(a + 1, b) - (a + 1)\,f(a, b) = 0$; Lösung: $f(a, b) = A\,P_b^a$,   (1.19)
      A eine Konstante (oder eine Funktion von a mit Periode 1)

(3) $f(a, b + 1) - (a - b)\,f(a, b) = 0$; Lösung: $f(a, b) = A\,P_b^a$,   (1.20)
      A eine Konstante (oder eine Funktion von b mit Periode 1)

Andere Bezeichnungen: $x! = \Pi(x) = \Gamma(x + 1),\ C_a^b = C_b^a = \binom{a}{b},\ a^{(b)} = V_a^b = P_b^a$

(III) Literatur zu Kapitel 1   (Auswahl)

Abramowitz, M. and *I. A. Stegun* (1968): Handbook of Mathematical Functions. (§ 6.1: Gamma
    (Factorial) Function, § 6.2: Beta Function.) NBS, U. S. Govt. Printing Office, Washington, D.C.

Böhmer, P. E. (1939): Differenzengleichungen und bestimmte Integrale. (Kap. IV: Die Gamma-
    funktion.) Koehler, Leipzig.

Campbell, R. (1966): Les intégrales eulériennes et leurs applications. Dunod, Paris.

Erdélyi, A., W. Magnus, F. Oberhettinger, and *F. G. Tricomi* (1953): Higher Transcendental
    Functions, Vol. 1, (Ch. 1: The Gamma Function.) McGraw-Hill, New York.

Fichtenholz, G. M. (1964): Differential- und Integralrechnung, Band II. (Kap. XIV § 5: Die Eulerschen Integrale.) Deutscher Verlag der Wissenschaften, Berlin. (Übersetzung aus dem Russischen.)

Gröbner, W. und *N. Hofreiter* (1973): Integraltafel, Teil II. (Abschnitt 4: Eulersche Integrale.) Springer, Wien.

Hart, J. F., E. W. Cheney, C. L. Lawson, H. J. Maehly, C. K. Mesztenyi, J. R. Rice, H. G. Thacher Jr., and *C. Witzgall* (1968): Computer Approximations. (§ 6.6: The Gamma Function and Its Logarithm.) Wiley, New York. [Approximation Nr. 5207 ist ähnlich jener in Programm 1.2.]

Henrici, P. (1977a): Applied and Computational Complex Analysis, Vol. 2. (§ 8.4: The Gamma Function, § 8.7: The Beta Function.) Wiley, New York.

Henrici, P. (1977b): Computational Analysis with the HP-25 Pocket Calculator. (p. 214: The Gamma Function.) Wiley, New York. [Die angegebene Routine ist kürzer und etwas weniger genau als die Gamma-Routine in Programm 1.3.] Deutsche Übersetzung: Analytische Rechenverfahren für den Taschenrechner HP-25. Oldenbourg, München/Wien.

Hochstadt, H. (1971): The Functions of Mathematical Physics. (Ch. 3: The Gamma Function.) Wiley, New York.

Jahnke, E., F. Emde und *F. Lösch* (1960): Tafeln höherer Funktionen. (Kap. I: Die Gamma-Funktionen.) Teubner, Stuttgart.

Jeffreys, H. and *B. Jeffreys* (1972): Methods of Mathematical Physics. (Ch. 15: The Factorial and Related Functions.) University Press, Cambridge. [x! = $\Gamma(x + 1)$, x! u! / (x + u + 1)! = B(x + 1, u + 1).]

Kratzer, A. und *W. Franz* (1960): Transzendente Funktionen. (§ 1: Die B- und die Γ-Funktion.) Akademische Verlagsgesellschaft, Leipzig.

Lebedew, N. N. (1973): Spezielle Funktionen und ihre Anwendung. (Kap. I: Gammafunktion.) B.I.-Wissenschaftsverlag, Mannheim. (Übersetzung aus dem Russischen.)

Lösch, F. und *F. Schoblik* (1951): Die Fakultät (Gammafunktion) und verwandte Funktionen. Teubner, Leipzig.

Luke, Y. L. (1975): Mathematical Functions and their Approximations. (Ch. I: The Gamma Function and Related Functions.) Academic Press, New York.

Magnus, W., F. Oberhettinger, and *R. P. Soni* (1966): Formulas and Theorems for the Special Functions of Mathematical Physics. (§ 1.1: The Gamma Function.) Springer, Berlin.

Nielsen, N. (1906): Handbuch der Theorie der Gamma-Funktion. Teubner, Leipzig.

Nörlund, N. E. (1924): Vorlesungen über Differenzenrechnung. (Kap. 5: Die Gamma-Funktion und verwandte Funktionen.) Springer, Berlin.

Rainville, E. D. (1960): Special Functions. (Ch. 2: The Gamma and Beta Functions.) Macmillan, New York.

Ryshik, I. M. und *I. S. Gradstein* (1963): Summen-, Produkt- und Integral-Tafeln. (§ 6.3: Die Eulerschen Integrale erster und zweiter Gattung und verwandte Funktionen.) Deutscher Verlag der Wissenschaften, Berlin. (Übersetzung aus dem Russischen.)

Schäfke, F. W. (1963): Einführung in die Theorie der speziellen Funktionen der mathematischen Physik. (Kap. 2: Die Gamma-Funktion.) Springer, Berlin.

Sieber, N. und *H.-J. Sebastian* (1977): Spezielle Funktionen. (Kap. 2: Gamma-Funktion.) Teubner, Leipzig.

Whittaker, E. T. and *G. N. Watson* (1952): A Course of Modern Analysis. (Ch. XII: The Gamma Function.) University Press, Cambridge.

Programm 1.1: Gamma- und Beta-Funktion für ganz- oder halbzahliges Argument, Kombinationen und Variationen [nach Rekursion]

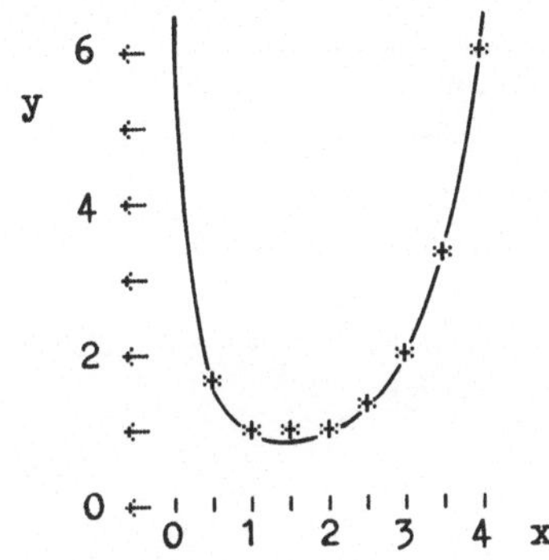

Bild 1.1-1 Gamma-Funktion
$y = \Gamma(x)$, $0 < x \leqslant 4$

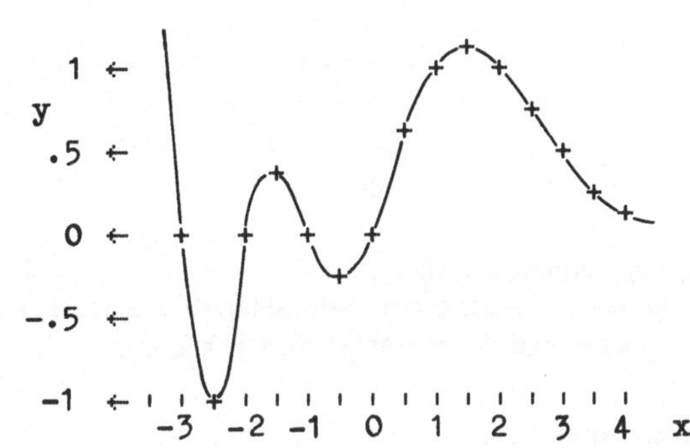

Bild 1.1-2 Reziproke Gamma-Funktion
$y = 1/\Gamma(x)$, $-3 \leqslant x \leqslant 4$

(a) Algorithmus

(I)   Gamma-Funktion:
Rekursion für ganzzahliges Argument:

$$\Gamma(1) = 1, \quad \Gamma(n+1) = n! = \prod_{k=1}^{n} k \quad (n = 1, 2, 3, \ldots)$$

Rekursion für halbzahliges Argument:

$$\Gamma\left(\tfrac{1}{2}\right) = \pi^{1/2}, \quad \Gamma\left(\tfrac{1}{2}+n\right) = \pi^{1/2} \prod_{k=1}^{n}\left(k-\tfrac{1}{2}\right), \quad \Gamma\left(\tfrac{1}{2}-n\right) = \pi^{1/2} \prod_{k=1}^{n}\left(\tfrac{1}{2}-k\right)^{-1} \quad (n = 1, 2, 3, \ldots)$$

(II)   Beta-Funktion:
$$B(x, u) = \Gamma(x)\,\Gamma(u) / \Gamma(x+u)$$

(III)   Kombinationen (Binomialkoeffizienten):
$$\binom{a}{0} = 1, \quad \binom{a}{-k} = 0 \quad (a \text{ beliebig; } k = 1, 2, 3, \ldots),$$

$$\binom{a}{k} = \frac{\Gamma(a+1)}{k!\,\Gamma(a-k+1)} = \prod_{l=0}^{k-1} \frac{a-l}{k-l}$$

(IV)   Variationen (permutations, factorial powers):
$$P_0^a = 1 \ (a \text{ beliebig}), \quad P_k^a = \frac{\Gamma(a+1)}{\Gamma(a-k+1)} = \prod_{l=0}^{k-1}(a-l) \quad (k = 1, 2, 3, \ldots),$$

$$P_{-k}^a = \frac{\Gamma(a+1)}{\Gamma(a+k+1)} = \prod_{l=1}^{k}(a+l)^{-1}$$

(b) Bedienungshinweise

Programmadreß-Tasten:

$x \to \Gamma(x)$	$x \rightleftharpoons u \to B(x, u)$	$a \rightleftharpoons k \to \binom{a}{k}$	$a \rightleftharpoons k \to P_k^a$	

Speicherbereichsverteilung: Grundstellung
Programm laden: 1 Magnetkartenhälfte einlesen (Block 1)   (TI-58: Programm eintasten)
Winkelmodus: beliebig
Anzeigeformat: beliebig
Argument: x, u ganz- oder halbzahlig $(0, \pm 0.5, \pm 1, \pm 1.5, \ldots)$;
    a beliebig, k ganzzahlig $(0, \pm 1, \pm 2, \ldots)$

Argumentbereich:

   (I) $\Gamma(x): -69.5 \leqslant x \leqslant 70.5$;

   (II) $B(x, u): -69.5 \leqslant x, u, x + u \leqslant 70.5$;

   (III) $\binom{a}{k}, P_k^a$: im allgemeinen *nicht* beschränkt auf $|a|, |k| < 70$

Genauigkeit (Richtwert): 10S

Programmkenndaten:

Speicherbedarf: 201 Programmschritte, keine Datenregister
Labels: A–D; abs. Adressen: ja; T–Reg.: verwendet; Flags: keine
SBR-Ebenen / Klammer-Ebenen / unvollständige Op.-Ebenen:

    $\Gamma(x): 0/1/2$; $B(x, u): 1/2/5$; $\binom{a}{b}: 0/1/3$; $P_b^a: 0/1/3$

Tabelle 1.1-1 Gamma-Funktion
$\Gamma(x)$, $x = .5(.5)5$, 10S

x	$\Gamma(x)$
0.5	1.772453851 00
1.0	1.000000000 00
1.5	8.862269255-01
2.0	1.000000000 00
2.5	1.329340388 00
3.0	2.000000000 00
3.5	3.323350970 00
4.0	6.000000000 00
4.5	1.163172840 01
5.0	2.400000000 01

Tabelle 1.1-2 Gamma-Funktion
$\Gamma(x)$, $x = -9.5(1) - .5$, 10S

x	$\Gamma(x)$
-9.5	2.772127912-06
-8.5	-2.633521516-05
-7.5	2.238493289-04
-6.5	-1.678869966-03
-5.5	1.091265478-02
-4.5	-6.001960130-02
-3.5	2.700882059-01
-2.5	-9.453087205-01
-1.5	2.363271801 00
-0.5	-3.544907702 00

(c) Checkwerte

(I) $\Gamma\,(4) = 6$ (Laufzeit 2 Sek.), Tastenfolge: 4 A; $\Gamma\,(3.5) = 3.323350970$ (2 Sek.);
     $\Gamma\,(-3.5) = 0.2700882059$ (3 Sek.); $\Gamma\,(31.5) = 1.4709226 \times 10^{33}$ (13 Sek.);
     $\Gamma\,(-31.5) = 6.7803093 \times 10^{-35}$ (14 Sek.)

(II) $B\,(3, 4) = 0.0166666667$ (7 Sek.), Tastenfolge: 3 x $\rightleftharpoons$ t 4 B;
     $B\,(-3.5, 4) = 0.9142857143$ (7 Sek.); $B\,(3.5, 4) = 0.0106560107$ (9 Sek.)

(III) $\binom{120}{5} = 190578024$ (4 Sek.), Tastenfolge: 120 x $\rightleftharpoons$ t 5 C;
     $\binom{-0.4}{3} = -0.224$ (3 Sek.); $\binom{-0.4}{-3} = 0$ (1 Sek.)

(IV) $P_3^{80} = 492960$ (2 Sek.), Tastenfolge: 80 x $\rightleftharpoons$ t 3 D; $P_3^{-0.4} = -1.344$ (2. Sek.);
     $P_{-3}^{-0.4} = 0.4006410256$ (2 Sek.)

(d) Datenregister

Keine

Tabelle 1.1-3 Beta-Funktion
$B\,(x, u)$, $x = 1\,(.5)\,5$, $u = -.5\,(1)\,1.5$,   10S

x	u = −0.5	u = 0.5	u = 1.5
1.0	−2.000000000 00	2.000000000 00	6.666666667−01
1.5	−3.141592654 00	1.570796327 00	3.926990817−01
2.0	−4.000000000 00	1.333333333 00	2.666666667−01
2.5	−4.712388980 00	1.178097245 00	1.963495408−01
3.0	−5.333333333 00	1.066666667 00	1.523809524−01
3.5	−5.890486225 00	9.817477042−01	1.227184630−01
4.0	−6.400000000 00	9.142857143−01	1.015873016−01
4.5	−6.872233930 00	8.590292412−01	8.590292412−02
5.0	−7.314285714 00	8.126984127−01	7.388167388−02

Tabelle 1.1-4 Binomialkoeffizienten
$\binom{a}{k}$, $a = -.5\,(.2)\,.5$, $k = 2\,(1)\,5$,   exakt

a	k = 2	k = 3	k = 4	k = 5
−0.5	0.375	−0.3125	0.2734375	−0.24609375
−0.3	0.195	−0.1495	0.1233375	−0.10607025
−0.1	0.055	−0.0385	0.0298375	−0.02446675
0.1	−0.045	0.0285	−0.0206625	0.01611675
0.3	−0.105	0.0595	−0.0401625	0.02972025
0.5	−0.125	0.0625	−0.0390625	0.02734375

Liste zu Programm 1.1

000	76	LBL	051	32	X:T	102	18	18	153	68	68
001	11	A	052	94	+/-	103	77	GE	154	01	1
002	61	GTO	053	82	HIR	104	00	0	155	82	HIR
003	01	1	054	08	8	105	90	90	156	58	58
004	09	09	055	82	HIR	106	01	1	157	82	HIR
005	76	LBL	056	17	17	107	54	)	158	18	18
006	12	B	057	65	×	108	92	RTN	159	67	EQ
007	61	GTO	058	01	1	109	82	HIR	160	01	1
008	01	1	059	82	HIR	110	08	8	161	77	77
009	80	80	060	37	37	111	22	INV	162	32	X:T
010	76	LBL	061	82	HIR	112	59	INT	163	77	GE
011	13	C	062	58	58	113	29	CP	164	01	1
012	61	GTO	063	82	HIR	114	53	(	165	36	36
013	00	0	064	18	18	115	67	EQ	166	02	2
014	72	72	065	77	GE	116	01	1	167	32	X:T
015	76	LBL	066	00	0	117	54	54	168	65	×
016	14	D	067	55	55	118	77	GE	169	01	1
017	32	X:T	068	01	1	119	01	1	170	82	HIR
018	82	HIR	069	54	)	120	39	39	171	58	58
019	07	7	070	35	1/X	121	82	HIR	172	82	HIR
020	00	0	071	92	RTN	122	18	18	173	18	18
021	53	(	072	53	(	123	65	×	174	77	GE
022	67	EQ	073	67	EQ	124	01	1	175	01	1
023	00	0	074	01	1	125	82	HIR	176	68	68
024	45	45	075	06	06	126	38	38	177	01	1
025	77	GE	076	32	X:T	127	82	HIR	178	54	)
026	00	0	077	82	HIR	128	18	18	179	92	RTN
027	48	48	078	07	7	129	22	INV	180	53	(
028	01	1	079	00	0	130	77	GE	181	82	HIR
029	32	X:T	080	67	EQ	131	01	1	182	07	7
030	82	HIR	081	01	1	132	23	23	183	85	+
031	08	8	082	06	06	133	89	π	184	32	X:T
032	82	HIR	083	77	GE	134	34	ΓX	185	82	HIR
033	17	17	084	01	1	135	35	1/X	186	06	6
034	65	×	085	07	07	136	54	)	187	54	)
035	01	1	086	01	1	137	35	1/X	188	11	A
036	82	HIR	087	32	X:T	138	92	RTN	189	53	(
037	57	57	088	82	HIR	139	01	1	190	35	1/X
038	82	HIR	089	08	8	140	82	HIR	191	65	×
039	58	58	090	82	HIR	141	58	58	192	82	HIR
040	82	HIR	091	17	17	142	82	HIR	193	17	17
041	18	18	092	55	÷	143	18	18	194	11	A
042	77	GE	093	82	HIR	144	22	INV	195	65	×
043	00	0	094	18	18	145	77	GE	196	82	HIR
044	32	32	095	65	×	146	01	1	197	16	16
045	01	1	096	01	1	147	33	33	198	11	A
046	54	)	097	82	HIR	148	65	×	199	54	)
047	92	RTN	098	57	57	149	89	π	200	92	RTN
048	01	1	099	82	HIR	150	34	ΓX			
049	82	HIR	100	58	58	151	61	GTO			
050	37	37	101	82	HIR	152	01	1			

(e) Eingabe des Programms

Speicherbereichsverteilung in Grundstellung. Programm eintasten.
(Eingabe des Befehls HIR: Anhang A.)
Block 1 auf eine Magnetkartenhälfte aufzeichnen.

Programmstruktur:

Schritt

154–177 Γ (x) für x ganzzahlig,   168–176 Rekursion für $x > 0$
118–153 Γ (x) für x halbzahlig,   123–132 Rekursion für $x < 0$
180–199 B (x, u)
072–107 $\binom{a}{k}$,   090–105 Rekursion für $k > 0$

017–070 P_k^a,   032–044 Rekursion für $k > 0$,   055–067 Rekursion für $k < 0$

(f) Funktions-Anwendungen

- *Beispiel 1.1-1:* Man berechne das Integral $M = \int_0^\infty t^{7/2} \exp(-t)\, dt.$ –

Nach Gl. (1.1) ist $M = \Gamma (9/2) = 11.63172840$, Tastenfolge: 4.5 A

- *Beispiel 1.1-2:* Man berechne das Integral $N = \int_0^{\pi/2} \sin^{12} t\, dt.$ –

Es gilt $\int_0^{\pi/2} \sin^a t\, dt = \int_0^{\pi/2} \cos^a t\, dt = \frac{1}{2} \pi^{1/2}\, \Gamma\left(\frac{a+1}{2}\right) / \Gamma\left(\frac{a+2}{2}\right)$ $(a > -1)$,

somit $N = \frac{1}{2} \pi^{1/2}\, \Gamma (6.5) / \Gamma (7) = 0.3543495620$, Tastenfolge: .5 $\times \pi \sqrt{x} \times$ 6.5 A $\div$ 7 A =

- *Beispiel 1.1-3:* Mit der Verdopplungsformel der Gamma-Funktion

$$\Gamma (2x) = \pi^{-1/2}\, 2^{2x-1}\, \Gamma (x)\, \Gamma\left(x + \frac{1}{2}\right)$$

teste man die Γ-Routine (Testwert: x = 3). –
Es ist $\Gamma (6) = 120$, Tastenfolge: 6 A, und $\pi^{-1/2}\, 2^5\, \Gamma (3)\, \Gamma (3.5) = 120$,
Tastenfolge: $\pi \sqrt{x}$ 1/x $\times$ 2 y^x 5 $\times$ 3 A $\times$ 3.5 A =

- *Beispiel 1.1-4:* Die Reflexionsformel der Gamma-Funktion (spezialisiert auf halbzahlige Argumente)

$$\Gamma\left(\frac{1}{2} - n\right) = (-1)^n\, \pi\, / \Gamma\left(\frac{1}{2} + n\right) \quad (n = 0, 1, 2, \ldots)$$

verwende man zum Testen der Γ-Routine (Testwert: n = 4). –
Es ist $\Gamma (-3.5) = 0.2700882059$, Tastenfolge: 3.5 +/– A, und $\pi / \Gamma (4.5) = 0.2700882059$,
Tastenfolge: $\pi \div$ 4.5 A =

● *Beispiel 1.1-5:* Man berechne das Integral $V = \int_0^1 t^5 (1 - t)^{7/2}\, dt.$ —

Nach Gl. (1.9) ist $V = B(6, 9/2) = 0.0012316545$, Tastenfolge: 6 x ⇌ t 4.5 B

● *Beispiel 1.1-6:* Von einem neu erschienenen Buch werden im ersten Jahr 10000 Exemplare verkauft.
Man berechne die Verkaufszahlen des zweiten bis fünften Jahres unter folgender Annahme: die Ver-
kaufszahl eines Jahres sei gleich der Verkaufszahl des Vorjahres, geteilt durch das Alter des Buches
(Wirkung der Marktsättigung). —
Laut Annahme ist im Jahr $n + 1$ die Verkaufszahl $Z(n + 1) = Z(n)/n$ $(n = 1, 2, 3 \ldots)$.
Diese Differenzengleichung hat nach Gl. (1.2) die Lösung $Z(n) = A/\Gamma(n)$ $(A = \text{const.})$. Aus der
Anfangsbedingung $Z(1) = 10000$ folgt $A = 10000$. Somit ist $Z(n) = 10000/\Gamma(n)$,
daher $Z(2) = 10000$, $Z(3) = 5000$, $Z(4) = 1667$, $Z(5) = 417$, Tastenfolge: 10000 ÷ 5 A =

● *Beispiel 1.1-7:* Die Identität $\binom{-a}{k} = (-1)^k \binom{a+k-1}{k}$ benutze man zum Testen der $\binom{a}{k}$-Routine
(Testwerte: $a = 0.4$, $k = 5$). —
Es ist $\binom{-0.4}{5} = -0.167552$, Tastenfolge: .4 +/− x ⇌ t 5 C, und $-\binom{4.4}{5} = -0.167552$,
Tastenfolge: 4.4 x ⇌ t 5 C +/−

Programm 1.2: Gamma- und Beta-Funktion, Kombinationen und Variationen
[nach Polynom-Approximation]

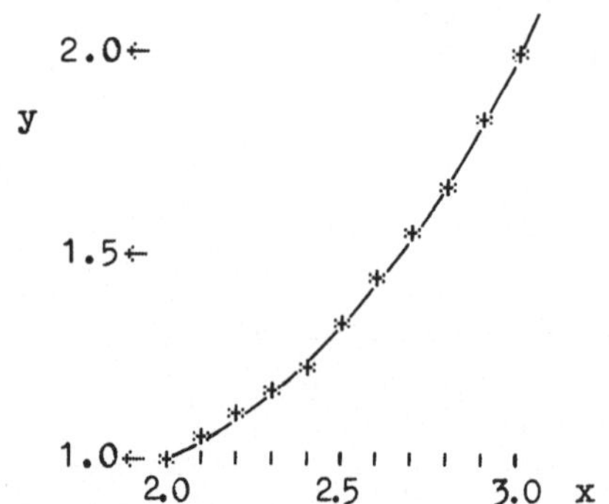

Bild 1.2-1 Gamma-Funktion
$y = \Gamma(x),\ \ 2 \leqslant x \leqslant 3$

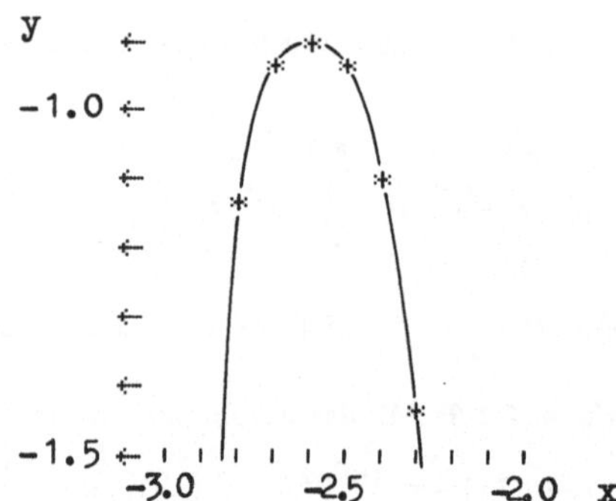

Bild 1.2-2 Gamma-Funktion
$y = \Gamma(x),\ \ -3 < x < -2$

(a) Algorithmus

(I)   Gamma-Funktion:
Für $2 \leqslant x < 3$ wird eine Polynom-Approximation der Gamma-Funktion verwendet
(Quelle: Programmsammlung eines Rechenzentrums):

$$2 \leqslant x < 3:\ \Gamma(x) = P(x) + \epsilon(x)\ \text{ mit }\ P(x) = \sum_{k=0}^{8} a_k (x - 2)^k\ \text{ und }\ |\epsilon(x)| < 2 \times 10^{-9}.$$

Die Polynom-Koeffizienten sind

$a_0 = 1$	$a_3 = .081590345$	$a_6 = \ \ .010332068$
$a_1 = .42278437$	$a_4 = .074160091$	$a_7 = -\ .0015780075$
$a_2 = .41183929$	$a_5 = .000075596418$	$a_8 = \ \ .00079624648$

Die Auswertung des Polynoms $P = \sum\limits_{k=0}^{8} a_k\, z^k$ (mit $z = x - 2$) erfolgt nach dem Horner-Schema:

$$h_8 = a_8, \ \ h_k = a_k + z h_{k+1} \ \ (k = 7, 6, \dots, 0), \ \ \ P = h_0$$

Andere Argumentwerte werden durch Rekursion berücksichtigt:

$$x \geqslant 3: \ \Gamma(x) = \Gamma(x - l) \prod_{k=1}^{l} (x - k) \ \text{ mit } l \text{ (ganzzahlig) so, daß } 2 \leqslant x - l < 3;$$

$$x < 2: \ \Gamma(x) = \Gamma(x + n) \prod_{k=0}^{n-1} (x + k)^{-1} \ \text{ mit } n \text{ (ganzzahlig) so, daß } 2 \leqslant x + n < 3.$$

(II)   Beta-Funktion: $B(x, u) = \Gamma(x)\, \Gamma(u) / \Gamma(x + u)$

(III)   Kombinationen (Binomialkoeffizienten) und Variationen (permutations, factorial powers) mit beliebigen Argumenten:

$$\binom{a}{b} = \Gamma(a + 1) / [\Gamma(b + 1)\, \Gamma(a - b + 1)], \ \ \ P_b^a = \Gamma(a + 1) / \Gamma(a - b + 1) \ \ (a, b \text{ beliebig})$$

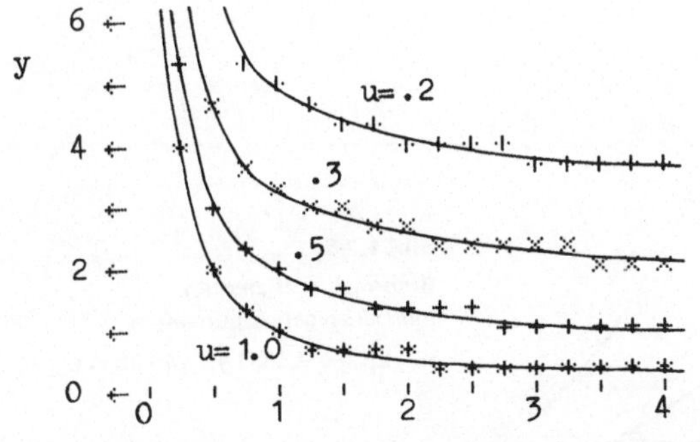

Bild 1.2-3 Beta-Funktion
$y = B(x, u), \ 0 < x \leqslant 4, \ u = .2, .3, .5, 1.0$

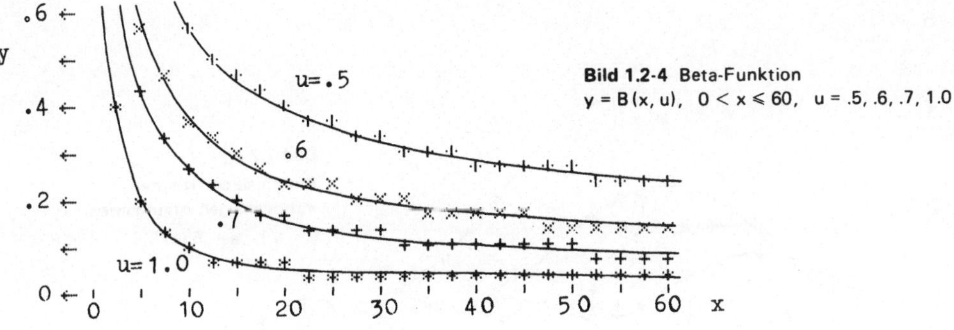

Bild 1.2-4 Beta-Funktion
$y = B(x, u), \ 0 < x \leqslant 60, \ u = .5, .6, .7, 1.0$

(b) Bedienungshinweise

Programmadreß-Tasten:

$x \to \Gamma(x)$	$x \rightleftharpoons u \to B(x, u)$	$a \rightleftharpoons b \to \binom{a}{b}$	$a \rightleftharpoons b \to P_b^a$	

Speicherbereichsverteilung: Grundstellung
Programm laden: 1 Magnetkartenhälfte einlesen (Block 1)   (TI-58: Programm eintasten)
Winkelmodus: beliebig
Anzeigeformat: beliebig
Argument: x, u, a, b beliebig

Argumentbereich:

(I) $\Gamma(x)$: $-69.5 \leqslant x \leqslant 70.5$;

(II) $B(x, u)$: $-69.5 \leqslant x, u, x + u \leqslant 70.5$;

(III) $\binom{a}{b}$, P_b^a: $-70.5 \leqslant a, b, a - b \leqslant 69.5$

Genauigkeit (Richtwert): 8S

Programmkenndaten:

Speicherbedarf: 240 Programmschritte, keine Datenregister
Labels: A–D; abs. Adressen: ja; T-Reg.: verwendet; Flags: keine
SBR-Ebenen / Klammer-Ebenen / unvollständige Op.-Ebenen:

$\Gamma(x)$: 0/2/3; $B(x, u)$: 1/3/6; $\binom{a}{b}$: 2/4/6; P_b^a: 1/3/6

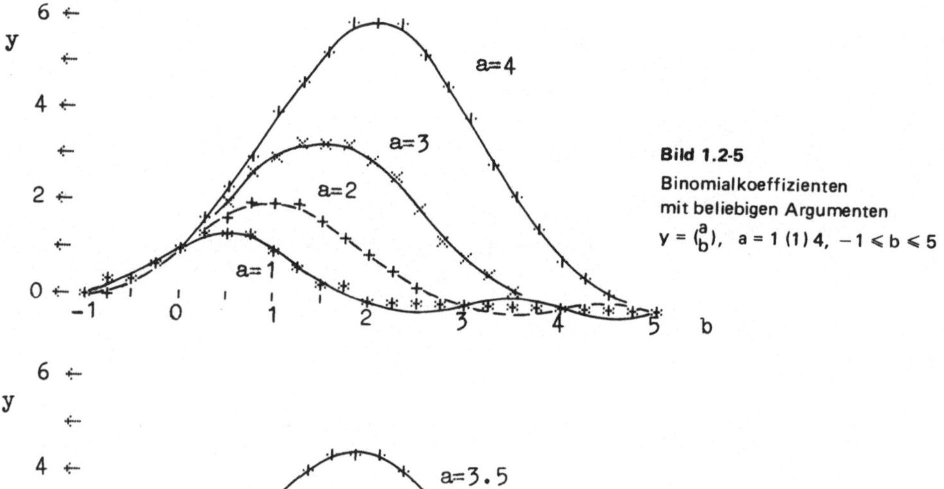

Bild 1.2-5
Binomialkoeffizienten
mit beliebigen Argumenten
$y = \binom{a}{b}$, $a = 1\,(1)\,4$, $-1 \leqslant b \leqslant 5$

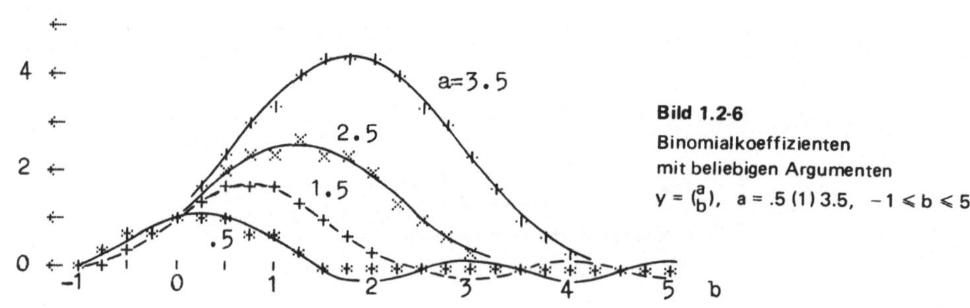

Bild 1.2-6
Binomialkoeffizienten
mit beliebigen Argumenten
$y = \binom{a}{b}$, $a = .5\,(1)\,3.5$, $-1 \leqslant b \leqslant 5$

Liste zu Programm 1.2

000	76	LBL	060	65	×	120	65	×	180	82	HIR
001	11	A	061	32	X:T	121	32	X:T	181	06	6
002	82	HIR	062	85	+	122	85	+	182	54	)
003	08	8	063	01	1	123	04	4	183	11	A
004	32	X:T	064	00	0	124	01	1	184	53	(
005	02	2	065	03	3	125	01	1	185	35	1/X
006	32	X:T	066	93	.	126	08	8	186	65	×
007	53	(	067	03	3	127	93	.	187	82	HIR
008	77	GE	068	02	2	128	03	3	188	17	17
009	02	2	069	00	0	129	09	9	189	11	A
010	20	20	070	06	6	130	02	2	190	65	×
011	65	×	071	08	8	131	09	9	191	82	HIR
012	01	1	072	54	)	132	54	)	192	16	16
013	82	HIR	073	53	(	133	53	(	193	11	A
014	38	38	074	32	X:T	134	32	X:T	194	54	)
015	82	HIR	075	65	×	135	65	×	195	92	RTN
016	18	18	076	32	X:T	136	32	X:T	196	76	LBL
017	22	INV	077	85	+	137	85	+	197	14	D
018	77	GE	078	93	.	138	04	4	198	82	HIR
019	00	0	079	07	7	139	02	2	199	06	6
020	11	11	080	05	5	140	02	2	200	53	(
021	01	1	081	05	5	141	07	7	201	32	X:T
022	54	)	082	09	9	142	93	.	202	85	+
023	53	(	083	06	6	143	08	8	203	01	1
024	35	1/X	084	04	4	144	04	4	204	82	HIR
025	65	×	085	01	1	145	03	3	205	36	36
026	02	2	086	08	8	146	07	7	206	75	−
027	82	HIR	087	54	)	147	54	)	207	32	X:T
028	58	58	088	53	(	148	53	(	208	54	)
029	82	HIR	089	32	X:T	149	32	X:T	209	82	HIR
030	18	18	090	65	×	150	65	×	210	07	7
031	29	CP	091	32	X:T	151	32	X:T	211	32	X:T
032	53	(	092	85	+	152	55	÷	212	53	(
033	67	EQ	093	07	7	153	04	4	213	11	A
034	01	1	094	04	4	154	22	INV	214	55	÷
035	57	57	095	01	1	155	28	LOG	215	82	HIR
036	65	×	096	93	.	156	85	+	216	17	17
037	32	X:T	097	06	6	157	01	1	217	11	A
038	07	7	098	00	0	158	54	)	218	54	)
039	93	.	099	00	0	159	54	)	219	92	RTN
040	09	9	100	09	9	160	92	RTN	220	32	X:T
041	06	6	101	01	1	161	76	LBL	221	03	3
042	02	2	102	54	)	162	13	C	222	32	X:T
043	04	4	103	53	(	163	53	(	223	22	INV
044	06	6	104	32	X:T	164	71	SBR	224	77	GE
045	04	4	105	65	×	165	01	1	225	00	0
046	08	8	106	32	X:T	166	98	98	226	26	26
047	75	−	107	85	+	167	55	÷	227	01	1
048	01	1	108	08	8	168	82	HIR	228	65	×
049	05	5	109	01	1	169	16	16	229	01	1
050	93	.	110	05	5	170	11	A	230	82	HIR
051	07	7	111	93	.	171	54	)	231	58	58
052	08	8	112	09	9	172	92	RTN	232	82	HIR
053	00	0	113	00	0	173	76	LBL	233	18	18
054	00	0	114	03	3	174	12	B	234	77	GE
055	07	7	115	04	4	175	53	(	235	02	2
056	05	5	116	05	5	176	82	HIR	236	28	28
057	54	)	117	54	)	177	07	7	237	61	GTO
058	53	(	118	53	(	178	85	+	238	00	0
059	32	X:T	119	32	X:T	179	32	X:T	239	25	25

(c) Checkwerte

(I) $\Gamma(\pi) = 2.2880378$ (Laufzeit 5 Sek.), Tastenfolge: π A;
$\Gamma(-\pi) = 1.0156971$ (8 Sek.); $\Gamma(1/\pi) = 2.8112975$ (6 Sek.);
$\Gamma(10\,\pi) = 1.1021833 \times 10^{33}$ (17 Sek.); $\Gamma(-10\,\pi) = 9.3988393 \times 10^{-35}$ (20 Sek.)

(II) $B(\pi, 1/\pi) = 2.0224996$ (17 Sek.), Tastenfolge: π x $\rightleftharpoons$ t π 1/x B;
$B(\pi, -1/\pi) = -5.5829830$ (18 Sek.); $B(-\pi, 1/\pi) = -2.3126593$ (20 Sek.)

(III) $\binom{\pi}{1/\pi} = 1.6639914$ (17 Sek.), Tastenfolge: π x $\rightleftharpoons$ t π 1/x C;
$\binom{\pi}{-1/\pi} = 0.49188515$ (18 Sek.); $\binom{-\pi}{1/\pi} = 3.5812441$ (20 Sek.)

(IV) $P^{\pi}_{1/\pi} = 1.4890456$ (12 Sek.), Tastenfolge: π x $\rightleftharpoons$ t π 1/x D;
$P^{\pi}_{-1/\pi} = 0.65323227$ (13 Sek.); $P^{-\pi}_{1/\pi} = 3.2047257$ (14 Sek.)

(d) Datenregister

Keine

(e) Eingabe des Programms

Speicherbereichsverteilung in Grundstellung. Programm eintasten.
(Eingabe des Befehls HIR: Anhang A.)
Block 1 auf eine Magnetkartenhälfte aufzeichnen.

Programmstruktur:

Schritt

000–160, 220--239 $\Gamma(x)$
           011--020 Rekursion für $x < 2$, 228–236 Rekursion für $x \geqslant 3$;
           036–158 Horner-Schema zur Polynom-Auswertung für $2 \leqslant x < 3$
175--194 $B(x, u)$
163–171 $\binom{a}{b}$
198–218 P^{a}_{b}

(f) Funktions-Anwendungen

• *Beispiel 1.2-1:* Man berechne das Integral $M = \int\limits_{0}^{\infty} t^{1/3} \exp(-t)\,dt.$ –

Nach Gl. (1.1) ist $M = \Gamma(4/3) = 0.89297951$, Tastenfolge: $4 \div 3 = $ A

• *Beispiel 1.2-2:* Man berechne das Integral $N = \int\limits_{0}^{\pi/2} \sin^{1/2} t\,dt.$ –

Nach Beispiel 1.1-2 ist $N = \frac{1}{2}\pi^{1/2}\,\Gamma(3/4) / \Gamma(5/4) = 1.1981402$,

Tastenfolge: $.5 \times \pi \sqrt{x} \times .75$ A $\div$ 1.25 A =

Nach der Verdopplungsformel der Gamma-Funktion (Beispiel 1.1-3) ist eine äquivalente Form
$N = (2/\pi)^{1/2}\,[\Gamma(3/4)]^2 = 1.1981402$, Tastenfolge: $2 \div \pi = \sqrt{x} \times .75$ A x^2 =

● *Beispiel 1.2-3:* Das Pochhammer-Symbol ist definiert durch $(a)_0 = 1$ und $(a)_k = \prod_{j=0}^{k-1} (a + j) =$

$= a\,(a + 1)\,(a + 2)\,\ldots\,(a + k - 1)$ (a beliebig, $k = 1, 2, 3, \ldots$).
Man verwende die Identität $(a)_k = \Gamma(a + k)\,/\,\Gamma(a) = P_k^{a+k-1} = (-1)^k\,P_k^{-a} = 1/P_{-k}^{a-1}$ zum Testen
der Γ- und P-Routine (Testwerte: $a = 2.6$, $k = 3$). --

Es ist $(2.6)_3 = 2.6 \times 3.6 \times 4.6 = 43.056$, Tastenfolge: 2.6 × 3.6 × 4.6 =,
und $\Gamma(5.6)\,/\,\Gamma(2.6) = 43.056$, Tastenfolge: 5.6 A ÷ 2.6 A =, und $P_3^{4.6} = 43.056$,
Tastenfolge: 4.6 x ⇌ t 3 D, und $-P_3^{-2.6} = 43.056$, Tastenfolge: 2.6 +/− x ⇌ t 3 D +/−,
und $1/P_{-3}^{1.6} = 43.056$, Tastenfolge: 1.6 x ⇌ t 3 +/− D 1/x.

● *Beispiel 1.2-4:* Mit der Reflexionsformel der Gamma-Funktion

$$\Gamma(1 - x) = \pi\,/\,[\sin(\pi x)\,\Gamma(x)]$$

teste man die Γ-Routine (Testwert: $x = 2.8$). −

Es ist $\Gamma(-1.8) = 3.1880859$, Tastenfolge: 1.8 +/− A, und $\pi/[\sin(2.8\pi)\,\Gamma(2.8)] = 3.1880859$,
Tastenfolge: π ÷ (Rad × 2.8) sin ÷ 2.8 A =
[Beispiel 1.1-4: x halbzahlig.]

● *Beispiel 1.2-5:* Man berechne das Integral $V = \int\limits_0^1 t^{1/3}\,(1 - t)^{1/4}\,dt.$ −

Nach Gl. (1.9) ist $V = B(4/3, 5/4) = 0.57325592$, Tastenfolge: 4 ÷ 3 = x ⇌ t 1.25 B

● *Beispiel 1.2-6:* Man berechne das Integral $W = \int\limits_0^{\pi/2} \sin^{1/4}t\,\cos^{1/5}t\,dt.$ −

Nach Gl. (1.9) ist $\displaystyle\int\limits_0^{\pi/2} \sin^a t\,\cos^b t\,dt = \frac{1}{2}\,B\left(\frac{a+1}{2}, \frac{b+1}{2}\right)$ $(a, b > -1)$,

somit $W = \dfrac{1}{2}\,B(5/8, 6/10) = 1.1713114$, Tastenfolge: 5 ÷ 8 = x ⇌ t .6 B ÷ 2 =
[Beispiel 1.1-2: a = 0 oder b = 0.]

● *Beispiel 1.2-7:* Mit den Identitäten

$$B(a, b) = B(b, a), \qquad \binom{a}{b} = \binom{a}{a-b}, \qquad P_{-b}^a = 1/P_b^{a+b}$$

teste man die B-, $\binom{a}{b}$- und P-Routine (Testwerte: $a = 7/2$, $b = 1/4$). −

Es ist $B(7/2, 1/4) = 2.7242156$, Tastenfolge: 3.5 x ⇌ t .25 B, und $B(1/4, 7/2) = 2.7242156$,
Tastenfolge: .25 x ⇌ t 3.5 B; ferner $\binom{7/2}{1/4} = 1.5489100$, Tastenfolge: 3.6 x ⇌ t .25 C,
und $\binom{7/2}{13/4} = 1.5489100$, Tastenfolge: 3.5 x ⇌ t 3.25 C; ferner $P_{-1/4}^{7/2} = 0.70128925$,
Tastenfolge: 3.5 x ⇌ t .25 +/− D, und $1/P_{1/4}^{15/4} = 0.70128925$, Tastenfolge: 3.75 x ⇌ t .25 D 1/x

● *Beispiel 1.2-8:* Für die Verdunstung von einer Wasserfläche wird häufig das Ohmsche Gesetz verwendet (Stoffstrom = Leitfähigkeit × Potentialdifferenz): $E = (cAU)(Q_s - Q)$.

Bedeutung der Symbole: E je Zeiteinheit verdunstende Wasser-Masse $(kg\ s^{-1})$, A Größe der Wasserfläche (m^2), U Windgeschwindigkeit (ms^{-1}), Q absolute Feuchte $(kg\ m^{-3})$ der heranströmenden Luft, Q_s absolute Feuchte $(kg\ m^{-3})$ bei Sättigung bei der Temperatur der Wasseroberfläche. Der dimensionslose Faktor c ist nach Sutton[1] $c = (Re\ Re_0)^{-\frac{n}{2+n}} \Phi(n)$ mit den Reynolds-Zahlen $Re = Uh/\nu$, $Re_0 = Ux_0/\nu$. Bedeutung der Symbole: h Meßhöhe (m) für den Wind U, ν kinematische Viskosität der Luft $(1.5 \times 10^{-5}\ m^2\ s^{-1})$, x_0 Überströmungsweg (Länge der Wasserfläche in Windrichtung, m), n Turbulenzzahl $(0 \leqslant n \leqslant 1)$.

Die Verdunstung E ist somit leicht berechenbar, wenn der Factor c bekannt ist; für c wird die Turbulenzfunktion $\Phi(n)$ benötigt:

$$\Phi(n) = \left(\frac{2+n}{2-n}\right)^{\frac{2-n}{2+n}} \frac{2+n}{2\pi} \sin\left(\frac{2\pi}{2+n}\right) \Gamma\left(\frac{2}{2+n}\right) [G(n)]^{\frac{2}{2+n}}$$

mit der Diffusionsfunktion $G(n) = (1-n)^{-1}\left[\frac{\pi}{8} k^2 (2-n)\, n(1-n)^{-2}\right]^{1-n}$ $(k = 0.4$ Karman-Konstante). Man erstelle ein Programm zur Berechnung der Funktionen $\Phi(n)$ und $G(n)$. —

Zunächst läßt sich der Ausdruck für die Turbulenzfunktion $\Phi(n)$ mit der Reflexionsformel der Gamma-Funktion (Beispiel 1.2-4) vereinfachen:

$$\Phi(n) = \left(\frac{2+n}{2-n}\right)^{\frac{2-n}{2+n}} \frac{2+n}{2} [G(n)]^{\frac{2}{2+n}} / \Gamma\left(\frac{n}{2+n}\right).$$

Die folgende Zusatzroutine berechnet $\Phi(n)$ (Aufruf mit Taste E) oder $G(n)$ (Aufruf mit Taste E′).

```
240  76  LBL      261  89  π        282  85  +        303  43  RCL
241  10  E'       262  55  ÷        283  02  2        304  08  08
242  94  +/-      263  05  5        284  75  -        305  65  ×
243  42  STO      264  00  0        285  35  1/X      306  43  RCL
244  07  07       265  54  )        286  42  STO      307  07  07
245  69  OP       266  45  Y×       287  08  08       308  10  E'
246  27  27       267  43  RCL      288  04  4        309  45  Y×
247  53  (        268  07  07       289  54  )        310  43  RCL
248  53  (        269  55  ÷        290  53  (        311  08  08
249  94  +/-      270  43  RCL      291  53  (        312  55  ÷
250  65  ×        271  07  07       292  94  +/-      313  69  OP
251  53  (        272  54  )        293  65  ×        314  38  38
252  94  +/-      273  92  RTN      294  43  RCL      315  43  RCL
253  85  +        274  76  LBL      295  08  08       316  08  08
254  02  2        275  15  E        296  54  )        317  94  +/-
255  54  )        276  29  CP       297  45  Y×       318  11  A
256  55  ÷        277  67  EQ       298  94  +/-      319  54  )
257  43  RCL      278  10  E'       299  55  ÷        320  92  RTN
258  07  07       279  53  (        300  02  2
259  33  X²       280  42  STO      301  49  PRD
260  65  ×        281  07  07       302  08  08
```

---

[1] *Sutton, O. G.* (1953): Micrometeorology. (Ch. 8: Diffusion and Evaporation.) McGraw-Hill, New York. — Vgl. den Übersichtsartikel: *Kahlig, P.* (1973): Zur theoretischen Begründung einiger Verdunstungsformeln. Arch. Met. Geoph. Biokl., Ser. A, **22**, 409–424.

Durch Anschließen eines Druckbefehls können die Funktionen $\Phi(n)$ und $G(n)$ tabelliert werden:

Tabelle 1.2-1 Turbulenzfunktion Φ und Diffusionsfunktion G
$\Phi(n)$, $G(n)$, $n = 0(.05).75$, 4D

n	$\Phi(n)$	$G(n)$	n	$\Phi(n)$	$G(n)$
0.00	0.0000	0.0000	0.40	0.1445	0.4474
0.05	0.0003	0.0092	0.45	0.2229	0.6283
0.10	0.0017	0.0250	0.50	0.3304	0.8683
0.15	0.0054	0.0496	0.55	0.4739	1.1854
0.20	0.0133	0.0862	0.60	0.6614	1.6043
0.25	0.0277	0.1386	0.65	0.9033	2.1606
0.30	0.0517	0.2117	0.70	1.2134	2.9092
0.35	0.0892	0.3120	0.75	1.6131	3.9412

Der Verlauf der Funktionen $\Phi(n)$ und $G(n)$ ist in Bild 1.2-7 dargestellt. Die Abbildung wurde nach Beispiel B2-6 (Anhang B) erzeugt.

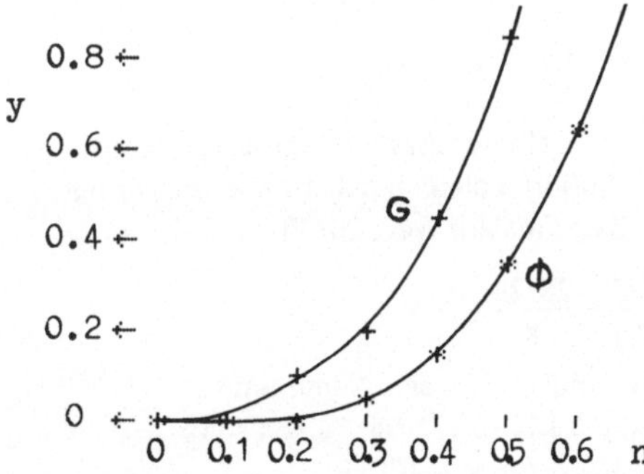

Bild 1.2-7
Turbulenzfunktion Φ und
Diffusionsfunktion G
$y = \Phi(n)$, $y = G(n)$,
$0 \leq n \leq 0.6$

Programm 1.3: Gamma- und Beta-Funktion, Kombinationen, Variationen und ihre Logarithmen [nach Kettenbruch-Entwicklung]

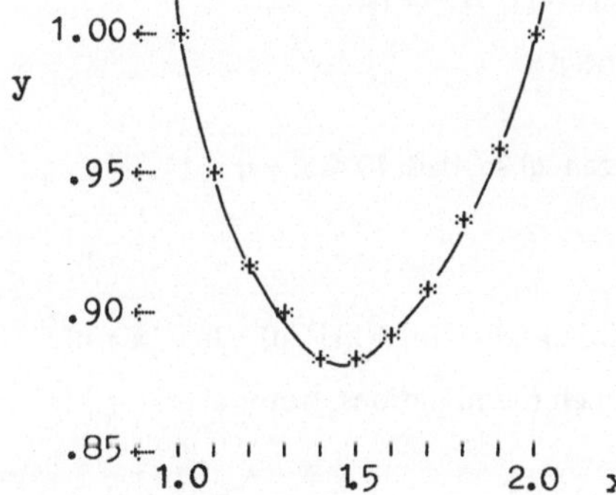

Bild 1.3-1 Gamma-Funktion
$y = \Gamma(x)$, $1 \leq x \leq 2$

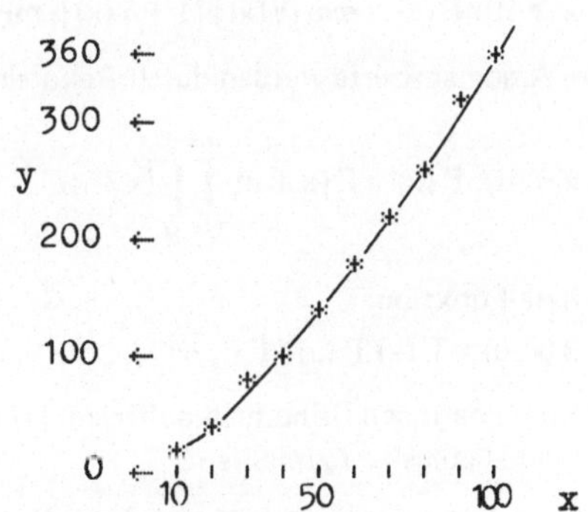

Bild 1.3-2 Natürlicher Logarithmus
der Gamma-Funktion $y = \ln \Gamma(x)$, $10 \leq x \leq 100$

(a) Algorithmus

(I)   Gamma-Funktion und ihr Logarithmus:

Mit der formalen Binomial-Entwicklung $(x^2 + t^2)^{-1} = x^{-2} \sum\limits_{k=0}^{\infty} (-1)^k t^{2k} x^{-2k}$ erhält man aus
Gl. (1.5) die (divergente) asymptotische Reihe

$$x \to \infty: \quad J(x) \sim \sum_{k=0}^{\infty} b_k x^{-2k-1} \qquad \text{(Abramowitz-Stegun Nr. 6.1.40)}$$

mit den Koeffizienten

$$b_k = (-1)^k \pi^{-1} \int_0^{\infty} t^{2k} \ln\{[1 - \exp(-2\pi t)]^{-1}\} dt = B_{2k+2}/[(2k+1)(2k+2)] \quad (k = 0, 1, 2, \ldots)$$

(B_n Bernoulli-Zahlen), somit $b_0 = 1/12$, $b_1 = -1/360$, $b_2 = 1/1260$, $b_3 = -1/1680$, ...
Numerisch zweckmäßig ist die Umwandlung der asymptotischen Reihe in einen (konvergenten)
Kettenbruch (etwa nach dem bekannten Quotienten-Differenzen-Schema) mit dem Ergebnis

$$J(x) = \frac{a_0}{x+} \frac{a_1}{x+} \frac{a_2}{x+} \frac{a_3}{x+} \ldots \quad (x > 0) \qquad \text{(Abramowitz-Stegun Nr. 6.1.48)},$$

wobei $a_0 = 1/12$, $a_1 = 1/30$, $a_2 = 53/210$, $a_3 = 195/371$, ... Für großes x (empirisch: $x \geqslant 10$)
haben die Koeffizienten a_3, a_4, a_5, ... relativ wenig Einfluß und bleiben daher unberücksichtigt;
a_2 wird approximiert durch den (im Bereich $10 \leqslant x < 15$ optimalen) Wert 20/79:

$$x \geqslant x_1: \quad J(x) = K(x) + \epsilon(x) \quad \text{mit} \quad K(x) = \frac{1/12}{x+} \frac{1/30}{x+} \frac{20/79}{x},$$

wobei $x_1 = 10$ gewählt wird, da $|\epsilon(x)|$ zwischen $x = 10$ und $x = 11$ sein Minimum
$|\epsilon(x)|_{min} \approx 2 \times 10^{-11}$ erreicht (empirisch). Es ist $|\epsilon(x)| < 1 \times 10^{-10}$ für $10 \leqslant x < 15$,
$|\epsilon(x)| < 1 \times 10^{-9}$ für $15 \leqslant x < 100$ und $|\epsilon(x)| < 1 \times 10^{-8}$ für $x \geqslant 100$. –
Somit gilt nach Gl. (1.4)

$$x \geqslant 10: \quad \ln\Gamma(x) = v(x) + \epsilon(x) \quad \text{mit} \quad v(x) = \left(x - \frac{1}{2}\right)\ln x - x + \frac{1}{2}\ln(2\pi) + K(x)$$

und ferner

$$x \geqslant 10: \quad \Gamma(x) = \exp[v(x)][1 + \delta(x)] \quad \text{mit} \quad \delta(x) = \exp[\epsilon(x)] - 1 \approx \epsilon(x).$$

Andere Argumentwerte werden durch Rekursion berücksichtigt:

$$x < 10: \quad \Gamma(x) = \Gamma(x + n) \prod_{k=0}^{n-1} (x + k)^{-1} \quad \text{mit n (ganzzahlig) so, daß } 10 \leqslant x + n < 11.$$

(II)   Beta-Funktion:

$B(x, u) = \Gamma(x)\,\Gamma(u)/\Gamma(x + u); \quad (x > 0, u > 0:) \ln B(x, u) = \ln\Gamma(x) + \ln\Gamma(u) - \ln\Gamma(x + u).$

(III) Kombinationen (Binomialkoeffizienten) und Variationen (permutations, factorial powers)
mit beliebigen Argumenten:

$\binom{a}{b} = \Gamma(a + 1)/[\Gamma(b + 1)\,\Gamma(a - b + 1)], \quad P_b^a = \Gamma(a + 1)/\Gamma(a - b + 1) \quad$ (a, b beliebig);

$\ln\binom{a}{b} = \ln\Gamma(a + 1) - \ln\Gamma(b + 1) - \ln\Gamma(a - b + 1), \quad \ln P_b^a = \ln\Gamma(a + 1) - \ln\Gamma(a - b + 1).$

(IV) Berechnung von $y = \exp(x)$ für $x > 230$ oder $x < -227$:
  $y = M \times 10^E$ mit getrennter Anzeige von Mantisse M und Exponent E,
  wobei $E = \mathrm{Int}(x/\ln 10)$, $M = 10^{\mathrm{fract}(x/\ln 10)}$.

(b) Bedienungshinweise

Programmadreß-Tasten:

$x \to \ln\Gamma(x)$	$x \rightleftharpoons u \to \ln B(x,u)$	$a \rightleftharpoons b \to \ln\binom{a}{b}$	$a \rightleftharpoons b \to \ln P_b^a$	$x \to \exp(x) \rightleftharpoons EE$
$x \to \Gamma(x)$	$x \rightleftharpoons u \to B(x,u)$	$a \rightleftharpoons b \to \binom{a}{b}$	$a \rightleftharpoons b \to P_b^a$	

Speicherbereichsverteilung: Grundstellung
Programm laden: 1 Magnetkartenhälfte einlesen (Block 1)   (TI-58: Programm eintasten)
Winkelmodus: beliebig
Anzeigeformat: beliebig

Argument:

(I) $\Gamma(x)$: x beliebig (auch groß); $\ln\Gamma(x)$: $x > 0$ (auch groß);

(II) $B(x,u)$: x, u beliebig (auch groß); $\ln B(x,u)$: x, u > 0 (auch groß);

(III) $\binom{a}{b}$, P_b^a, $\ln\binom{a}{b}$, $\ln P_b^a$: $-1 < b < a+1$ (a, b auch groß).

Argumentbereich:

(I) $\Gamma(x)$ mit Taste A: $-69.5 \leqslant x \leqslant 70.5$; $\Gamma(x)$ mit Tastenfolge A' ($\ln\Gamma$), E' (Mantisse von Γ),
  $x \rightleftharpoons t$ (Exponent von Γ): $0 < x < 10^{10}$;

(II) $B(x,u)$ mit Taste B: $-69.5 \leqslant x, u, x+u \leqslant 70.5$; $B(x,u)$ mit Tastenfolge B' ($\ln B$),
  E' (Mantisse von B), $x \rightleftharpoons t$ (Exponent von B): $0 < x, u < 10^{10}$;

(III) $\ln\binom{a}{b}$, $\ln P_b^a$: $-1 < b < a+1 < 10^{10}$;

(IV) $y = \exp(x)$ mit Tastenfolge INV ln x: $-227 \leqslant x \leqslant 230$; $y = \exp(x)$ mit Tastenfolge E'
  (Mantisse von y), $x \rightleftharpoons t$ (Exponent von y): $-10^{10} \leqslant x \leqslant 10^{10}$.

Genauigkeit (Richtwert):

(I) $\Gamma(x)$, $B(x,u)$, $\binom{a}{b}$, P_b^a: 8–9S (9S für |Argument| < 15, 8S für $15 \leqslant$ |Argument| < 70);

(II) $\ln\Gamma(x)$, $\ln B(x,u)$, $\ln\binom{a}{b}$, $\ln P_b^a$: 7–9D/S (9D/S für $0 <$ Argument < 15,
  8S für $15 \leqslant$ Argument < 100, 7S für Argument $\geqslant 100$).

Programmkenndaten:

Speicherbedarf: 231 Programmschritte, keine Datenregister
Labels: A–D, A'–E'; abs. Adressen: ja; T-Reg.: verwendet; Flags: keine
SBR-Ebenen / Klammer-Ebenen / unvollständige Op.-Ebenen:

  $\Gamma(x)$: 1/3/3; $B(x,u)$: 2/4/6; $\binom{a}{b}$: 4/4/6; P_b^a: 4/4/6 .

Tabelle 1.3-1 Briggsscher Logarithmus der Gamma-Funktion

$$\log_{10}\Gamma(n), \quad \log_{10}\Gamma\left(n+\frac{1}{3}\right), \quad \log_{10}\Gamma\left(n+\frac{1}{2}\right), \quad \log_{10}\Gamma\left(n+\frac{2}{3}\right), \quad n=100(1)\,110, \quad 8S$$

n	$\log_{10}\Gamma(n)$	$\log_{10}\Gamma\left(n+\frac{1}{3}\right)$	$\log_{10}\Gamma\left(n+\frac{1}{2}\right)$	$\log_{10}\Gamma\left(n+\frac{2}{3}\right)$
100	155.97000	156.63619	156.96946	157.30285
101	157.97000	158.63763	158.97163	159.30574
102	159.97433	160.64339	160.97809	161.31292
103	161.98293	162.65340	162.98882	163.32435
104	163.99576	164.66764	165.00376	165.33999
105	166.01280	166.68607	167.02287	167.35980
106	168.03399	168.70863	169.04613	169.38373
107	170.05929	170.73530	171.07348	171.41176
108	172.08867	172.76604	173.10488	173.44384
109	174.12210	174.80080	175.14031	175.47994
110	176.15952	176.83955	177.17973	177.52001

(c) Checkwerte

(I) $\Gamma(\pi) = 2.288037795$ (Laufzeit 7 Sek.), Tastenfolge: π A;
$\Gamma(-\pi) = 1.015697144$ (10 Sek.); $\Gamma(1/\pi) = 2.811297515$ (8 Sek.).

Große Argumentwerte werden besonders rasch verarbeitet:
$\Gamma(10\,\pi) = 1.1021833 \times 10^{33}$ (4 Sek.); $\Gamma(20\,\pi) = 1.5704431 \times 10^{85}$ (4 Sek.);
$\ln\Gamma(100\,\pi) = 1490.2694$ (4 Sek.), Tastenfolge: $100 \times \pi = $ A';
$\ln\Gamma(1000\,\pi) = 22152.928$ (4 Sek.); $\ln\Gamma(10000\,\pi) = 293893.94$ (4 Sek.)

Durch getrennte Anzeige von Mantisse und Exponent ist die Gamma-Funktion auch für sehr große Argumentwerte berechenbar:
$\Gamma(100\,\pi) = 1.6434796 \times 10^{647}$ (6 Sek.), Tastenfolge: $100 \times \pi = $ A' E' $x \rightleftharpoons t$;
$\Gamma(1000\,\pi) = 7.8437046 \times 10^{9620}$ (6 Sek.); $\Gamma(10000\,\pi) = 3.2885095 \times 10^{127636}$ (6 Sek.)

(II) $B(\pi, 1/\pi) = 2.0224996$ (22 Sek.), Tastenfolge: π $x \rightleftharpoons t$ π $1/x$ B;
$B(\pi, -1/\pi) = -5.582983$ (23 Sek.); $B(-\pi, 1/\pi) = -2.3126593$ (27 Sek.);
$B(20\pi, 50\pi) = 2.723731 \times 10^{-58}$ (11 Sek.), Tastenfolge: $20 \times \pi = x \rightleftharpoons t$ $50 \times \pi = $ B' E' $x \rightleftharpoons t$.

(III) $\binom{\pi}{1/\pi} = 1.6639914$ (23 Sek.), Tastenfolge: π $x \rightleftharpoons t$ π $1/x$ C;
$\ln\binom{400}{200} = 274.03672$ (13 Sek.), Tastenfolge: 400 $x \rightleftharpoons t$ 200 C';
$\binom{400}{200} = 1.0295250 \times 10^{119}$ (15 Sek.), Tastenfolge: 400 $x \rightleftharpoons t$ 200 C' E' $x \rightleftharpoons t$

(IV) $P^{\pi}_{1/\pi} = 1.4890456$ (15 Sek.), Tastenfolge: π $x \rightleftharpoons t$ π $1/x$ D;
$\ln P^{400}_{200} = 1137.2687$ (8 Sek.), Tastenfolge: 400 $x \rightleftharpoons t$ 200 D';
$P^{400}_{200} = 8.1194299 \times 10^{493}$ (10 Sek.), Tastenfolge: 400 $x \rightleftharpoons t$ 200 D' E' $x \rightleftharpoons t$.

Tabelle 1.3-2 Gamma-Funktion für große Argumentwerte

$$\Gamma\left(n+\frac{1}{3}\right), \quad \Gamma\left(n+\frac{1}{2}\right), \quad \Gamma\left(n+\frac{2}{3}\right), \quad n = 100\,(100)\,1000, \quad 8S$$

n	$\Gamma\left(n+\dfrac{1}{3}\right)$		$\Gamma\left(n+\dfrac{1}{2}\right)$		$\Gamma\left(n+\dfrac{2}{3}\right)$	
100	4.3270061	156	9.3209631	156	2.0084208	157
200	2.3047685	373	5.5731689	373	1.3478372	374
300	6.8269700	612	1.7662878	613	4.5701993	613
400	1.1791983	867	3.2007258	867	8.6884084	867
500	1.9364161	1132	5.4552538	1132	1.5369345	1133
600	1.7787123	1406	5.1656011	1406	1.5002241	1407
700	3.0717111	1687	9.1528166	1687	2.7273846	1688
800	8.9460349	1974	2.7256581	1975	8.3047633	1975
900	7.2431513	2267	2.2505808	2268	6.9931858	2268
1000	4.0234255	2565	1.2723012	2566	4.0234255	2566

(d) Datenregister

Keine

(e) Eingabe des Programms

Speicherbereichsverteilung in Grundstellung. Programm eintasten.
(Eingabe des Befehls HIR: Anhang A.)
Block 1 auf eine Magnetkartenhälfte aufzeichnen.

Programmstruktur:

Schritt

172—229 $\ln\Gamma(x)$ für $x \geq 10$ (Kettenbruch)
166—169 $\ln\Gamma(x)$ für $x < 10$ (Berechnung über Γ)
007—039 $\Gamma(x)$,   017—026 Rekursion für $x < 10$
112—131 $\ln B(x, u)$,   077—096 $B(x, u)$
100—108 $\ln\binom{a}{b}$,   043—047 $\binom{a}{b}$
135—155 $\ln P_b^a$,   051—055 P_b^a
059—073 $y = \exp(x)$ mit getrennter Anzeige von Mantisse und Exponent

Liste zu Programm 1.3

000	76	LBL	058	10	E'	116	32	X:T	174	55	÷
001	16	A'	059	53	(	117	82	HIR	175	03	3
002	61	GTO	060	29	CP	118	06	6	176	93	.
003	01	1	061	55	÷	119	54	)	177	09	9
004	57	57	062	01	1	120	16	A'	178	05	5
005	76	LBL	063	00	0	121	53	(	179	85	+
006	11	A	064	23	LNX	122	94	+/-	180	82	HIR
007	82	HIR	065	85	+	123	85	+	181	18	18
008	08	8	066	32	X:T	124	82	HIR	182	54	)
009	32	X:T	067	54	)	125	17	17	183	53	(
010	01	1	068	59	INT	126	16	A'	184	35	1/X
011	00	0	069	32	X:T	127	85	+	185	55	÷
012	32	X:T	070	22	INV	128	82	HIR	186	03	3
013	53	(	071	59	INT	129	16	16	187	00	0
014	77	GE	072	22	INV	130	16	A'	188	85	+
015	00	0	073	28	LOG	131	54	)	189	82	HIR
016	34	34	074	92	RTN	132	92	RTN	190	18	18
017	65	×	075	76	LBL	133	76	LBL	191	54	)
018	01	1	076	12	B	134	19	D'	192	53	(
019	82	HIR	077	53	(	135	82	HIR	193	35	1/X
020	38	38	078	82	HIR	136	06	6	194	55	÷
021	82	HIR	079	07	7	137	53	(	195	01	1
022	18	18	080	85	+	138	32	X:T	196	02	2
023	22	INV	081	32	X:T	139	85	+	197	75	-
024	77	GE	082	82	HIR	140	01	1	198	82	HIR
025	00	0	083	06	6	141	82	HIR	199	18	18
026	17	17	084	54	)	142	36	36	200	54	)
027	01	1	085	11	A	143	75	-	201	32	X:T
028	54	)	086	53	(	144	32	X:T	202	53	(
029	53	(	087	35	1/X	145	54	)	203	89	π
030	35	1/X	088	65	×	146	82	HIR	204	65	×
031	65	×	089	82	HIR	147	07	7	205	02	2
032	82	HIR	090	17	17	148	32	X:T	206	54	)
033	18	18	091	11	A	149	53	(	207	53	(
034	71	SBR	092	65	×	150	16	A'	208	23	LNX
035	01	1	093	82	HIR	151	75	-	209	55	÷
036	72	72	094	16	16	152	82	HIR	210	02	2
037	22	INV	095	11	A	153	17	17	211	85	+
038	23	LNX	096	54	)	154	16	A'	212	32	X:T
039	54	)	097	92	RTN	155	54	)	213	54	)
040	92	RTN	098	76	LBL	156	92	RTN	214	32	X:T
041	76	LBL	099	18	C'	157	82	HIR	215	53	(
042	13	C	100	53	(	158	08	8	216	53	(
043	71	SBR	101	71	SBR	159	32	X:T	217	82	HIR
044	01	1	102	01	1	160	01	1	218	18	18
045	00	00	103	35	35	161	00	0	219	75	-
046	22	INV	104	75	-	162	32	X:T	220	93	.
047	23	LNX	105	82	HIR	163	77	GE	221	05	5
048	92	RTN	106	16	16	164	01	1	222	54	)
049	76	LBL	107	16	A'	165	72	72	223	65	×
050	14	D	108	54	)	166	53	(	224	82	HIR
051	71	SBR	109	92	RTN	167	71	SBR	225	18	18
052	01	1	110	76	LBL	168	00	0	226	23	LNX
053	35	35	111	17	B'	169	17	17	227	85	+
054	22	INV	112	53	(	170	23	LNX	228	32	X:T
055	23	LNX	113	82	HIR	171	92	RTN	229	54	)
056	92	RTN	114	07	7	172	53	(	230	92	RTN
057	76	LBL	115	85	+	173	35	1/X			

(f) Funktions-Anwendungen

● *Beispiel 1.3-1:* Man berechne den Briggsschen Logarithmus von $98! = \Gamma\,(99)$. –
Es gilt $\log_{10} y = \ln y / \ln 10$ (Prinzip von Tabelle 1.3-1), somit
$\log_{10} \Gamma\,(99) = \ln \Gamma\,(99) / \ln 10 = 153.97437$, Tastenfolge: 99 A' ÷ 10 ln x =

● *Beispiel 1.3-2:* Mit der Triplikationsformel der Gamma-Funktion

$$\Gamma\,(3x) = (2\pi)^{-1}\, 3^{3x-\frac{1}{2}}\, \Gamma\,(x)\, \Gamma\left(x + \frac{1}{3}\right) \Gamma\left(x + \frac{2}{3}\right)$$

teste man die Γ-Routine (Testwert: $x = 3$). ···

Es ist $\Gamma\,(9) = 40320$, Tastenfolge: 9 A, und $\frac{1}{2}\pi^{-1}\, 3^{8.5}\, \Gamma\,(3)\, \Gamma\,(10/3)\, \Gamma\,(11/3) = 40320$,

Tastenfolge: .5 ÷ π X 3 y^x 8.5 X 3 A X (10 ÷ 3) A X (11 ÷ 3) A =

● *Beispiel 1.3-3:* Man vergleiche die einfachste Stirling-Näherung

$$x \to \infty:\; \Gamma\,(x) \sim \sqrt{2\pi}\; e^{-x}\, x^{x-\frac{1}{2}}$$

mit genaueren Werten von $\Gamma\,(x)$ für $x = 1, 2, 5, 10, 20, 50$. –
Die Funktion $\Gamma\,(x)$ wird nach Programm 1.3 berechnet, die Stirling-Näherung mit der folgenden
Routine (Aufruf mit Taste E).

```
240   76 LBL      248   54   )      256   23 LNX      264   53   (
241   15   E      249   53   (      257   54   )      265   34  ГX
242   53   (      250   32 X:T      258   32 X:T      266   65   x
243   40 IND      251   45 YX       259   53   (      267   32 X:T
244   75   -      252   32 X:T      260   02   2      268   54   )
245   32 X:T      253   55   ÷      261   65   x      269   92 RTN
246   93   .      254   32 X:T      262   89   π
247   05   5      255   22 INV      263   54   )
```

x	1	2	5	10	20	50
$\Gamma\,(x)$	1	1	24	362880	1.216451×10^{17}	6.082819×10^{62}
Stirling	.92	.96	23.6	359870	$1.211 \quad \times 10^{17}$	$6.073 \quad \times 10^{62}$
relativer Fehler	8 %	4 %	2 %	1 %	0.4 %	0.2 %

● *Beispiel 1.3-4:* Man berechne die Summe $S = \displaystyle\sum_{k=6}^{10} \ln\left(k + \frac{1}{4}\right)$. –

Nach Gl. (1.6) ist $\displaystyle\sum_{k=1}^{n} \ln(k + x) = \ln \Gamma\,(x + n + 1) - \ln \Gamma\,(x + 1)$.

Somit ist $S = \ln \Gamma\,(11.25) - \ln \Gamma\,(6.25) = 10.47569739$, Tastenfolge: 11.25 A' – 6.25 A' =

● *Beispiel 1.3-5:* Man berechne die Summe $T = \displaystyle\sum_{k=6}^{11} (-1)^k \ln\left(k + \frac{1}{5}\right)$. ··

Nach Gl. (1.7) ist $\displaystyle\sum_{k=21}^{2n-1} (-1)^k \ln(k + x) = \ln \Gamma\left(\frac{x}{2} + n\right) - \ln \Gamma\left(\frac{x}{2} + 1\right) -$

$$-\ln \Gamma\left(\frac{x+1}{2} + n\right) + \ln \Gamma\left(\frac{x+1}{2} + 1\right).$$

Somit ist $T = \ln\Gamma(6.1) - \ln\Gamma(3.1) - \ln\Gamma(6.6) + \ln\Gamma(3.6) = -0.3581271218$,
Tastenfolge: 6.1 A' − 3.1 A' − 6.6 A' + 3.6 A' =

- *Beispiel 1.3-6:* Die Identität $1/B(x, u) = \binom{x+u-1}{u}u$ verwende man zum Testen der B- und $\binom{a}{b}$-Routine (Testwerte: x = 2.4, u = 0.3). −

  Es ist $1/B(2.4, 0.3) = 0.4156811564$, Tastenfolge: 2.4 x ⇌ t .3 B 1/x,
  und $\binom{1.7}{0.3}0.3 = 0.4156811564$, Tastenfolge: 1.7 x ⇌ t .3 C X .3 =

Programm 1.4: Gamma- und Beta-Funktion [nach Chebyshev-Entwicklung]

Tabelle 1.4-1 Gamma-Funktion
$\Gamma(x)$, $x = 2(.1)3$, 10S

x	$\Gamma(x)$
2.0	1.000000000 00
2.1	1.046485847 00
2.2	1.101802491 00
2.3	1.166711905 00
2.4	1.242169345 00
2.5	1.329340388 00
2.6	1.429624559 00
2.7	1.544685846 00
2.8	1.676490788 00
2.9	1.827355081 00
3.0	2.000000000 00

Tabelle 1.4-2 Gamma-Funktion
$\Gamma(x)$, $x = 3(.1)4$, 10S

x	$\Gamma(x)$
3.0	2.000000000 00
3.1	2.197620278 00
3.2	2.423965480 00
3.3	2.683437382 00
3.4	2.981206427 00
3.5	3.323350970 00
3.6	3.717023853 00
3.7	4.170651784 00
3.8	4.694174206 00
3.9	5.299329734 00
4.0	6.000000000 00

(a) Algorithmus

(I)   Gamma-Funktion:
Die Hilfsfunktion $F(x) = \ln[\frac{1}{2}\Gamma(x)]$ läßt sich zwischen $x = 3$ und $x = 4$ nach Fourier entwickeln:

$$F(3 + \cos^2\vartheta) = \sum_{k=0}^{\infty}{}' c_k \cos 2k\vartheta \quad (0 \leqslant \vartheta \leqslant \pi/2)$$

mit den Fourier-Koeffizienten

$$c_k = 2\, e_k\, \pi^{-1} \int_0^{\pi/2} F(3 + \cos^2\vartheta)\cos 2k\vartheta\, d\vartheta \quad (k = 0, 1, 2, \ldots),$$

wobei $e_0 = 1$, $e_k = 2$ für $k > 0$, und $x = 3 + \cos^2\vartheta$, daher $2\vartheta = 2\cos^{-1}[(x-3)^{1/2}] = \cos^{-1}(2x-7)$.
Die Fourier-Entwicklung ist numerisch brauchbar, doch ist folgende Umformung zweckmäßig:
mit $z = \cos^2\vartheta = x - 3$ $(3 \leqslant x \leqslant 4, 0 \leqslant z \leqslant 1, 0 \leqslant \vartheta \leqslant \pi/2)$ und mit den speziellen (shifted)
Chebyshev-Polynomen erster Art $T_k^*(z) = \cos 2k\vartheta$ erhält man die Chebyshev-Entwicklung

$$F(3 + z) = \sum_{k=0}^{\infty}{}' c_k T_k^*(z) \quad (0 \leqslant z \leqslant 1)$$

mit den Chebyshev-Koeffizienten (identisch mit obigen Fourier-Koeffizienten)

$$c_k = e_k \pi^{-1} \int_0^1 [z(1-z)]^{-1/2} F(3+z) \, T_k^*(z) \, dz \quad (k = 0, 1, 2, \ldots)$$

Die Chebyshev-Entwicklung wird nach dem 9. Term abgebrochen (und nur für $3 \leqslant x < 4$ benötigt):

$$3 \leqslant x < 4: \ F(x) = S(x) + \epsilon(x) \ \text{ mit } \ S(x) = \sum_{k=0}^{9} c_k T_k^*(x-3) \ \text{ und}$$

$$\epsilon(x) = \sum_{k=10}^{\infty} c_k T_k^*(x-3) = \sum_{k=10}^{\infty} c_k \cos 2k\vartheta, \ \text{ daher } \ |\epsilon(x)| \leqslant \sum_{k=10}^{\infty} |c_k| < 1 \times 10^{-11}.$$

Die Chebyshev-Koeffizienten sind nach Luke (gerundet auf 13 D):

$$
\begin{aligned}
c_0 &= .5285430369822 & c_4 &= .0000232458721 & c_8 &= .0000000002062 \\
c_1 &= .5498764461214 & c_5 &= -.0000011306076 & c_9 &= -.0000000000127 \\
c_2 &= .0207398006161 & c_6 &= .0000000606565 \\
c_3 &= -.0005691677042 & c_7 &= -.0000000034628
\end{aligned}
$$

Die Auswertung der Chebyshev-Summe $S = \sum_{k=0}^{9} c_k T_k^*(z)$ (mit $z = x - 3$) erfolgt nach dem Clenshaw-Schema:

$$h_{10} = 0, \ h_9 = c_9, \ h_k = c_k + 2(2z-1) h_{k+1} - h_{k+2} \quad (k = 8, 7, \ldots, 0),$$
$$S = h_0 - (2z-1) h_1 .$$

Damit erhält man

$$3 \leqslant x < 4: \ \Gamma(x) = 2 \exp[F(x)] = 2 \exp[S(x)] [1 + \delta(x)] \ \text{ mit } \ \delta(x) = \exp[\epsilon(x)] - 1 \approx \epsilon(x) .$$

Andere Argumentwerte werden durch Rekursion berücksichtigt:

$$x \geqslant 4: \ \Gamma(x) = \Gamma(x-l) \prod_{k=1}^{l} (x-k) \ \text{ mit } l \ \text{(ganzzahlig) so, daß } 3 \leqslant x - l < 4;$$

$$x < 3: \ \Gamma(x) = \Gamma(x+n) \prod_{k=0}^{n-1} (x+k)^{-1} \ \text{ mit } n \ \text{(ganzzahlig) so, daß } 3 \leqslant x + n < 4.$$

(II)   Beta-Funktion: $B(x, u) = \Gamma(x) \, \Gamma(u) / \Gamma(x+u)$

Tabelle 1.4-3 Gamma-Funktion
$\Gamma(n\pi)$, $n = 1(1)10$, 10S

n	$\Gamma(n\pi)$
1.	2.288037795 00
2.	1.959361157 02
3.	1.011469819 05
4.	1.614126319 08
5.	5.889236727 11
6.	4.130103251 15
7.	4.972220475 19
8.	9.489976820 23
9.	2.706694958 28
10.	1.102183325 33

Tabelle 1.4-4 Gamma-Funktion
$\Gamma(n\pi)$, $-n = 1(1)10$, 10S

n	$\Gamma(n\pi)$
-1.	1.015697144 00
-2.	-3.284857544-03
-3.	3.389745896-06
-4.	-1.583114894-09
-5.	4.276784480-13
-6.	-8.864494936-17
-7.	1.033342982-19
-8.	3.252000357-25
-9.	-5.408172387-30
-10.	9.398839300-35

(b) Bedienungshinweise

Programmadreß-Tasten:

$x \to \Gamma(x)$	$x \rightleftharpoons u \to B(x, u)$			

Speicherbereichsverteilung: Grundstellung
Programm laden: 1 Magnetkartenhälfte einlesen (Block 1)
Winkelmodus: beliebig
Anzeigeformat: beliebig   (zurück bleibt INV Fix)
Argument: x beliebig, u beliebig

Argumentbereich:

(I) $\Gamma(x)$: $-69.3 \leqslant x \leqslant 70.5$;   (II) $B(x, u)$: $-69.3 \leqslant x, u, x + u \leqslant 70.5$

Genauigkeit (Richtwert): 10S

Programmkenndaten:

Speicherbedarf: effektiv 240 Programmschritte, keine Datenregister
Labels: A, B, Adv, Deg; abs. Adressen: ja; T-Reg.: verwendet; Flags: keine
SBR-Ebenen / Klammer-Ebenen / unvollständige Op.-Ebenen:

   $\Gamma(x)$: 0/2/4; $B(x, u)$: 1/3/7

Tabelle 1.4-5 Beta-Funktion $B(x, u)$, $x = .2(.2)2$, $u = .1(.2).5$, 10S

x	u = 0.1	u = 0.3	u = 0.5
0.2	1.459937149 01	7.748481389 00	6.268653124 00
0.4	1.190579822 01	5.112091244 00	3.679093980 00
0.6	1.091435902 01	4.168914179 00	2.774501918 00
0.8	1.036459934 01	3.660977230 00	2.299287818 00
1.0	1.000000000 01	3.333333333 00	2.000000000 00
1.2	9.732914328 00	3.099392555 00	1.791043750 00
1.4	9.524638573 00	2.921194997 00	1.635152880 00
1.6	9.355164871 00	2.779276119 00	1.513364683 00
1.8	9.212977194 00	2.662528894 00	1.414946350 00
2.0	9.090909091 00	2.564102564 00	1.333333333 00

(c) Checkwerte

(I) $\Gamma(\pi)$ = 2.288037795 (Laufzeit 15 Sek.), Tastenfolge: π A;
      $\Gamma(-\pi)$ = 1.015697144 (18 Sek.); $\Gamma(1/\pi)$ = 2.811297515 (17 Sek.);
      $\Gamma(10\,\pi)$ = 1.1021833 $\times 10^{33}$ (27 Sek.); $\Gamma(-10\,\pi)$ = 9.3988393 $\times 10^{-35}$ (31 Sek.)

(II) B$(\pi, 1/\pi)$ = 2.022499554 (47 Sek.), Tastenfolge: π x $\rightleftharpoons$ t π 1/x B;
      B$(\pi, -1/\pi)$ = $-$5.582982962 (49 Sek.); B$(-\pi, 1/\pi)$ = $-$2.312659337 (52 Sek.)

(d) Datenregister

Das Programm wird in Grundstellung der Speicherbereichsverteilung eingelesen und benutzt
effektiv keine Datenregister.
Andere Zählung: das eigentliche Programm benötigt nur 157 Schritte. Während der Ausführung
schaltet das Programm vorübergehend auf die Verteilung 159.99 und benutzt 10 Datenregister:

$R_{90} - R_{98}$ Chebyshev-Koeffizienten $(c_8 - c_0)$
R_{99} Adresse

In Grundstellung der Speicherbereichsverteilung wird $R_{90} - R_{99}$ vom Rechner als Programmteil
aufgefaßt; aus diesem Grund sind die Label Adv, Deg effektiv vergeben.

(e) Eingabe des Programms

Speicherbereichsverteilung durch 10 Op 17 einstellen auf 159.99. Programm eintasten.
(Eingabe des Befehls HIR: Anhang A.) Chebyshev-Koeffizienten eingeben mit nachstehender
Tastenfolge:

      10 INV log 1/x STO 00 (temporäre Abspeicherung des Faktors 10^{-10});

      .5285430369 + .822 $\times$ RCL 0 =   STO 98
      .5498764461 + .214 $\times$ RCL 0 =   STO 97
      .0207398006 + .161 $\times$ RCL 0 =   STO 96
           5691677.042 $\times$ RCL 0 = +/$-$ STO 95
            232458.721 $\times$ RCL 0 =   STO 94
             11306.076 $\times$ RCL 0 = +/$-$ STO 93
               606.565 $\times$ RCL 0 =   STO 92
                34.628 $\times$ RCL 0 = +/$-$ STO 91
                 2.062 $\times$ RCL 0 =   STO 90

Speicherbereichsverteilung durch 6 Op 17 auf Grundstellung setzen. Block 1 auf eine Magnetkartenhälfte aufzeichnen.
Zur Kontrolle lassen sich die eingegebenen Koeffizienten nach Beispiel E4-4 (Anhang E) 13-stellig
auflisten:

2.06200000	R90	$-$5.69167704	R95
0.000	-10	2.000	-04
-3.46280000	R91	2.07398006	R96
0.000	-09	1.610	-02
6.06565000	R92	5.49876446	R97
0.000	-08	1.214	-01
-1.13060760	R93	5.28543036	R98
0.000	-06	9.822	-01
2.32458721	R94		
0.000	-05		

Liste zu Programm 1.4

Nr.	Code	Op	Nr.	Code	Op	Nr.	Code	Op	Reg	Nr.	Code	Op	Reg
000	76	LBL	060	00	0	120	32	X:T		180	44		
001	11	A	061	68	68	121	82	HIR		181	76		
002	22	INV	062	00	0	122	06	6		182	98		
003	58	FIX	063	54	)	123	54	)		183	54		
004	82	HIR	064	32	X:T	124	11	A		184	24		R_{96}
005	08	8	065	82	HIR	125	53	(		185	00		
006	32	X:T	066	17	17	126	35	1/X		186	61		
007	03	3	067	32	X:T	127	65	×		187	61		
008	32	X:T	068	53	(	128	82	HIR		188	00		
009	53	(	069	82	HIR	129	15	15		189	98		
010	77	GE	070	07	7	130	11	A		190	73		
011	01	1	071	65	×	131	65	×		191	20		
012	37	37	072	82	HIR	132	82	HIR		192	46		R_{95}
013	65	×	073	18	18	133	16	16		193	00		
014	01	1	074	75	-	134	11	A		194	00		
015	82	HIR	075	01	1	135	54	)		195	42		
016	38	38	076	44	SUM	136	92	RTN		196	70		
017	82	HIR	077	99	99	137	32	X:T		197	67		
018	18	18	078	43	RCL	138	04	4		198	91		
019	22	INV	079	99	99	139	32	X:T		199	56		
020	77	GE	080	32	X:T	140	22	INV		200	54		R_{94}
021	00	0	081	85	+	141	77	GE		201	00		
022	13	13	082	73	RC*	142	00	0		202	00		
023	01	1	083	99	99	143	28	28		203	10		
024	54	)	084	85	+	144	01	1		204	72		
025	53	(	085	09	9	145	65	×		205	58		
026	35	1/X	086	07	7	146	01	1		206	24		
027	65	×	087	77	GE	147	82	HIR		207	23		
028	03	3	088	00	0	148	58	58		208	66		R_{93}
029	82	HIR	089	62	62	149	82	HIR		209	00		
030	58	58	090	00	0	150	18	18		210	00		
031	82	HIR	091	54	)	151	77	GE		211	00		
032	18	18	092	32	X:T	152	01	1		212	76		
033	29	CP	093	53	(	153	45	45		213	60		
034	67	EQ	094	82	HIR	154	61	GTO		214	30		
035	01	1	095	17	17	155	00	0		215	11		
036	11	11	096	65	×	156	27	27		216	84		R_{92}
037	04	4	097	82	HIR	157				217	00		
038	82	HIR	098	18	18	158				218	00		
039	48	48	099	55	÷	159				219	00		
040	02	2	100	02	2	160	10		R_{99}	220	00		
041	82	HIR	101	94	+/-	161	00			221	65		
042	58	58	102	85	+	162	00			222	65		
043	09	9	103	32	X:T	163	00			223	60		
044	01	1	104	54	)	164	00			224	96		R_{91}
045	69	OP	105	22	INV	165	00			225	00		
046	17	17	106	23	LNX	166	00			226	00		
047	08	8	107	65	×	167	98			227	00		
048	09	9	108	06	6	168	14		R_{98}	228	00		
049	42	STO	109	69	OP	169	20			229	80		
050	99	99	110	17	17	170	82			230	62		
051	53	(	111	02	2	171	69			231	34		
052	01	1	112	54	)	172	03			232	04		R_{90}
053	02	2	113	92	RTN	173	43			233	01		
054	94	+/-	114	76	LBL	174	85			234	00		
055	65	×	115	12	B	175	52			235	00		
056	22	INV	116	53	(	176	14		R_{97}	236	00		
057	28	LOG	117	82	HIR	177	40			237	00		
058	54	)	118	05	5	178	21			238	62		
059	61	GTO	119	85	+	179	61			239	20		

Programmstruktur:

Schritt

000–113, 137–156 $\Gamma(x)$

          013–022 Rekursion für $x < 3$, 145–153 Rekursion für $x \geqslant 4$;

          037–104 Clenshaw-Schema zur Chebyshev-Auswertung für $3 \leqslant x < 4$

116–135 $B(x, u)$

(f) Funktions-Anwendungen

- *Beispiel 1.4-1:* Man berechne das Integral $M = \displaystyle\int_0^{\infty} t^{3/4} \exp(-t^2)\, dt$. —

Nach Gl. (1.1) ist $\displaystyle\int_0^{\infty} t^a \exp(-t^2)\, dt = \frac{1}{2}\Gamma\left(\frac{a+1}{2}\right)$ $(a > -1)$, somit $M = \frac{1}{2}\Gamma(0.875) = 0.5448261787$,

Tastenfolge: .875 A ÷ 2 =

- *Beispiel 1.4-2:* Die Multiplikationsformel der Gamma-Funktion

$$\Gamma(nx) = (2\pi)^{\frac{1-n}{2}}\, n^{nx-\frac{1}{2}} \prod_{k=0}^{n-1} \Gamma\left(x + \frac{k}{n}\right) \quad (n = 1, 2, 3, \ldots)$$

verwende man zum Testen der Γ-Routine (Testwerte: $n = 4$, $x = 3$). —
Mit $n = 4$ kommt $\Gamma(4x) = (2\pi)^{-3/2}\, 4^{4x-1/2}\, \Gamma(x)\, \Gamma(x + 1/4)\, \Gamma(x + 1/2)\, \Gamma(x + 3/4)$.
Für $x = 3$ ist $\Gamma(12) = 39916800$, Tastenfolge: 12 A, und
$2^{43/2}\, \pi^{-3/2}\, \Gamma(3)\, \Gamma(3.25)\, \Gamma(3.5)\, \Gamma(3.75) = 39916800$,
Tastenfolge: 2 y^x 21.5 ÷ π y^x 1.5 × 3 A × 3.25 A × 3.5 A × 3.75 A =
[Beispiel 1.1-3: $n = 2$; Beispiel 1.3-2: $n = 3$.]

- *Beispiel 1.4-3:* Für $x \to 0$ entsteht aus obiger Multiplikationsformel

$$\prod_{k=1}^{n-1} \Gamma\left(\frac{k}{n}\right) = n^{-\frac{1}{2}}\, (2\pi)^{\frac{n-1}{2}} \quad (n = 2, 3, 4, \ldots)$$

Damit teste man die Γ-Routine (Testwert: $n = 5$). —
Es ist $\Gamma(1/5)\, \Gamma(2/5)\, \Gamma(3/5)\, \Gamma(4/5) = 17.65528508$, Tastenfolge: .2 A × .4 A × .6 A × .8 A = ,
und $(4/\sqrt{5})\, \pi^2 = 17.65528508$, Tastenfolge: 4 ÷ 5 $\sqrt{x}$ × π x^2 =

- *Beispiel 1.4-4:* Das Symbol !! ist für $n = 1, 2, 3, \ldots$ definiert durch

$$(2n)!! = \prod_{k=1}^{n} (2k) = 2 \times 4 \times 6 \ldots \times (2n) \quad \text{und} \quad (2n-1)!! = \prod_{k=1}^{n} (2k-1) = 1 \times 3 \times 5 \ldots \times (2n-1).$$

Die Identitäten $(2n)!! = 2^n (1)_n = 2^n n! = 2^n\, \Gamma(n+1)$ und $(2n-1)!! = 2^n \left(\tfrac{1}{2}\right)_n = 2^n\, \Gamma(n+\tfrac{1}{2})/\sqrt{\pi}$
benutze man zum Testen der Γ-Routine (Testwert: $n = 4$).
Es ist $8!! = 2 \times 4 \times 6 \times 8 = 384$ und $2^4\, 4! = 16\, \Gamma(5) = 384$, Tastenfolge: 16 × 5 A = ;
ferner $7!! = 1 \times 3 \times 5 \times 7 = 105$ und $2^4\, \Gamma(4.5)/\sqrt{\pi} = 105$, Tastenfolge: 2 y^x 4 × 4.5 A ÷ π $\sqrt{x}$ =

● *Beispiel 1.4-5:* Man bestimme die Lösung $f(x)$ der Integralgleichung $\int_0^x (x-t)^{-3/4} f(t)\, dt = x^2$. —

Die spezielle Abelsche Integralgleichung $\int_0^x (x-t)^{-a} f(t)\, dt = x^m$ $(0 < a < 1;\ m = 0, 1, 2, \ldots)$

hat die Lösung $f(x) = x^{m+a-1}/B(1-a,\ m+a) = m!\ x^{m+a-1}/[\Gamma(1-a)\ \Gamma(m+a)]$, somit ist
hier $f(x) = k\,x^{7/4}$ mit der Konstanten $k = 1/B(1/4,\ 11/4) = 2/[\Gamma(1/4)\ \Gamma(11/4)] = 0.3429776443$,
Tastenfolge zur Berechnung von k: 2 ÷ .25 A ÷ 2.75 A = oder einfach .25 x ⇌ t 2.75 B 1/x

● *Beispiel 1.4-6:* Mit der Identität $\sin(\pi x)\ B(x,\ 1-x) = \pi$ (die aus der Reflexionsformel von
Beispiel 1.2-4 folgt) teste man die B-Routine (Testwerte: $x = 1/2$, $x = 1/4$, $x = 1/6$). —

Es ist $B(.5,\ .5) = 3.141592654$, Tastenfolge: .5 x ⇌ t .5 B, und
$\frac{1}{\sqrt{2}}\, B(.25,\ .75) = \frac{1}{2}\, B\left(\frac{1}{6},\ \frac{5}{6}\right) = 3.141592654$, Tastenfolge: 6 1/x x ⇌ t 5 ÷ 6 = B ÷ 2 =

2 Digamma-Funktion und ihre ersten sechs Ableitungen (Polygamma-Funktionen), beta-Funktion und ihre ersten sechs Ableitungen

(I) Programme in Kapitel 2 (Übersicht)

Programm	Funktion	Argument	Genauigkeit	Datenregister
2.1	$\psi^{(m)}(x)$ $(m = 0, 1, \ldots, 6)$	x ganz- oder halbzahlig (auch negativ)	hoch bis mäßig	effektiv nur $R_{21} - R_{24}$
2.2	$\psi^{(m)}(x), \beta^{(m)}(x)$ $(m = 0, 1, 2, 3)$	x beliebig (auch groß)	hoch	effektiv $R_{28} - R_{58}$
2.3	$\psi^{(m)}(x), \beta^{(m)}(x)$ $(m = 4, 5, 6)$	x beliebig (auch groß)	hoch	effektiv $R_{28} - R_{55}$
2.4	$\psi^{(m)}(x)$ $(m = 0, 1, 2, 3)$	x beliebig	sehr hoch	$R_{12} - R_{59}$
2.5	$\psi^{(m)}(x)$ $(m = 4, 5, 6)$	x beliebig	sehr hoch	$R_{17} - R_{59}$

(II) Funktionen in Kapitel 2 (Übersicht)

Nomenklatur:

$\psi(x)$ Digamma-Funktion (psi-Funktion); $\psi^{(m)}(x)$ $(m = 1, 2, 3, \ldots)$ ihre Ableitungen (Polygamma-Funktionen): $\psi'(x)$, $\psi''(x)$, $\psi^{(3)}(x)$ Tri-, Tetra-, Pentagamma-Funktion, $\psi^{(4)}(x)$, $\psi^{(5)}(x)$, $\psi^{(6)}(x)$ Hexa-, Hepta-, Oktagamma-Funktion.

$\beta(x)$ beta-Funktion; $\beta^{(m)}(x)$ $(m = 1, 2, 3, \ldots)$ ihre Ableitungen

Digamma-Funktion

Darstellung als Ableitung:

$$\psi(x) = \frac{d}{dx} \ln \Gamma(x) = \Gamma'(x) / \Gamma(x) \tag{2.1}$$

Integraldarstellung:

$$\psi(x) = \int_0^\infty \left[\frac{\exp(-t)}{t} - \frac{\exp(-xt)}{1 - \exp(-t)} \right] dt \quad (x > 0) \tag{2.2}$$

Reihendarstellungen:

(1) $\quad \psi(x) = -\gamma + \sum_{k=0}^{\infty} \left(\dfrac{1}{1+k} - \dfrac{1}{x+k} \right) = -\gamma - \dfrac{1}{x} + x \sum_{k=1}^{\infty} \dfrac{1}{k(x+k)} \quad (\gamma = 0.5772\ldots)$ (2.3)

(2) $\quad \psi(x) - \psi(y) = \sum_{k=0}^{\infty} \left(\dfrac{1}{y+k} - \dfrac{1}{x+k} \right)$ (2.4)

(3) $\quad \psi(x+n) - \psi(x+l) = \sum_{k=l}^{n-1} \dfrac{1}{x+k} \quad (l < n,\ \text{ganzzahlig})$ (2.5)

Differentialgleichung (mit algebraischen Koeffizienten): nicht existent
Differenzengleichung: $f(x+1) - f(x) = k/(x+c)$ $(k, c = \text{const.})$;
$\quad\quad$ Lösung: $f(x) = k\,\psi(x+c) + A$, (2.6)

$\quad\quad$ A eine Konstante (oder eine Funktion von x mit Periode 1)

Ableitungen der Digamma-Funktion (Polygamma-Funktionen)

$$\psi^{(m)}(x) = \dfrac{d^m}{dx^m}\,\psi(x) = \dfrac{d^{m+1}}{dx^{m+1}} \ln \Gamma(x) \quad (m = 1, 2, 3, \ldots)$$ (2.7)

Integraldarstellung:

$$\psi^{(m)}(x) = (-1)^{m+1} \int_0^{\infty} \dfrac{t^m \exp(-xt)}{1 - \exp(-t)}\, dt \quad (x > 0;\ m = 1, 2, 3, \ldots)$$ (2.8)

Reihendarstellungen:

(1) $\quad \psi^{(m)}(x) = (-1)^{m+1} m! \sum_{k=0}^{\infty} \dfrac{1}{(x+k)^{m+1}} \quad (m = 1, 2, 3, \ldots)$ (2.9)

(2) $\quad \psi^{(m)}(x+n) - \psi^{(m)}(x+l) = (-1)^m m! \sum_{k=l}^{n-1} \dfrac{1}{(x+k)^{m+1}} \quad (m = 1, 2, 3, \ldots;$ (2.10)
$\quad\quad\quad\quad\quad\quad\quad\quad\quad\quad\quad\quad\quad\quad\quad\quad\quad\quad\quad\quad\quad\quad\quad l < n,\ \text{ganzzahlig})$

Differentialgleichung (mit algebraischen Koeffizienten): nicht existent
Differenzengleichung (Rekursion):

$\quad\quad f(x+1) - f(x) = k(x+c)^{-m-1} \quad (k, c = \text{const.};\ m = 1, 2, 3, \ldots)$; (2.11)
$\quad\quad$ Lösung: $f(x) = (-1)^m (m!)^{-1} k\,\psi^{(m)}(x+c) + A$,
$\quad\quad$ A eine Konstante (oder eine Funktion von x mit Periode 1)

beta-Funktion

Darstellung als Ableitung:

$$\beta(x) = \dfrac{d}{dx} \ln \left[\Gamma\left(\dfrac{x+1}{2}\right) \Big/ \Gamma\left(\dfrac{x}{2}\right) \right] = -\dfrac{d}{dx} \ln B\left(\dfrac{x}{2}, \dfrac{1}{2}\right)$$ (2.12)

Integraldarstellung:

$$\beta(x) = \int_0^{\infty} \dfrac{\exp(-xt)}{1 + \exp(-t)}\, dt \quad (x > 0)$$ (2.13)

Reihendarstellungen:

(1) $\quad \beta(x) = \sum_{k=0}^{\infty} \frac{(-1)^k}{x+k} = \sum_{k=0}^{\infty} \left(\frac{1}{x+2k} - \frac{1}{x+2k+1} \right)$ (2.14)

(2) $\quad \beta(2l+x) - \beta(2n+x) = \sum_{k=2l}^{2n-1} \frac{(-1)^k}{x+k} = \sum_{k=l}^{n-1} \left(\frac{1}{x+2k} - \frac{1}{x+2k+1} \right)$ (2.15)

$$(l < n, \text{ ganzzahlig})$$

Differentialgleichung (mit algebraischen Koeffizienten): nicht existent

Differenzengleichungen (Rekursionen):

(1) $\quad f(x+1) + f(x) = k/(x+c) + d \quad (k, c, d = \text{const.}); \quad$ Lösung: $f(x) = k\,\beta(x+c) + d/2$ (2.16)

(2) $\quad f(x+1) - f(x) = k\left[(2x+c+1)^{-1} - (2x+c)^{-1}\right] \quad (k, c = \text{const.});$ (2.17)

$\quad$ Lösung: $f(x) = k\,\beta(2x+c) + A,$

$\quad$ A eine Konstante (oder eine Funktion von x mit Periode 1)

Ableitungen der beta-Funktion

$$\beta^{(m)}(x) = \frac{d^m}{dx^m}\,\beta(x) = \frac{d^{m+1}}{dx^{m+1}}\ln\left[\Gamma\left(\frac{x+1}{2}\right) \Big/ \Gamma\left(\frac{x}{2}\right)\right] = -\frac{d^{m+1}}{dx^{m+1}}\ln B\left(\frac{x}{2}, \frac{1}{2}\right) \quad\quad (2.18)$$

$$(m = 1, 2, 3, \ldots)$$

Integraldarstellung:

$$\beta^{(m)}(x) = (-1)^m \int_0^{\infty} \frac{t^m \exp(-xt)}{1 + \exp(-t)}\,dt \quad (x > 0;\ m = 1, 2, 3, \ldots) \quad\quad (2.19)$$

Reihendarstellungen:

(1) $\quad \beta^{(m)}(x) = (-1)^m m! \sum_{k=0}^{\infty} \frac{(-1)^k}{(x+k)^{m+1}} = (-1)^m m! \sum_{k=0}^{\infty} \left[\frac{1}{(x+2k)^{m+1}} - \frac{1}{(x+2k+1)^{m+1}} \right]$ (2.20)

$\quad (m = 1, 2, 3, \ldots)$

(2) $\quad \beta^{(m)}(2l+x) - \beta^{(m)}(2n+x) = (-1)^m m! \sum_{k=2l}^{2n-1} \frac{(-1)^k}{(x+k)^{m+1}} =$

$$= (-1)^m m! \sum_{k=l}^{n-1} \left[\frac{1}{(x+2k)^{m+1}} - \frac{1}{(x+2k+1)^{m+1}} \right] \quad \begin{array}{l} (m = 1, 2, 3, \ldots; \\ l < n, \text{ ganzzahlig}) \end{array}$$

      (2.21)

Differentialgleichung (mit algebraischen Koeffizienten): nicht existent

Differenzengleichungen (Rekursionen):

(1) $\quad f(x+1) + f(x) = k(x+c)^{-m-1} + d \quad (k, c, d = \text{const.};\ m = 1, 2, 3, \ldots);$ (2.22)

$\quad$ Lösung: $f(x) = (-1)^m (m!)^{-1} k\,\beta^{(m)}(x+c) + d/2$

(2) $\quad f(x+1) - f(x) = k\left[(2x+c+1)^{-m-1} - (2x+c)^{-m-1}\right] \quad (k, c = \text{const.};\ m = 1, 2, 3, \ldots);$ (2.23)

$\quad$ Lösung: $f(x) = (-1)^m (m!)^{-1} k\,\beta^{(m)}(2x+c) + A,$

$\quad$ A eine Konstante (oder eine Funktion von x mit Periode 1)

Andere Bezeichnungen:

$$\Psi(x) = \frac{d}{dx}\,x! = \psi(x+1), \quad \psi^{(0)}(x) = \psi(x), \quad g(x) = G(x) = 2\beta(x)$$

(III) Literatur zu Kapitel 2 (Auswahl)

Abramowitz, M. and *I. A. Stegun* (1968): Handbook of Mathematical Functions. (§ 6.3: Psi (Digamma) Function, § 6.4: Polygamma Functions.) NBS, U.S. Govt. Printing Office, Washington, D.C.

Böhmer, P. E. (1939): Differenzengleichungen und bestimmte Integrale. (§ III 11: Die Gaußische Ψ-Funktion [$\Psi(z) = \psi(z)$].) Koehler, Leipzig.

Erdélyi, A., W. Magnus, F. Oberhettinger, and *F. G. Tricomi* (1953): Higher Transcendental Functions, Vol. 1. (§ 1.7: The ψ Function, § 1.8: The Function G (z) [$= 2\beta(z)$], § 1.16: Polygamma Functions.) McGraw-Hill, New York.

Fichtenholz, G. M. (1964): Differential- und Integralrechnung, Band II. (Abschnitt 535: Die logarithmische Ableitung der Gammafunktion.) Deutscher Verlag der Wissenschaften, Berlin. (Übersetzung aus dem Russischen.)

Gröbner, W. und *N. Hofreiter* (1973): Integraltafel, Teil II. (§ 411: $\Gamma(z)$, $\Psi(z)$ [$= \psi(z)$].) Springer, Wien.

Jahnke, E., F. Emde und *F. Lösch* (1960): Tafeln höherer Funktionen. (Abschnitt I B: Die logarithmische Ableitung $\psi(z)$.) Teubner, Stuttgart.

Jeffreys, H. and *B. Jeffreys* (1972): Methods of Mathematical Physics. (§ 15.04: The Digamma and Trigamma Functions.) University Press, Cambridge.

Lebedew, N. N. (1973): Spezielle Funktionen und ihre Anwendung. (§ 1.3: Logarithmische Ableitung der Gammafunktion.) B.I.-Wissenschaftsverlag, Mannheim. (Übersetzung aus dem Russischen.)

Lösch, F. und *F. Schoblik* (1951): Die Fakultät (Gammafunktion) und verwandte Funktionen. (§ I 1.2: Die Funktion $\Psi(z)$ [$= \psi(z + 1)$] und ihre Ableitungen.) Teubner, Leipzig.

Luke, Y. L. (1975): Mathematical Functions and their Approximations. (Ch. I: The Gamma Function and Related Functions.) Academic Press, New York.

Magnus, W., F. Oberhettinger, and *R. P. Soni* (1966): Formulas and Theorems for the Special Functions of Mathematical Physics. (§ 1.2: The Function $\psi(z)$.) Springer, Berlin. [$G(x) = 2\beta(x)$.]

Nielsen, N. (1906): Handbuch der Theorie der Gammafunktion. Teubner, Leipzig. [Hier auch $\beta(x)$.]

Nörlund, N. E. (1924): Vorlesungen über Differenzenrechnung. (§ 5.1: Die Funktionen $\Psi(x)$ [$= \psi(x)$] und g(x) [$= 2\beta(x)$].) Springer, Berlin.

Ryshik, I. M. und *I. S. Gradstein* (1963): Summen-, Produkt- und Integral-Tafeln. (§ 6.35: Die Funktion $\psi(x)$, § 6.39: Die Funktion $\beta(x)$.) Deutscher Verlag der Wissenschaften, Berlin. (Übersetzung aus dem Russischen.)

Shenton, L. R. and *K. O. Bowman* (1971): Continued fractions for the psi function and its derivatives. SIAM J. Appl. Math. **20**, 547–554.

Whittaker, E. T. and *G. N. Watson* (1952): A Course of Modern Analysis. (§ 12.3: $\psi(z)$.) University Press, Cambridge.

Programm 2.1: Digamma-Funktion und ihre ersten sechs Ableitungen für ganz- oder halbzahliges Argument [nach Rekursion]

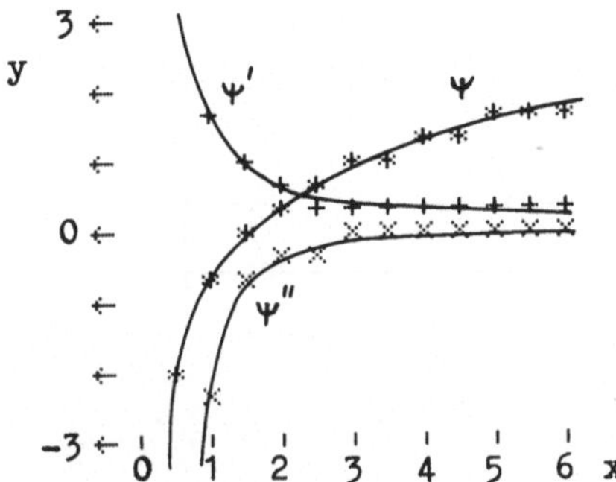

Bild 2.1-1 Digamma-Funktion und ihre
ersten zwei Ableitungen
$y = \psi(x)$, $y = \psi'(x)$, $y = \psi''(x)$, $0 < x \leqslant 6$

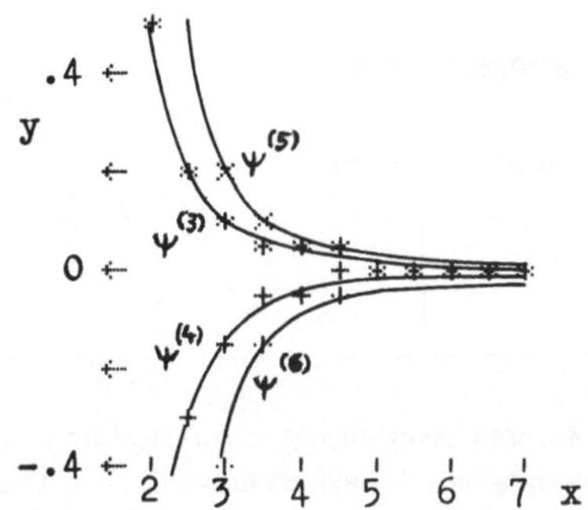

Bild 2.1-2 Dritte bis sechste Ableitung
der Digamma-Funktion
$y = \psi^{(3)}(x)$, $y = \psi^{(4)}(x)$, $y = \psi^{(5)}(x)$, $y = \psi^{(6)}(x)$,
$2 \leqslant x \leqslant 7$

(a) Algorithmus

(I)   Digamma-Funktion:

Rekursion für ganzzahliges Argument: $\psi(1) = -\gamma$ mit $\gamma = 0.5772156649015\ldots$ (Euler-Konstante),

$$\psi(n) = -\gamma + \sum_{k=1}^{n-1} k^{-1} \quad (n = 2, 3, 4, \ldots)$$

Rekursion für halbzahliges Argument:

$$\psi\left(\tfrac{1}{2}\right) = -\gamma - 2\ln 2, \quad \psi\left(\tfrac{1}{2} \pm n\right) = -\gamma - 2\ln 2 + \sum_{k=1}^{n} \left(k - \tfrac{1}{2}\right)^{-1}$$

(II)   Ableitungen der Digamma-Funktion (Polygamma-Funktionen)

Rekursion für ganzzahliges Argument:

$$\psi^{(m)}(1) = (-1)^{m+1} m!\, \zeta(m+1) \quad (m = 1, 2, 3, \ldots;\ \zeta \text{ Riemann-zeta-Funktion}),$$

$$\psi^{(m)}(n) = (-1)^m m! \left[-\zeta(m+1) + \sum_{k=1}^{n-1} k^{-m-1} \right] \quad (n = 2, 3, 4, \ldots)$$

Rekursion für halbzahliges Argument:

$$\psi^{(m)}\left(\tfrac{1}{2}\right) = (-1)^{m+1} m!\, (2^{m+1} - 1)\, \zeta(m+1) \quad (m = 1, 2, 3, \ldots),$$

$$\psi^{(m)}\left(\tfrac{1}{2} + n\right) = (-1)^m m! \left[-(2^{m+1} - 1)\, \zeta(m+1) + \sum_{k=1}^{n} \left(k - \tfrac{1}{2}\right)^{-m-1} \right] \quad (n = 1, 2, 3, \ldots),$$

$$\psi^{(m)}\left(\tfrac{1}{2} - n\right) = m! \left[(-1)^{m+1} (2^{m+1} - 1)\, \zeta(m+1) + \sum_{k=1}^{n} \left(k - \tfrac{1}{2}\right)^{-m-1} \right]$$

Bemerkung: Die Rekursion ist relativ ungenau durch Verwendung der (platzsparenden) eingebauten y^x-Routine zur Berechnung von k^{-m-1} und $\left(k - \frac{1}{2}\right)^{-m-1}$.

(b) Bedienungshinweise

Programmadreß-Tasten:

m	$x \to \psi^{(m)}(x)$			

Speicherbereichsverteilung: Grundstellung
Programm laden: 1 Magnetkartenhälfte einlesen (Block 1)
Winkelmodus: beliebig
Anzeigeformat: beliebig (zurück bleibt INV Fix)
Argument: m = 0, 1, 2, 3, 4, 5 oder 6;

     x ganz- oder halbzahlig $(0, \pm 0.5, \pm 1, \pm 1.5, \ldots)$

Argumentbereich: etwa $-50 < x < 50$

Genauigkeit (Richtwert): 5–10 D/S:

	$\psi(x)$	$\psi'(x)$	$\psi''(x)$	$\psi^{(3)}(x)$	$\psi^{(4)}(x)$	$\psi^{(5)}(x)$	$\psi^{(6)}(x)$
$|x| < 5$:	10	10	10	8–10	7–9	6–8	5–7 D/S
$5 \leqslant |x| < 50$:	10	9–10	9–10	8–9	7–8	6–7	5–6 D/S

Programmkenndaten:

Speicherbedarf: effektiv 216 Programmschritte, 4 Datenregister $(R_{21}-R_{24})$
Labels: A, B; abs. Adressen: ja; T-Reg.: verwendet; Flags: Nr. 6
SBR-Ebenen / Klammer-Ebenen / unvollständige Op.-Ebenen: 1/2/3

(c) Checkwerte

(I) $\psi(x)$: Vorbereitung durch Eingabe m = 0 (Tastenfolge 0 A).
    $\psi(4) = 1.256117668$ (Laufzeit 4 Sek.), Tastenfolge: 4 B;
    $\psi(3.5) = 1.103156641$ (5 Sek.); $\psi(-3.5) = 1.388870926$ (6 Sek.);
    $\psi(31.5) = 3.434030554$ (24 Sek.); $\psi(-31.5) = 3.465776586$ (25 Sek.)

(II) $\psi'(x)$: Vorbereitung durch Eingabe m = 1 (Tastenfolge 1 A).
    $\psi'(4) = 0.2838229557$ (4 Sek.), Tastenfolge: 4 B;
    $\psi'(3.5) = 0.3303577561$ (5 Sek.); $\psi'(-3.5) = 9.620879298$ (6 Sek.);
    $\psi'(31.5) = 0.032255268$ (24 Sek.); $\psi'(-31.5) = 9.83835694$ (25 Sek.)

(III) $\psi''(x)$: Vorbereitung durch Eingabe m = 2 (Tastenfolge 2 A).
    $\psi''(4) = -0.0800397322$ (4 Sek.), Tastenfolge: 4 B;
    $\psi''(3.5) = -0.1082040516$ (5 Sek.); $\psi''(-3.5) = -0.0615568213$ (6 Sek.);
    $\psi''(31.5) = -0.001040312$ (24 Sek.); $\psi''(-31.5) = -0.000976324$ (25 Sek.)

(IV) $\psi^{(3)}(x)$: Vorbereitung durch Eingabe $m = 3$ (Tastenfolge 3 A).

$\psi^{(3)}(4) = 0.044865328$ (4 Sek.), Tastenfolge: 4 B;

$\psi^{(3)}(3.5) = 0.070305849$ (5 Sek.); $\psi^{(3)}(-3.5) = 194.787860$ (6 Sek.);

$\psi^{(3)}(31.5) = 0.000067099$ (24 Sek.); $\psi^{(3)}(-31.5) = 194.818121$ (25 Sek.)

(V) $\psi^{(4)}(x)$: Vorbereitung durch Eingabe $m = 4$ (Tastenfolge 4 A).

$\psi^{(4)}(4) = -0.03750069$ (4 Sek.); Tastenfolge: 4 B;

$\psi^{(4)}(3.5) = -0.06799600$ (5 Sek.); $\psi^{(4)}(-3.5) = -0.02230075$ (6 Sek.);

$\psi^{(4)}(31.5) = -0.0000065$ (24 Sek.); $\psi^{(4)}(-31.5) = -0.0000057$ (25 Sek.)

(VI) $\psi^{(5)}(x)$: Vorbereitung durch Eingabe $m = 5$ (Tastenfolge 5 A).

$\psi^{(5)}(4) = 0.041558$ (4 Sek.); Tastenfolge: 4 B;

$\psi^{(5)}(3.5) = 0.087049$ (5 Sek.); $\psi^{(5)}(-3.5) = 15382.2$ (6 Sek.);

$\psi^{(5)}(31.5) = 0.000001$ (24 Sek.); $\psi^{(5)}(-31.5) = 15382.2$ (25 Sek.)

(VII) $\psi^{(6)}(x)$: Vorbereitung durch Eingabe $m = 6$ (Tastenfolge 6 A).

$\psi^{(6)}(4) = -0.057262$ (4 Sek.); Tastenfolge: 4 B;

$\psi^{(6)}(3.5) = -0.138358$ (5 Sek.); $\psi^{(6)}(-3.5) = -0.026451$ (6 Sek.);

$\psi^{(6)}(31.5) = 0.00000$ (24 Sek.); $\psi^{(6)}(-31.5) = 0.00000$ (25 Sek.)

Tabelle 2.1-1 Digamma-Funktion und ihre ersten zwei Ableitungen
$\psi(x)$, $x = 2(.5)5$, 10S; $\psi'(x)$, $\psi''(x)$, 10D

x	$\psi(x)$	$\psi'(x)$	$\psi''(x)$
2.0	4.227843351 -01	0.6449340668	-0.4041138063
2.5	7.031566406 -01	0.4903577561	-0.2362040516
3.0	9.227843351 -01	0.3949340668	-0.1541138063
3.5	1.103156641 00	0.3303577561	-0.1082040516
4.0	1.256117668 00	0.2838229557	-0.0800397322
4.5	1.388870926 00	0.2487251030	-0.0615568213
5.0	1.506117668 00	0.2213229557	-0.0487897322

(d) Datenregister

Das Programm wird in Grundstellung der Speicherbereichsverteilung eingelesen und benutzt
effektiv nur 4 Datenregister:

R_{21}	R_{22}	R_{23}	R_{24}
$m + 1$	$(-1)^m m!$	$2^{m+1} - 1$	Adresse

Andere Zählung: das eigentliche Programm benötigt nur 158 Schritte. Während der Ausführung
schaltet das Programm vorübergehend auf die Verteilung 159.99 und benutzt 7 Datenregister:

R_{93}	$R_{94} \dots R_{99}$	
$-\gamma$	$-\zeta(2) \dots -\zeta(7)$	(Basiswerte)

Tabelle 2.1-2 Dritte bis sechste Ableitung der Digamma-Funktion
$\psi^{(3)}(x)$, $\psi^{(4)}(x)$, $x = 2(.5)5$, 8D; $\psi^{(5)}(x)$, $\psi^{(6)}(x)$, 6D

x	$\psi^{(3)}(x)$	$\psi^{(4)}(x)$	$\psi^{(5)}(x)$	$\psi^{(6)}(x)$
2.0	0.49393940	-0.88626612	2.081167	-6.011480
2.5	0.22390585	-0.31375600	0.578569	-1.318006
3.0	0.11893940	-0.13626612	0.206167	-0.386480
3.5	0.07030585	-0.06799600	0.087049	-0.138358
4.0	0.04486533	-0.03750069	0.041558	-0.057262
4.5	0.03032251	-0.02230075	0.021770	-0.026451
5.0	0.02142783	-0.01406319	0.012262	-0.013316

(e) Eingabe des Programms

Speicherbereichsverteilung in Grundstellung. Programm eintasten. (Eingabe des Befehls HIR: Anhang A.) Eingabe der Befehlsfolge Dsz 22053 (Schritt 056–059): zunächst eintasten Dsz 1053, dann die 1 in Schritt 057 überschreiben mit INV (= Code 22). Speicherbereichsverteilung durch 10 Op 17 einstellen auf 159.99. Basiswerte eingeben mit nachstehender Tastenfolge:

   10 INV log 1/x STO 00 (temporäre Abspeicherung des Faktors 10^{-10});

   .5772156649 + .015 X RCL 0 = +/− STO 93
   1.644934066 + 8.48 X RCL 0 = +/− STO 94
   1.202056903 + 1.60 X RCL 0 = +/− STO 95
   1.082323233 + 7.11 X RCL 0 = +/− STO 96
   1.036927755 + 1.43 X RCL 0 = +/− STO 97
   1.017343061 + 9.84 X RCL 0 = +/− STO 98
   1.008349277 + 3.82 X RCL 0 = +/− STO 99

Speicherbereichsverteilung durch 4 Op 17 auf Grundstellung setzen. Block 1 auf eine Magnetkartenhälfte aufzeichnen.

Zur Kontrolle lassen sich die eingegebenen Basiswerte nach Beispiel E4-4 (Anhang E) 13-stellig auflisten:

```
-5.77215664    R93        -1.03692775    R97
       9.015    -01               5.143     00
-1.64493406    R94        -1.01734306    R98
       6.848     00               1.984     00
-1.20205690    R95        -1.00834927    R99
       3.160     00               7.382     00
-1.08232323    R96
       3.711     00
```

Programmstruktur:

Schritt

026–069 Vorbereitung [Eingabe m, Berechnung $2^{m+1} - 1$ und $(-1)^m\, m!$]
002–023,071–154 $\psi^{(m)}(x)$
      093–105 Rekursion
      141–153 $\psi^{(m)}(x)$ für x ganzzahlig
      110–140 Zusatz für x halbzahlig (115–126 Behandlung von $x < 0$)

Liste zu Programm 2.1

Loc	Code		Loc	Code		Loc	Code		Loc	Code	
000	76	LBL	054	22	22	108	01	1	162	38	
001	12	B	055	65	×	109	41	41	163	77	
002	22	INV	056	97	DSZ	110	22	INV	164	92	
003	58	FIX	057	22	22	111	87	IFF	165	34	
004	82	HIR	058	00	0	112	06	6	166	08	
005	08	8	059	53	53	113	01	1	167	10	
006	22	INV	060	01	1	114	27	27	168	02	R_{98}
007	59	INT	061	54	)	115	00	0	169	40	
008	29	CP	062	42	STO	116	54	)	170	98	
009	67	EQ	063	22	22	117	53	(	171	61	
010	00	0	064	09	9	118	22	INV	172	30	
011	71	71	065	03	3	119	86	STF	173	34	
012	77	GE	066	48	EXC	120	06	6	174	17	
013	00	0	067	24	24	121	65	×	175	10	
014	78	78	068	44	SUM	122	43	RCL	176	02	R_{97}
015	01	1	069	24	24	123	22	22	177	30	
016	94	+/−	070	92	RTN	124	69	OP	178	14	
017	82	HIR	071	82	HIR	125	10	10	179	55	
018	48	48	072	18	18	126	85	+	180	77	
019	86	STF	073	32	X:T	127	02	2	181	92	
020	06	6	074	00	0	128	32	X:T	182	36	
021	61	GTO	075	77	GE	129	43	RCL	183	10	
022	00	0	076	01	1	130	21	21	184	02	R_{96}
023	81	81	077	56	56	131	77	GE	185	10	
024	76	LBL	078	01	1	132	01	1	186	71	
025	11	A	079	82	HIR	133	38	38	187	33	
026	42	STO	080	58	58	134	04	4	188	32	
027	24	24	081	82	HIR	135	23	LNX	189	32	
028	42	STO	082	18	18	136	94	+/−	190	82	
029	21	21	083	32	X:T	137	85	+	191	10	
030	01	1	084	00	0	138	43	RCL	192	02	R_{95}
031	44	SUM	085	53	(	139	23	23	193	00	
032	21	21	086	53	(	140	65	×	194	16	
033	53	(	087	77	GE	141	09	9	195	03	
034	02	2	088	01	1	142	01	1	196	69	
035	45	Y×	089	07	07	143	69	OP	197	05	
036	43	RCL	090	93	.	144	17	17	198	02	
037	21	21	091	05	5	145	73	RC*	199	12	
038	75	−	092	32	X:T	146	24	24	200	02	R_{94}
039	01	1	093	45	Y×	147	54	)	201	80	
040	54	)	094	43	RCL	148	65	×	202	84	
041	42	STO	095	21	21	149	06	6	203	66	
042	23	23	096	94	+/−	150	69	OP	204	40	
043	43	RCL	097	85	+	151	17	17	205	93	
044	24	24	098	01	1	152	43	RCL	206	44	
045	29	CP	099	82	HIR	153	22	22	207	16	
046	53	(	100	58	58	154	54	)	208	16	R_{93}
047	67	EQ	101	82	HIR	155	92	RTN	209	50	
048	00	0	102	18	18	156	35	1/X	210	01	
049	60	60	103	77	GE	157	92	RTN	211	49	
050	94	+/−	104	00	0	158			212	66	
051	42	STO	105	93	93	159			213	15	
052	22	22	106	29	CP	160	02	R_{99}	214	72	
053	43	RCL	107	67	EQ	161	20		215	57	

(f)　Funktions-Anwendungen

● *Beispiel 2.1-1:* Man berechne die Summe $S = \sum\limits_{k=1}^{6} (k + \frac{1}{2})^{-1}$. —

Nach Gl. (2.5) ist $\sum\limits_{k=1}^{n} (k + x)^{-1} = \psi(x + n + 1) - \psi(x + 1)$.

Somit ist $S = \psi(7.5) - \psi(1.5) = 1.910267510$, Tastenfolge: 0 A 7.5 B − 1.5 B =

● *Beispiel 2.1-2:* Man summiere die Reihe $T = \sum\limits_{k=1}^{\infty} (k + 1)^{-1} (2k + 1)^{-1}$. —

Partialbruchzerlegung ergibt $(k + x)^{-1} (k + y)^{-1} = (x - y)^{-1} [(k + y)^{-1} - (k + x)^{-1}]$. Ersetzt man in
Gl. (2.4) x, y durch x + l, y + l (l ganzzahlig) und k durch k − l, so erhält man

$\psi(x + l) - \psi(y + l) = \sum\limits_{k=l}^{\infty} [(y + k)^{-1} - (x + k)^{-1}]$. Daher ist $\sum\limits_{k=l}^{\infty} (k + x)^{-1} (k + y)^{-1} =$

$= (x - y)^{-1} [\psi(x + l) - \psi(y + l)]$, somit

$T = \frac{1}{2} \sum\limits_{k=1}^{\infty} (k + 1)^{-1} (k + \frac{1}{2})^{-1} = \psi(2) - \psi(3/2) = 0.3862943611$, Tastenfolge: 0 A 2 B − 1.5 B =

● *Beispiel 2.1-3:* Man summiere die Reihe $Q = \sum\limits_{k=0}^{\infty} (k + \frac{5}{2})^{-3}$. —

Nach Gl. (2.9) ist (mit m = 2) $\sum\limits_{k=0}^{\infty} (k + x)^{-3} = - \frac{1}{2} \psi''(x)$.

Somit ist $Q = - \frac{1}{2} \psi''(5/2) = 0.1181020258$, Tastenfolge: 2 A 2.5 B +/− ÷ 2 =

● *Beispiel 2.1-4:* Mit der Verdopplungsformel der Digamma-Funktion

$$\psi(2x) = \frac{1}{2} [\psi(x) + \psi(x + \frac{1}{2})] + \ln 2$$

teste man die ψ-Routine (Testwert: x = 3). —
Es ist $\psi(6) = 1.706117668$, Tastenfolge: 0 A 6 B; $\frac{1}{2} [\psi(3) + \psi(3.5)] + \ln 2 = 1.706117668$,
Tastenfolge: 3 B + 3.5 B = ÷ 2 + 2 ln x =

● *Beispiel 2.1-5:* Die Verdopplungsformel der Polygamma-Funktionen

$$\psi^{(m)}(2x) = 2^{-m-1} [\psi^{(m)}(x) + \psi^{(m)}(x + \frac{1}{2})] \quad (m = 1, 2, 3, \ldots)$$

verwende man zum Testen der $\psi^{(m)}$-Routine (Testwerte: m = 2, x = 3). —
Es ist $\psi''(6) = - 0.0327897322$, Tastenfolge: 2 A 6 B; $\frac{1}{8} [\psi''(3) + \psi''(3.5)] = - 0.0327897322$,
Tastenfolge: 3 B + 3.5 B = ÷ 8 =

● *Beispiel 2.1-6:* Eine neu gegründete Zeitschrift wird im ersten Jahr von 1000 Personen abonniert.
Man berechne die Gesamtzahl der Abonnenten im zweiten bis fünften Jahr unter folgender An-
nahme: der jährliche Zuwachs an Abonnenten sei verkehrt proportional zum Alter der Zeitschrift,
nämlich gleich 300/n. —
Laut Annahme ist im Jahr n + 1 die Gesamtzahl der Abonnenten G(n + 1) = G(n) + 300/n
(n = 1, 2, 3, ...). Diese Differenzengleichung hat nach Gl. (2.6) die Lösung G(n) = 300 ψ(n) + A
(A = const.). Aus der Anfangsbedingung G(1) = 1000 folgt A = 1000 − 300 ψ(1).
Somit ist G(n) = 300 [ψ(n) − ψ(1)] + 1000, daher G(2) = 1300, G(3) = 1450, G(4) = 1550,
G(5) = 1625, Tastenfolge: 0 A 5 B − 1 B = × 300 + 1000 =

Programm 2.2: Digamma-Funktion und ihre ersten drei Ableitungen, beta-Funktion und ihre ersten drei Ableitungen [nach Kettenbruch-Entwicklung]

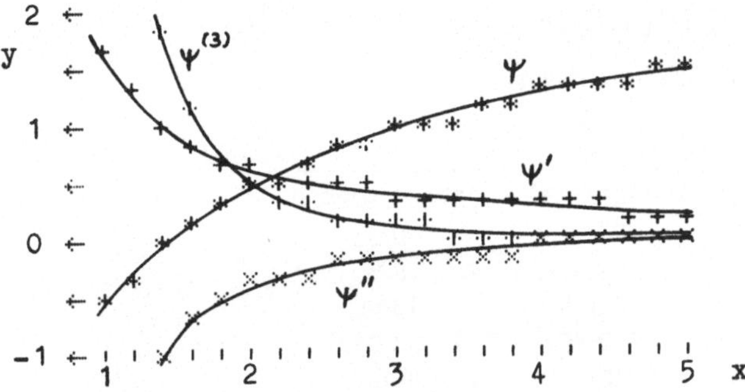

Bild 2.2-1 Digamma-Funktion und ihre ersten drei Ableitungen
$y = \psi(x)$, $y = \psi'(x)$, $y = \psi''(x)$, $y = \psi^{(3)}(x)$, $1 \leqslant x \leqslant 5$

(a) Algorithmus

(I)   Digamma-Funktion und ihre Ableitungen (Polygamma-Funktionen):

Aus Gl. (1.4) (Kapitel 1) folgt durch sukzessive Differentiation

$$\psi(x) = \frac{d}{dx} \ln \Gamma(x) = \ln x - (2x)^{-1} + L^{(0)}(x) \quad \text{mit} \quad L^{(0)}(x) = \frac{d}{dx} J(x),$$

$$\psi^{(m)}(x) = \frac{d^m}{dx^m} \psi(x) = (-1)^{m-1} (m-1)! \, x^{-m} [1 + m(2x)^{-1}] + L^{(m)}(x)$$

$$\text{mit} \quad L^{(m)}(x) = \frac{d^m}{dx^m} L^{(0)}(x) \quad (m = 1, 2, 3, \ldots).$$

Unter Verwendung der asymptotischen Reihe für $J(x)$ aus Abschnitt 1.3 (a) erhält man somit (divergente) asymptotische Reihen für $L^{(m)}(x)$:

$$x \to \infty: \; L^{(m)}(x) = \frac{d^{m+1}}{dx^{m+1}} J(x) \sim (-1)^{m+1} \sum_{k=0}^{\infty} I_k^{(m)} x^{-2k-2-m} \quad (m = 0, 1, 2, \ldots)$$

(Abramowitz-Stegun Nr. 6.3.18, 6.4.11−14) mit den Koeffizienten

$$I_k^{(0)} = (2k+1) \, b_k = B_{2k+2} / (2k+2) \, ,$$

$$I_k^{(1)} = (2k+2) \, I_k^{(0)} = (2k+1)(2k+2) \, b_k = B_{2k+2} \, ,$$

$$I_k^{(m)} = (2k+1+m) \, I_k^{(m-1)} = (2k+1)_{m+1} \, b_k = (2k+3)_{m-1} \, B_{2k+2} \quad (m = 2, 3, 4, \ldots;$$
$$k = 0, 1, 2, \ldots)$$

(B_n Bernoulli-Zahlen). Numerisch zweckmäßig ist die Umwandlung der asymptotischen Reihen in (konvergente) Kettenbrüche (etwa nach dem bekannten Quotienten-Differenzen-Schema) mit dem Ergebnis

$$L^{(m)}(x) = (-1)^{m+1}\,\frac{1}{x^{m+1}}\,\frac{a_0^{(m)}}{x+}\,\frac{a_1^{(m)}}{x+}\,\frac{a_2^{(m)}}{x+}\,\frac{a_3^{(m)}}{x+}\cdots \qquad (x>0;\ m=0,1,2,\ldots)$$

mit den Kettenbruch-Koeffizienten (vgl. Shenton-Bowman):

	$a_0^{(m)}$	$a_1^{(m)}$	$a_2^{(m)}$	$a_3^{(m)}$	$a_4^{(m)}$
m = 0:	1/12	1/10	79/210	1205/1659	262445/209429
m = 1:	1/6	1/5	18/35	20/21	50/33
m = 2:	1/2	1/3	2/3	6/5	9/5
m = 3:	2	1/2	5/6	22/15	116/55
m = 4:	10	7/10	71/70	870/497	15092/6177
m = 5:	60	14/15	127/105	3645/1778	173005/61722
m = 6:	420	6/5	149/105	14795/6258	2811525/881782

(Die Fälle m = 4, 5, 6 werden im nächsten Programm realisiert.) Für großes x (empirisch: $x\geqslant 6$) haben die Koeffizienten $a_5^{(m)}$, $a_6^{(m)}$, $a_7^{(m)}$, ... relativ wenig Einfluß und bleiben daher unberücksichtigt; $a_3^{(m)}$ und $a_4^{(m)}$ werden für $x\geqslant 6$ wie folgt approximiert:

	m = 0	m = 1	m = 2	m = 3	m = 4	m = 5	m = 6
$a_3^{(m)}$	$\approx 363/500$	(exakt)	(exakt)	(exakt)	$\approx 7/4$	$\approx 41/20$	$\approx 1000/423$
$a_4^{(m)}$	$\approx 5/4$	$\approx 10/7$	$\approx 17/10$	$\approx 21/10$	$\approx 20/9$	$\approx 13/5$	≈ 3

Mit den so gebildeten Kettenbruch-Approximationen $N^{(m)}(x)$ erhält man

$$x\geqslant 6:\ L^{(m)}(x) = N^{(m)}(x) + \epsilon(m,x) \qquad (m=0,1,2,\ldots)$$

mit $|\epsilon(m,x)| < 1\times 10^{-10}$ (empirisch). Somit gilt

$$x\geqslant 6:\ \psi(x) = M^{(0)}(x) + \epsilon(0,x)\ \text{ mit } M^{(0)}(x) = \ln x - (2x)^{-1} + N^{(0)}(x)\ \text{ und }\ |\epsilon(0,x)| < 1\times 10^{-10}$$

und ferner

$$x\geqslant 6:\ \psi^{(m)}(x) = M^{(m)}(x) + \epsilon(m,x) \qquad (m=1,2,\ldots,6)$$
$$\text{mit } M^{(m)}(x) = (-1)^{m-1}(m-1)!\,x^{-m}[1 + m(2x)^{-1}] + N^{(m)}(x)\ \text{ und }\ |\epsilon(m,x)| < 1\times 10^{-10}.$$

Andere Argumentwerte werden durch Rekursion berücksichtigt:

$$x<6:\ \psi^{(m)}(x) = \psi^{(m)}(x+n) - (-1)^m m!\sum_{k=0}^{n-1}(x+k)^{-m-1} \qquad (m=0,1,2,\ldots)$$

mit n (ganzzahlig) so, daß $6\leqslant x+n<7$.

Bemerkung: Die Rekursion ist relativ genau durch Vermeidung der eingebauten y^x-Routine zur Berechnung von x^{-m} und $(x+k)^{-m-1}$. (Die eingebaute y^x-Routine würde nicht-negative Basis voraussetzen.)

(II)　beta-Funktion und ihre Ableitungen:

$$\beta^{(m)}(x) = 2^{-m-1}\left[\psi^{(m)}\left(\frac{x+1}{2}\right) - \psi^{(m)}\left(\frac{x}{2}\right)\right] \qquad (m=0,1,2,\ldots)$$

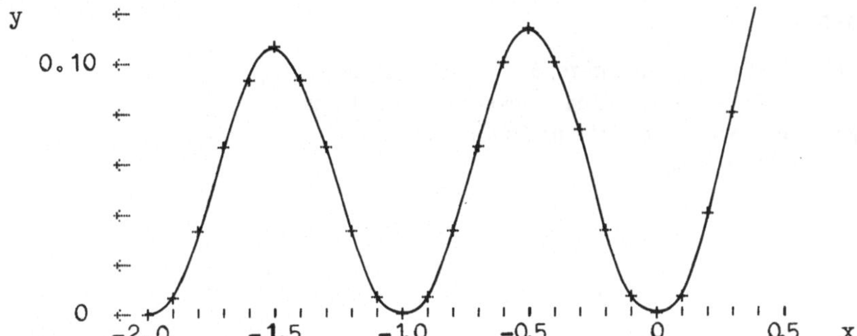

Bild 2.2-2 Reziproke Trigamma-Funktion $y = 1/\psi'(x)$, $-2 \leqslant x < 0.5$

$[x \to \infty : 1/\psi'(x) \to \infty ;\ \text{n (ganzzahlig)} \to \infty : 1/\psi\,(\tfrac{1}{2} - n) \to 1/\pi^2 = 0.101 \ldots]$

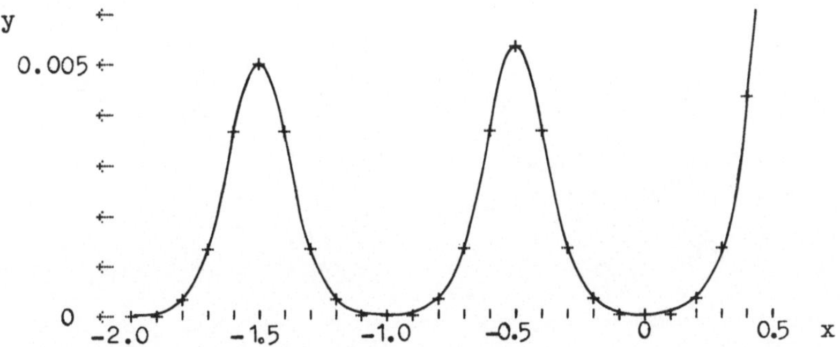

Bild 2.2-3 Reziproke Pentagamma-Funktion $y = 1/\psi^{(3)}(x)$, $-2 \leqslant x < 0.5$

$[x \to \infty : 1/\psi^{(3)}(x) \to \infty ;\ \text{n (ganzzahlig)} \to \infty : 1/\psi^{(3)}\,(\tfrac{1}{2} - n) \to 1/(2\pi^4) = 0.00513 \ldots]$

(b) Bedienungshinweise

Programmadreß-Tasten:

$x \to \beta(x)$	$x \to \beta'(x)$	$x \to \beta''(x)$	$x \to \beta^{(3)}(x)$	
$x \to \psi(x)$	$x \to \psi'(x)$	$x \to \psi''(x)$	$x \to \psi^{(3)}(x)$	

Speicherbereichsverteilung: Grundstellung

Programm laden: 2 Magnetkartenhälften einlesen (Block 1 und 3); für ψ und β genügt das Einlesen *einer* Magnetkartenhälfte (Block 1)

Winkelmodus: beliebig

Anzeigeformat: beliebig (zurück bleibt INV Fix, außer bei ψ und β)

Argument: x beliebig (auch groß)

Argumentbereich:

(I) $\psi(x)$: etwa $-50 < x < 10^{97}$;

(II) $\psi^{(m)}(x)$ (m = 1, 2, 3): etwa $-50 < x < 10^5$;

(III) $\beta^{(m)}(x)$ (m = 0, 1, 2, 3): etwa $-50 < x < 10^5$

Genauigkeit (Richtwert): 9–10 D/S

Programmkenndaten:

Speicherbedarf: effektiv 224 Programmschritte, 31 Datenregister (R_{28}–R_{58})
Labels: A–D, A'–D'; abs. Adressen: ja; T-Reg.: verwendet; Flags: keine
SBR-Ebenen / Klammer-Ebenen / unvollständige Op.-Ebenen:

$$\psi^{(m)}(x): 0/4/3; \quad \beta^{(m)}(x): 1/6/6$$

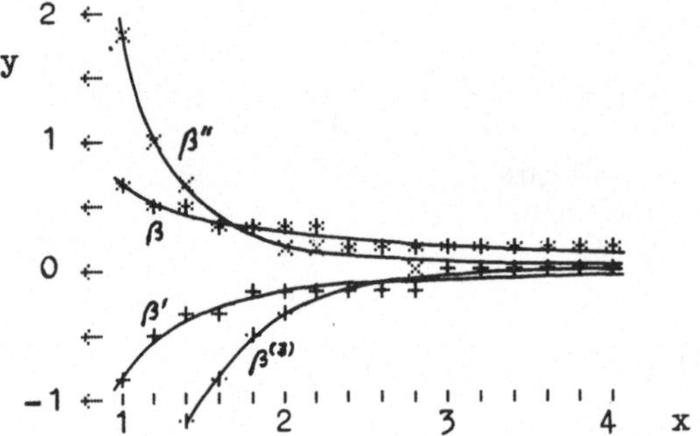

Bild 2.2-4 beta-Funktion und ihre ersten drei Ableitungen
$y = \beta(x)$, $y = \beta'(x)$, $y = \beta''(x)$, $y = \beta^{(3)}(x)$, $1 \leqslant x \leqslant 4$

(c) Checkwerte

(I) $\psi(\pi) = 0.9772133079$ (Laufzeit 4 Sek.), Tastenfolge: π A;
      $\psi(-\pi) = 7.885952385$ (8 Sek.); $\psi(1/\pi) = -3.290213960$ (6 Sek.);
      $\psi(10\pi) = 3.431315059$ (3 Sek.); $\psi(-10\pi) = 4.312767416$ (21 Sek.);
      $\psi(100\pi) = 5.748307678$ (3 Sek.); $\psi(1000\pi) = 8.052326001$ (3 Sek.)

(II) $\psi'(\pi) = 0.3742437697$ (5 Sek.), Tastenfolge: π B;
      $\psi'(-\pi) = 53.03043874$ (9 Sek.); $\psi'(1/\pi) = 10.98230963$ (7 Sek.);
      $\psi'(10\pi) = 0.0323429687$ (4 Sek.); $\psi'(-10\pi) = 10.56013111$ (23 Sek.);
      $\psi'(100\pi) = 0.0031881703$ (4 Sek.); $\psi'(1000\pi) = 0.0003183606$ (4 Sek.)

(III) $\psi''(\pi) = -0.1385473703$ (6 Sek.), Tastenfolge: π C;
      $\psi''(-\pi) = 702.5100126$ (10 Sek.); $\psi''(1/\pi) = -63.16818842$ (7 Sek.);
      $\psi''(10\pi) = -0.0010459765$ (4 Sek.); $\psi''(-10\pi) = 17.99648148$ (28 Sek.);
      $\psi''(100\pi) = -0.0000101644$ (4 Sek.); $\psi''(1000\pi) = -0.0000001014$ (4 Sek.)

(IV) $\psi^{(3)}(\pi) = 0.1015423954$ (6 Sek.), Tastenfolge: π D;
      $\psi^{(3)}(-\pi) = 14943.11767$ (10 Sek.); $\psi^{(3)}(1/\pi) = 586.7329744$ (8 Sek.);
      $\psi^{(3)}(10\pi) = 0.0000676482$ (4 Sek.); $\psi^{(3)}(-10\pi) = 254.9400835$ (28 Sek.);
      $\psi^{(3)}(100\pi) = 0.0000000648$ (4 Sek.); $\psi^{(3)}(1000\pi) = 0.0000000001$ (4 Sek.)

(V) $\beta(\pi) = 0.1833927510$ (12 Sek.), Tastenfolge: π A';
      $\beta(-\pi) = 7.165997967$ (15 Sek.); $\beta(1/\pi) = 2.641901153$ (13 Sek.);
      $\beta(10\pi) = 0.0161686692$ (8 Sek.); $\beta(-10\pi) = 3.238790149$ (28 Sek.);
      $\beta(100\pi) = 0.0015940824$ (8 Sek.); $\beta(1000\pi) = 0.0001591803$ (8 Sek.)

(VI) $\beta'(\pi) = -0.0654878624$ (13 Sek.), Tastenfolge: π B'; ✓
   $\beta'(-\pi) = 48.08033069$ (17 Sek.); $\beta'(1/\pi) = -9.422186922$ (15 Sek.);
   $\beta'(10\pi) = -0.0005227154$ (10 Sek.); $\beta'(-10\pi) = 2.764561863$ (32 Sek.);
   $\beta'(100\pi) = -0.0000050822$ (10 Sek.); $\beta'(1000\pi) = -0.0000000507$ (10 Sek.) ∨

(VII) $\beta''(\pi) = 0.0457352033$ (15 Sek.), Tastenfolge: π C'; ✓
   $\beta''(-\pi) = 706.2507197$ (19 Sek.); $\beta''(1/\pi) = 61.26181627$ (17 Sek.);
   $\beta''(10\pi) = 0.0000337888$ (10 Sek.); $\beta''(-10\pi) = 36.81862283$ (37 Sek.);
   $\beta''(100\pi) = 0.0000000324$ (10 Sek.); $\beta''(1000\pi) = 0.0000000000$ (10 Sek.)

(VIII) $\beta^{(3)}(\pi) = -0.0470329707$ (15 Sek.), Tastenfolge: π D'; ∨
   $\beta^{(3)}(-\pi) = 14913.61759$ (20 Sek.); $\beta^{(3)}(1/\pi) = -582.6385071$ (17 Sek.);
   $\beta^{(3)}(10\pi) = -0.0000032754$ (10 Sek.); $\beta^{(3)}(-10\pi) = 148.4256874$ (37 Sek.);
   $\beta^{(3)}(100\pi) = -0.0000000003$ (10 Sek.); $\beta^{(3)}(1000\pi) = -0.0000000000$ (10 Sek.)

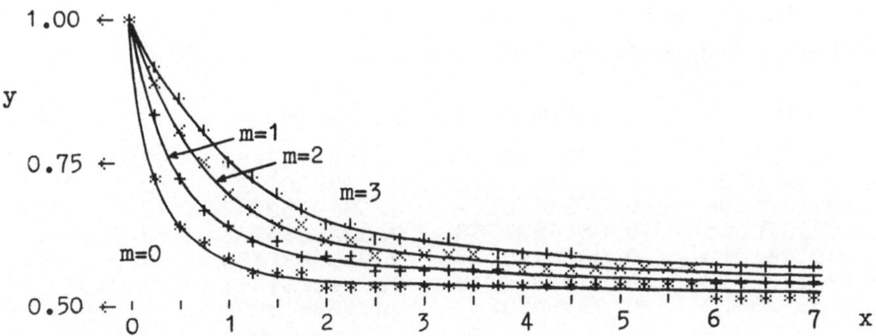

Bild 2.2-5 Digamma-Funktion und ihre ersten drei Ableitungen
$m = 0: y = -x\,\psi(x) + x\ln x \ (x \to \infty: y \to 1/2)$;
$m = 1, 2, 3: y = -(m!)^{-1}(-1)^m x^{m+1}\psi^{(m)}(x) - x/m, \ 0 < x \leqslant 7 \ (x \to \infty: y \to 1/2)$

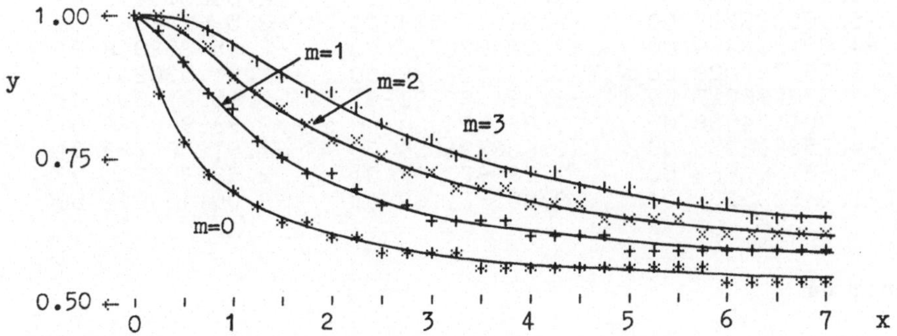

Bild 2.2-6 beta-Funktion und ihre ersten drei Ableitungen
$y = (m!)^{-1}(-1)^m x^{m+1}\beta^{(m)}(x) \ (m = 0, 1, 2, 3), \ 0 \leqslant x \leqslant 7 \ (x \to \infty: y \to 1/2)$

Tabelle 2.2-1 Digamma-Funktion und ihre Ableitung für große Argumentwerte

$\psi(n)$, $\psi\left(n+\frac{1}{2}\right)$, $n = 100\,(100)\,1000$, 10S; $\psi'(n)$, $\psi'\left(n+\frac{1}{2}\right)$, 10D

n	$\psi(n)$	$\psi\left(n+\frac{1}{2}\right)$	$\psi'(n)$	$\psi'\left(n+\frac{1}{2}\right)$
100.	4.600161853	4.605174353	0.0100501667	0.0099999167
200.	5.295815283	5.298318408	0.0050125208	0.0049999896
300.	5.702114882	5.703782938	0.0033388951	0.0033333302
400.	5.990214026	5.991464808	0.0025031276	0.0024999987
500.	6.213607765	6.214608265	0.0020020013	0.0019999993
600.	6.396096090	6.396929771	0.0016680563	0.0016666663
700.	6.550365879	6.551080420	0.0014295923	0.0014285712
800.	6.683986597	6.684611793	0.0012507816	0.0012499998
900.	6.801839105	6.802394815	0.0011117286	0.0011111110
1000.	6.907255196	6.907755321	0.0010005002	0.0009999999

Tabelle 2.2-2 beta-Funktion und ihre ersten drei Ableitungen

$\beta(x)$, $\beta'(x)$, $\beta''(x)$, $\beta^{(3)}(x)$, $x = 2\,(.5)\,5$, 10D

x	$\beta(x)$	$\beta'(x)$	$\beta''(x)$	$\beta^{(3)}(x)$
2.0	0.3068528194	-0.1775329666	0.1969146453	-0.3178030230
2.5	0.2374629935	-0.1083068212	0.0957309327	-0.1238621523
3.0	0.1931471806	-0.0724670334	0.0530853547	-0.0571969770
3.5	0.1625370065	-0.0516931788	0.0322690673	-0.0297378477
4.0	0.1401861528	-0.0386440777	0.0209887193	-0.0168770971
4.5	0.1231772792	-0.0299394742	0.0143781631	-0.0102454926
5.0	0.1098138472	-0.0238559223	0.0102612807	-0.0065604029

Tabelle 2.2-3 beta-Funktion und ihre ersten zwei Ableitungen

$\beta(x)$, $\beta'(x)$, $\beta''(x)$, $-x = .1\,(.1)\,.9$, 10S

x	$\beta(x)$		$\beta'(x)$		$\beta''(x)$	
-0.1	-1.078546451	01	-9.896436476	01	-2.002511131	03
-0.2	-5.903228797	00	-2.366179584	01	-2.536296664	02
-0.3	-4.391233469	00	-9.324930747	00	-7.957252868	01
-0.4	-3.768757828	00	-3.763527398	00	-4.010530261	01
-0.5	-3.570796327	00	-3.361376233	-01	-3.150313834	01
-0.6	-3.701174838	00	3.080554234	00	-3.988963966	01
-0.7	-4.253893370	00	8.608821026	00	-7.912000789	01
-0.8	-5.691567863	00	2.288677237	01	-2.528935782	02
-0.9	-1.049205398	01	9.809831162	01	-2.001409066	03

(d) Datenregister

Das Programm wird in Grundstellung der Speicherbereichsverteilung eingelesen und benutzt effektiv 31 Datenregister ($R_{28}-R_{58}$).

Andere Zählung: das eigentliche Programm benötigt 456 Schritte und nur zwei Datenregister (R_{28} Adresse, R_{29} Adresse). Während der Ausführung schaltet das Programm vorübergehend auf die Verteilung 719.29 und benutzt Block 3 als Programmteil.

Tabelle 2.2-4 beta-Funktion und ihre Ableitung für große Argumentwerte

$\beta(n)$, $\beta\left(n+\tfrac{1}{2}\right)$, $\beta'(n)$, $\beta'\left(n+\tfrac{1}{2}\right)$, $n = 100\,(100)\,1000$, 10D

n	$\beta(n)$	$\beta\left(n+\tfrac{1}{2}\right)$	$\beta'(n)$	$\beta'\left(n+\tfrac{1}{2}\right)$
100.	0.0050249988	0.0049998750	-0.0000505000	-0.0000499963
200.	0.0025062499	0.0024999844	-0.0000125625	-0.0000124998
300.	0.0016694444	0.0016666620	-0.0000055741	-0.0000055555
400.	0.0012515625	0.0012499980	-0.0000031328	-0.0000031250
500.	0.0010010000	0.0009999990	-0.0000020040	-0.0000020000
600.	0.0008340278	0.0008333328	-0.0000013912	-0.0000013889
700.	0.0007147959	0.0007142853	-0.0000010219	-0.0000010204
800.	0.0006253906	0.0006249998	-0.0000007822	-0.0000007812
900.	0.0005558642	0.0005555554	-0.0000006180	-0.0000006173
1000.	0.0005002500	0.0004999999	-0.0000005005	-0.0000005000

(e) Eingabe des Programms

Speicherbereichsverteilung durch 3 Op 17 einstellen auf 719.29. Programm eintasten. (Eingabe des Befehls HIR: Anhang A.) Speicherbereichsverteilung durch 6 Op 17 auf Grundstellung setzen. Block 1 und 3 auf je eine Magnetkartenhälfte aufzeichnen.

Programmstruktur:

Schritt

000–042 Vorbereitung für $\psi^{(m)}(x)$ (m = 0, 1, 2, 3)
116–198 $\psi(x)$,   125–136 Rekursion für $x < 6$
488–560 $\psi'(x)$,   491–502 Rekursion für $x < 6$
561–640 $\psi''(x)$,   564–577 Rekursion für $x < 6$
641–719 $\psi^{(3)}(x)$,   645–657 Rekursion für $x < 6$
043–084 Vorbereitung für $\beta^{(m)}(x)$ (m = 0, 1, 2, 3)
085–114 $\beta^{(m)}(x)$

(f) Funktions-Anwendungen

- *Beispiel 2.2-1:* Man berechne die Summe $S = \sum_{k=1}^{6} \left(k+\tfrac{1}{5}\right)^{-1}$. —

Nach Gl. (2.5) ist $S = \psi(7.2) - \psi(1.2) = 2.192072041$, Tastenfolge: 7.2 A – 1.2 A =

- *Beispiel 2.2-2:* Man summiere die Reihe $P = \sum_{k=0}^{\infty} (k+\pi)^{-3}$. —

Nach Gl. (2.9) ist (mit m = 2) $P = -\tfrac{1}{2}\psi''(\pi) = 0.0692736852$, Tastenfolge: π C +/– ÷ 2 =

- *Beispiel 2.2-3:* Mit der Reflexionsformel der Digamma-Funktion

$$\psi(1-x) = \psi(x) + \pi \cot(\pi x)$$

teste man die ψ-Routine (Testwert: x = 2.8). —
Es ist $\psi(-1.8) = -3.483484341$, Tastenfolge: 1.8 +/– A, und $\psi(2.8) + \pi \cot(2.8\pi) = -3.483484341$, Tastenfolge: 2.8 A + π ÷ (Rad $\times$ 2.8) tan =

1. Liste zu Programm 2.2

000	76	LBL	056	17	B'	112	82	HIR	168	18	18
001	11	A	057	82	HIR	113	16	16	169	54	)
002	61	GTO	058	07	7	114	54	)	170	53	(
003	01	1	059	04	4	115	92	RTN	171	35	1/X
004	16	16	060	32	X:T	116	32	X:T	172	55	÷
005	76	LBL	061	07	7	117	06	6	173	01	1
006	12	B	062	61	GTO	118	32	X:T	174	00	0
007	32	X:T	063	00	0	119	82	HIR	175	85	+
008	04	4	064	85	85	120	08	8	176	82	HIR
009	08	8	065	76	LBL	121	53	(	177	18	18
010	08	8	066	18	C'	122	77	GE	178	54	)
011	61	GTO	067	82	HIR	123	01	1	179	53	(
012	00	0	068	07	7	124	37	37	180	35	1/X
013	29	29	069	08	8	125	35	1/X	181	55	÷
014	76	LBL	070	32	X:T	126	94	+/-	182	01	1
015	13	C	071	01	1	127	85	+	183	02	2
016	32	X:T	072	06	6	128	01	1	184	85	+
017	05	5	073	61	GTO	129	82	HIR	185	93	.
018	06	6	074	00	0	130	38	38	186	05	5
019	01	1	075	85	85	131	82	HIR	187	54	)
020	61	GTO	076	76	LBL	132	18	18	188	53	(
021	00	0	077	19	D'	133	22	INV	189	94	+/-
022	29	29	078	82	HIR	134	77	GE	190	55	÷
023	76	LBL	079	07	7	135	01	1	191	82	HIR
024	14	D	080	01	1	136	25	25	192	18	18
025	32	X:T	081	06	6	137	53	(	193	85	+
026	06	6	082	32	X:T	138	35	1/X	194	82	HIR
027	04	4	083	02	2	139	55	÷	195	18	18
028	01	1	084	05	5	140	93	.	196	23	LNX
029	42	STO	085	42	STO	141	08	8	197	54	)
030	29	29	086	28	28	142	85	+	198	54	)
031	22	INV	087	32	X:T	143	82	HIR	199	92	RTN
032	58	FIX	088	82	HIR	144	18	18	200	69	OP
033	03	3	089	06	6	145	54	)	201	17	17
034	69	OP	090	02	2	146	53	(	202	82	HIR
035	17	17	091	82	HIR	147	35	1/X	203	18	18
036	06	6	092	67	67	148	65	×	204	35	1/X
037	32	X:T	093	53	(	149	93	.	205	54	)
038	82	HIR	094	35	1/X	150	07	7	206	54	)
039	08	8	095	85	+	151	02	2	207	92	RTN
040	53	(	096	82	HIR	152	06	6	208	85	+
041	83	GO*	097	17	17	153	85	+	209	02	2
042	29	29	098	54	)	154	82	HIR	210	54	)
043	76	LBL	099	53	(	155	18	18	211	55	÷
044	16	A'	100	53	(	156	54	)	212	82	HIR
045	82	HIR	101	71	SBR	157	53	(	213	18	18
046	07	7	102	40	IND	158	35	1/X	214	55	÷
047	02	2	103	28	28	159	65	×	215	06	6
048	32	X:T	104	75	-	160	07	7	216	69	OP
049	01	1	105	82	HIR	161	09	9	217	17	17
050	01	1	106	17	17	162	55	÷	218	82	HIR
051	06	6	107	71	SBR	163	02	2	219	18	18
052	61	GTO	108	40	IND	164	01	1	220	33	X²
053	00	0	109	28	28	165	00	0	221	54	)
054	85	85	110	54	)	166	85	+	222	54	)
055	76	LBL	111	55	÷	167	82	HIR	223	92	RTN

2. Liste zu Programm 2.2

488	77	GE	546	55	÷	604	53	(	662	85	+
489	05	5	547	06	6	605	35	1/X	663	82	HIR
490	03	03	548	85	+	606	55	÷	664	18	18
491	33	X²	549	93	.	607	01	1	665	53	(
492	35	1/X	550	05	5	608	93	.	666	35	1/X
493	85	+	551	54	)	609	05	5	667	65	×
494	01	1	552	55	÷	610	85	+	668	02	2
495	82	HIR	553	82	HIR	611	82	HIR	669	93	.
496	38	38	554	18	18	612	18	18	670	01	1
497	82	HIR	555	33	X²	613	54	)	671	85	+
498	18	18	556	85	+	614	53	(	672	82	HIR
499	22	INV	557	06	6	615	35	1/X	673	18	18
500	77	GE	558	61	GTO	616	55	÷	674	54	)
501	04	4	559	02	2	617	03	3	675	53	(
502	91	91	560	00	00	618	85	+	676	35	1/X
503	53	(	561	77	GE	619	82	HIR	677	65	×
504	35	1/X	562	05	5	620	18	18	678	02	2
505	55	÷	563	84	84	621	54	)	679	02	2
506	93	.	564	35	1/X	622	53	(	680	55	÷
507	07	7	565	65	×	623	53	(	681	01	1
508	85	+	566	33	X²	624	35	1/X	682	05	5
509	82	HIR	567	94	+/-	625	55	÷	683	85	+
510	18	18	568	85	+	626	02	2	684	82	HIR
511	54	)	569	01	1	627	85	+	685	18	18
512	53	(	570	82	HIR	628	01	1	686	54	)
513	35	1/X	571	38	38	629	54	)	687	53	(
514	55	÷	572	82	HIR	630	55	÷	688	35	1/X
515	01	1	573	18	18	631	82	HIR	689	55	÷
516	93	.	574	22	INV	632	18	18	690	01	1
517	00	0	575	77	GE	633	85	+	691	93	.
518	05	5	576	05	5	634	01	1	692	02	2
519	85	+	577	64	64	635	54	)	693	85	+
520	82	HIR	578	00	0	636	53	(	694	82	HIR
521	18	18	579	75	-	637	94	+/-	695	18	18
522	54	)	580	94	+/-	638	61	GTO	696	54	)
523	53	(	581	85	+	639	02	2	697	53	(
524	35	1/X	582	82	HIR	640	14	14	698	35	1/X
525	65	×	583	18	18	641	77	GE	699	55	÷
526	01	1	584	53	(	642	06	6	700	02	2
527	08	8	585	35	1/X	643	65	65	701	85	+
528	55	÷	586	65	×	644	53	(	702	82	HIR
529	03	3	587	01	1	645	33	X²	703	18	18
530	05	5	588	93	.	646	33	X²	704	54	)
531	85	+	589	07	7	647	35	1/X	705	53	(
532	82	HIR	590	85	+	648	85	+	706	53	(
533	18	18	591	82	HIR	649	01	1	707	53	(
534	54	)	592	18	18	650	82	HIR	708	35	1/X
535	53	(	593	54	)	651	38	38	709	65	×
536	35	1/X	594	53	(	652	82	HIR	710	02	2
537	55	÷	595	35	1/X	653	18	18	711	85	+
538	05	5	596	65	×	654	22	INV	712	03	3
539	85	+	597	01	1	655	77	GE	713	54	)
540	82	HIR	598	93	.	656	06	6	714	55	÷
541	18	18	599	02	2	657	45	45	715	82	HIR
542	54	)	600	85	+	658	00	0	716	18	18
543	53	(	601	82	HIR	659	54	)	717	61	GTO
544	53	(	602	18	18	660	65	×	718	02	2
545	35	1/X	603	54	)	661	06	6	719	08	08

● *Beispiel 2.2-4:* Sitzreihen-Anstieg in einem Zuschauerraum. (Nach Lösch-Schoblik, verändert.)
Soll der Punkt 0 (Bühne, Leinwand, Vortragender) für alle Zuschauer leicht sichtbar sein, ist es
zweckmäßig, die Sitzreihen ansteigen zu lassen (Bild 2.2-7).

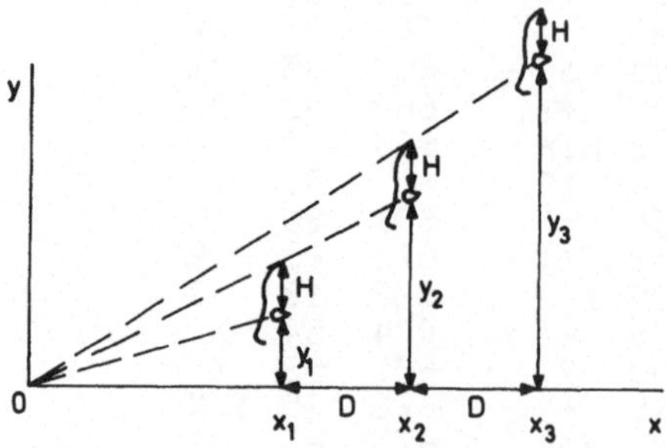

Bild 2.2-7 Sitzreihen-Anstieg
in einem Zuschauerraum
D Sitzreihen-Abstand
H mittlere Stirnhöhe

Die Augen der Zuschauer in der 1. Reihe befinden sich in Höhe y_1 im Abstand x_1 von der Bühne.
Gesucht: die Überhöhung U_n der n-ten Reihe (n = 2, 3, 4, ...) gegenüber der ersten Reihe.
(Zahlenbeispiel: x_1 = 5 m, y_1 = 1.3 m, D = 0.7 m, H = 0.2 m, n = 10.) —
Es ist $x_n = (n-1) D + x_1$. Nach Bild 2.2-7 gilt die Proportion $y_{n+1}/x_{n+1} = (H + y_n)/x_n$;
in den dimensionslosen Koordinaten $X_n = x_n/D$, $Y_n = y_n/H$ ist dies $Y_{n+1}/X_{n+1} = (1 + Y_n)/X_n$.
Mit der Abkürzung $f(n) = Y_n/X_n$ kommt $f(n+1) - f(n) = 1/X_n = 1/(n-1+X_1)$. Diese
Differenzengleichung hat nach Gl. (2.6) die Lösung $f(n) = \psi(n-1+X_1) + A = \psi(X_n) + A$
(A = const.). Aus der Anfangsbedingung $f(1) = Y_1/X_1$ folgt $A = Y_1/X_1 - \psi(X_1)$. Daher ist
$f(n) = Y_1/X_1 + \psi(X_n) - \psi(X_1)$ oder ausführlich $y_n = (y_1/x_1) x_n + (Hx_n/D) [\psi(x_n/D) - \psi(x_1/D)]$.
Somit ist die Überhöhung der n-ten Reihe gegenüber der ersten:

$$U_n = y_n - y_1 = (y_1/x_1)(x_n - x_1) + (Hx_n/D) [\psi(x_n/D) - \psi(x_1/D)] \qquad (n = 2, 3, 4, ...)$$

Zahlenbeispiel: Der Abstand der 10. Reihe von der Bühne ist $x_{10} = 9D + x_1 = 11.3$ m, ferner ist
$x_1/D = 5/0.7 = 7.14$ und $x_{10}/D = 9 + x_1/D = 16.14$. Die Überhöhung der 10. Reihe gegenüber
der 1. ist somit $U_{10} = y_{10} - y_1 = (y_1/x_1)(x_{10} - x_1) + (Hx_{10}/D) [\psi(x_{10}/D) - \psi(x_1/D)] =$
$= 1.64$ m $+ 3.23$ m $\times [\psi(16.14) - \psi(7.14)] = 4.40$ m, Tastenfolge: $1.64 + 3.23 \times (16.14 \text{ A} - 7.14 \text{ A} =$

● *Beispiel 2.2-5:* Die Identität $\beta(x) = \psi(x) - \psi(x/2) - \ln 2$ benutze man zum Testen der ψ- und
β-Routine (Testwert: x = 11.1). —
Es ist $\beta(11.1) = 0.0470659963$, Tastenfolge: 11.1 A', und $\psi(11.1) - \psi(5.55) - \ln 2 = 0.0470659963$,
Tastenfolge: 11.1 A $-$ 5.55 A $-$ 2 ln x =

● *Beispiel 2.2-6:* Mit der Identität $\beta(x) + \beta(x+1) = x^{-1}$ (Gl. 2.16) teste man die β-Routine
(Testwert: x = 1/5). —
Es ist $\beta(1/5) + \beta(6/5) = 5$, Tastenfolge: .2 A' + 1.2 A' =

● *Beispiel 2.2-7:* Mit $\beta(1) = \ln 2$, $2 \beta(1/2) = \pi$, $[-12 \beta'(1)]^{1/2} = \pi$ und $[-(120/7) \beta^{(3)}(1)]^{1/4} = \pi$
teste man die β-, β'- und $\beta^{(3)}$-Routine. —
Es ist $\beta(1) = 0.6931471806$ und $2 \beta(.5) = [-12 \beta'(1)]^{1/2} = [-(120/7) \beta^{(3)}(1)]^{1/4} = 3.141592654$,
Tastenfolge: 120 +/− ÷ 7 × 1 D' = $\sqrt{x}\ \sqrt{x}$

- *Beispiel 2.2-8:* Die Identität $\beta(x) - \beta(x + 2) = [x(x + 1)]^{-1}$ (Gl. 2.17) verwende man zum Testen der β-Routine (Testwert: $x = 4$). —
  Es ist $\beta(4) - \beta(6) = 0.05 = 1/20$, Tastenfolge: 4 A' − 6 A' =

- *Beispiel 2.2-9:* Man berechne die Summen $S_1 = \sum_{k=2}^{7} (-1)^k \left(k + \tfrac{1}{2}\right)^{-1}$ und $S_2 = \sum_{k=0}^{\infty} (-1)^k \left(k + \tfrac{1}{3}\right)^{-1}$. —

  Nach Gl. (2.15) ist $S_1 = \beta(2.5) - \beta(8.5) = 0.1752025752$, Tastenfolge: 2.5 A' − 8.5 A' =.
  Nach Gl. (2.14) ist $S_2 = \beta(1/3) = 2.506946545$, Tastenfolge: 3 1/x A'

- *Beispiel 2.2-10:* Man summiere die Reihe $T = \sum_{k=0}^{\infty} (2k + 3)^{-1} (2k + 4)^{-1}$. —

  Es ist $(2k + 3)^{-1} (2k + 4)^{-1} = (2k + 3)^{-1} - (2k + 4)^{-1}$, daher nach Gl. (2.14)
  $T = \beta(3) = 0.1931471806$, Tastenfolge: 3 A'

- *Beispiel 2.2-11:* Man berechne die Summen $R_1 = \sum_{k=2}^{7} (-1)^k \left(k + \tfrac{1}{2}\right)^{-3}$ und $R_2 = \sum_{k=0}^{\infty} (-1)^k \left(k + \tfrac{1}{3}\right)^{-3}$. —

  Nach Gl. (2.21) ist (mit $m = 2$) $R_1 = \tfrac{1}{2} [\beta''(2.5) - \beta''(8.5)] = 0.0469107620$,
  Tastenfolge: 2.5 C' − 8.5 C' = ÷ 2 =. Nach Gl. (2.20) ist (mit $m = 2$) $R_2 = \tfrac{1}{2} \beta''(1/3) = 26.63795663$,
  Tastenfolge: 3 1/x C' ÷ 2 =

- *Beispiel 2.2-12:* Mit der Reflexionsformel der beta-Funktion

  $$\beta(1 - x) = \pi/\sin(\pi x) - \beta(x)$$

  teste man die β-Routine (Testwert: $x = 2.8$). —
  Es ist $\beta(-1.8) = 5.136012308$, Tastenfolge: 1.8 +/− A', und $\pi/\sin(2.8\pi) - \beta(2.8) = 5.136012308$,
  Tastenfolge: π ÷ (Rad × 2.8) sin − 2.8 A' =

Programm 2.3:   Vierte bis sechste Ableitung der Digamma-Funktion und der beta-Funktion [nach Kettenbruch-Entwicklung]

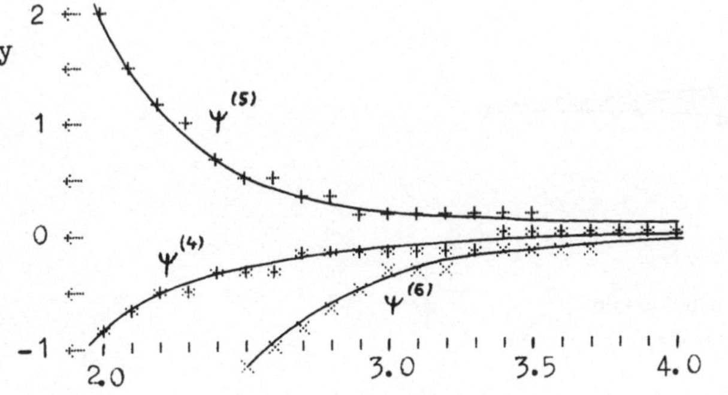

Bild 2.3-1 Vierte bis sechste Ableitung der Digamma-Funktion
$y = \psi^{(4)}(x)$, $y = \psi^{(5)}(x)$, $y = \psi^{(6)}(x)$, $2 \leqslant x \leqslant 4$

(a) Algorithmus

Siehe Programm 2.2.

(b) Bedienungshinweise

Programmadreß-Tasten:

$x \rightarrow \beta^{(4)}(x)$	$x \rightarrow \beta^{(5)}(x)$	$x \rightarrow \beta^{(6)}(x)$		
$x \rightarrow \psi^{(4)}(x)$	$x \rightarrow \psi^{(5)}(x)$	$x \rightarrow \psi^{(6)}(x)$		

Speicherbereichsverteilung: Grundstellung
Programm laden: 2 Magnetkartenhälften einlesen (Block 1 und 3)
Winkelmodus: beliebig
Anzeigeformat: beliebig (zurück bleibt INV Fix)
Argument: x beliebig (auch groß)
Argumentbereich: etwa $-50 < x < 10^5$
Genauigkeit (Richtwert): 9–10 D/S

Programmkenndaten:

Speicherbedarf: effektiv 204 Programmschritte, 28 Datenregister (R_{28}–R_{55})
Labels: A–C, A'–C'; abs. Adressen: ja; T-Reg.: verwendet; Flags: keine
SBR-Ebenen / Klammer-Ebenen / unvollständige Op.-Ebenen:
$$\psi^{(m)}(x): 0/3/3; \quad \beta^{(m)}(x): 1/5/6$$

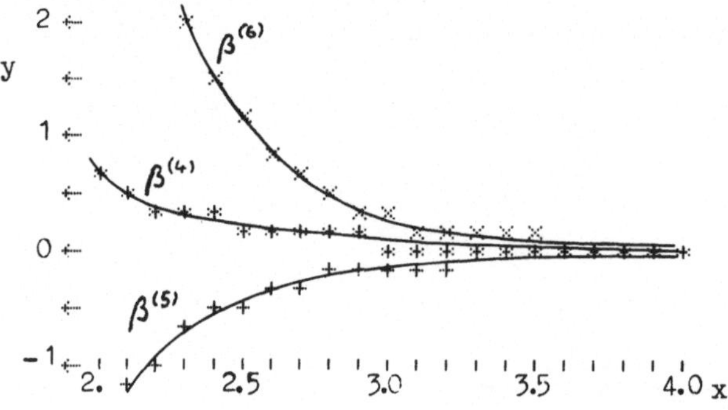

Bild 2.3-2 Vierte bis sechste Ableitung der beta-Funktion
$y = \beta^{(4)}(x)$, $y = \beta^{(5)}(x)$, $y = \beta^{(6)}(x)$, $2 \leqslant x \leqslant 4$

(c) Checkwerte

(I) $\psi^{(4)}(\pi) = -0.1105749313$ (Laufzeit 6 Sek.), Tastenfolge: π A;
     $\psi^{(4)}(-\pi) = 421664.1632$ (11 Sek.); $\psi^{(4)}(1/\pi) = -7350.944522$ (8 Sek.);
     $\psi^{(4)}(10\pi) = -0.0000065621$ (4 Sek.); $\psi^{(4)}(-10\pi) = 1576.921732$ (31 Sek.)

(II) $\psi^{(5)}(\pi) = 0.1591352139$ (7 Sek.), Tastenfolge: π B;
     $\psi^{(5)}(-\pi) = 14891806.39$ (12 Sek.); $\psi^{(5)}(1/\pi) = 115390.4533$ (9 Sek.);
     $\psi^{(5)}(10\pi) = 0.0000008487$ (5 Sek.); $\psi^{(5)}(-10\pi) = 26224.53340$ (32 Sek.)

(III) $\psi^{(6)}(\pi) = -0.2839445529$ (8 Sek.), Tastenfolge: π C;
     $\psi^{(6)}(-\pi) = 631024467.1$ (14 Sek.); $\psi^{(6)}(1/\pi) = -2174717.364$ (11 Sek.);
     $\psi^{(6)}(10\pi) = -0.0000001372$ (5 Sek.); $\psi^{(6)}(-10\pi) = 303346.4130$ (38 Sek.)

(IV) $\beta^{(4)}(\pi) = 0.0635213917$ (15 Sek.), Tastenfolge: π A';
     $\beta^{(4)}(-\pi) = 421742.5091$ (20 Sek.); $\beta^{(4)}(1/\pi) = 7338.755828$ (18 Sek.);
     $\beta^{(4)}(10\pi) = 0.0000004232$ (9 Sek.); $\beta^{(4)}(-10\pi) = 2274.977989$ (40 Sek.)

(V) $\beta^{(5)}(\pi) = -0.1059277223$ (18 Sek.), Tastenfolge: π B';
     $\beta^{(5)}(-\pi) = 14891097.39$ (23 Sek.); $\beta^{(5)}(1/\pi) = -115344.5408$ (20 Sek.);
     $\beta^{(5)}(10\pi) = -0.0000000683$ (12 Sek.); $\beta^{(5)}(-10\pi) = 20148.61183$ (43 Sek.)

(VI) $\beta^{(6)}(\pi) = 0.2098827149$ (20 Sek.), Tastenfolge: π C';
     $\beta^{(6)}(-\pi) = 631028090.6$ (26 Sek.); $\beta^{(6)}(1/\pi) = 2174508.941$ (22 Sek.);
     $\beta^{(6)}(10\pi) = 0.0000000132$ (12 Sek.); $\beta^{(6)}(-10\pi) = 365321.6336$ (51 Sek.)

(d) Datenregister

Das Programm wird in Grundstellung der Speicherbereichsverteilung eingelesen und benutzt effektiv 28 Datenregister (R_{28}–R_{55}).
Andere Zählung: das eigentliche Programm benötigt 410 Schritte und nur 2 Datenregister (R_{28} Adresse, R_{29} Adresse). Während der Ausführung schaltet das Programm vorübergehend auf die Verteilung 719.29 und benutzt Block 3 als Programmteil.

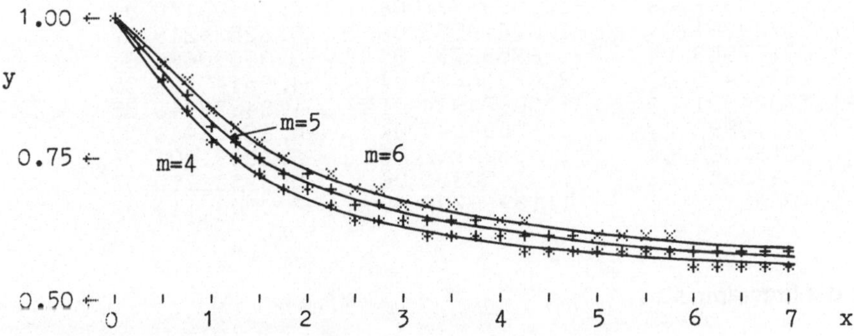

Bild 2.3-3 Vierte bis sechste Ableitung der Digamma-Funktion
$y = -(m!)^{-1}(-1)^{m} x^{m+1}\psi^{(m)}(x) - x/m$ $(m = 4, 5, 6)$, $0 \leqslant x \leqslant 7$ $(x \to \infty: y \to 1/2)$

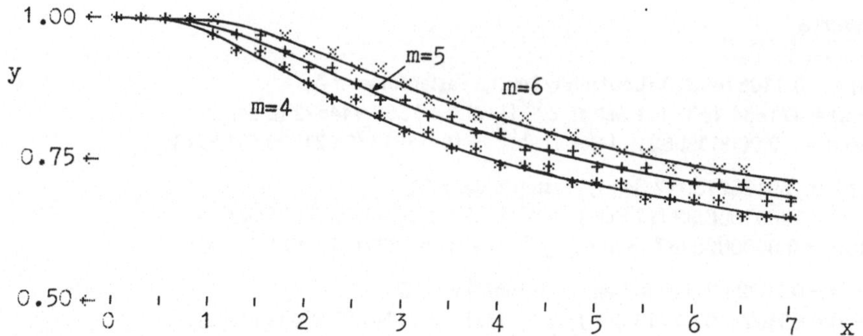

Bild 2.3-4 Vierte bis sechste Ableitung der beta-Funktion
$y = (m!)^{-1}(-1)^m x^{m+1}\beta^{(m)}(x)$ $(m = 4, 5, 6)$, $0 \leq x \leq 7$ $(x \to \infty: y \to 1/2)$

Tabelle 2.3-1 Vierte bis sechste Ableitung der beta-Funktion
$\beta^{(4)}(x)$, $x = 2(.5)5$, 10D; $\beta^{(5)}(x)$, $\beta^{(6)}(x)$, 9D

x	$\beta^{(4)}(x)$	$\beta^{(5)}(x)$	$\beta^{(6)}(x)$
2.0	0.6691255093	-1.733869044	5.332449656
2.5	0.2097057904	-0.437486061	1.083364888
3.0	0.0808744907	-0.141130956	0.292550344
3.5	0.0360542096	-0.054033939	0.096283112
4.0	0.0178909414	-0.023478098	0.036667763
4.5	0.0096410364	-0.011244984	0.015623613
5.0	0.0055465586	-0.005818777	0.007277550

Tabelle 2.3-2 Vierte bis sechste Ableitung der beta-Funktion
$\beta^{(4)}(x)$, $\beta^{(5)}(x)$, $\beta^{(6)}(x)$, $-x = .1(.1).9$, 9S

x	$\beta^{(4)}(x)$	$\beta^{(5)}(x)$	$\beta^{(6)}(x)$
-0.1	-2.40003977 06	-1.19999777 08	-7.20000150 09
-0.2	-7.50720881 04	-1.87454555 06	-5.62534219 07
-0.3	-1.00177909 04	-1.63593770 05	-3.30090686 06
-0.4	-2.65027405 03	-2.67316680 04	-4.65147285 05
-0.5	-1.53304921 03	-1.00974934 01	-1.84278943 05
-0.6	-2.64818898 03	2.67094845 04	-4.65106438 05
-0.7	-1.00132008 04	1.63564942 05	-3.30081101 06
-0.8	-7.50640051 04	1.87450301 06	-5.62532350 07
-0.9	-2.40002626 06	1.19999708 08	-7.20000114 09

(e) Eingabe des Programms

Speicherbereichsverteilung durch 3 Op 17 einstellen auf 719.29. Programm eintasten. (Eingabe des Befehls HIR: Anhang A.) Speicherbereichsverteilung durch 6 Op 17 auf Grundstellung setzen. Block 1 und 3 auf je eine Magnetkartenhälfte aufzeichnen.

Programmstruktur:

Schritt

000–033 Vorbereitung für $\psi^{(m)}(x)$ (m = 4, 5, 6)
098–202 $\psi^{(4)}(x)$,   108–121 Rekursion für $x < 6$
514–613 $\psi^{(5)}(x)$,   518–531 Rekursion für $x < 6$
614–719 $\psi^{(6)}(x)$,   618–634 Rekursion für $x < 6$
034–066 Vorbereitung für $\beta^{(m)}(x)$ (m = 4, 5, 6)
067–096 $\beta^{(m)}(x)$

(f) Funktions-Anwendungen

- *Beispiel 2.3-1:* Man berechne die Summen $S_1 = \sum_{k=1}^{6} (k + \frac{1}{5})^{-5}$ und $S_2 = \sum_{k=0}^{\infty} (k + \frac{1}{6})^{-7}$. –

Nach Gl. (2.10) ist (mit m = 4) $S_1 = \frac{1}{24} [\psi^{(4)}(7.2) - \psi^{(4)}(1.2)] = 0.425398929$,
Tastenfolge: 7.2 A – 1.2 A = ÷ 24 =. Nach Gl. (2.9) ist (mit m = 6) $S_2 = -\frac{1}{720} \psi^{(6)}(1/6) = 279936.3$,
Tastenfolge: 6 1/x C +/– ÷ 720 =

- *Beispiel 2.3-2:* Die Identität $\beta^{(m)}(x) = \psi^{(m)}(x) - 2^{-m} \psi^{(m)}(x/2)$ (m = 1, 2, 3, …) benutze man
zum Testen der $\psi^{(m)}$- und $\beta^{(m)}$-Routine (Testwerte: m = 5, x = 6). –
Es ist $\beta^{(5)}(6) = -0.0018612228$, Tastenfolge: 6 B', und $\psi^{(5)}(6) - 2^{-5} \psi^{(5)}(3) = -0.0018612228$,
Tastenfolge: 6 B – 2 y^x 5 +/– × 3 B =

- *Beispiel 2.3-3:* Die Identität $\beta^{(m)}(x) - \beta^{(m)}(x + 2) = (-1)^m m! [x^{-m-1} - (x + 1)^{-m-1}]$
(Gl. 2.23) verwende man zum Testen der $\beta^{(m)}$-Routine (Testwerte: m = 5, x = 2). –
Es ist $\beta^{(5)}(2) - \beta^{(5)}(4) = -1.710390947$, Tastenfolge: 2 B' – 4 B' = und
$-120 (2^{-6} - 3^{-6}) = -1.710390947$, Tastenfolge: 120 +/– × (2 y^x 6 +/– – 3 y^x 6 +/– =

- *Beispiel 2.3-4:* Man berechne die Summen $R_1 = \sum_{k=2}^{7} (-1)^k (k + \frac{1}{2})^{-5}$ und $R_2 = \sum_{k=0}^{\infty} (-1)^k (k + \frac{1}{3})^{-5}$. –

Nach Gl. (2.21) ist (mit m = 4) $R_1 = \frac{1}{24} [\beta^{(4)}(2.5) - \beta^{(4)}(8.5)] = 0.0087233048$,
Tastenfolge: 2.5 A' – 8.5 A' = ÷ 24 =. Nach Gl. (2.20) ist $R_2 = \frac{1}{24} \beta^{(4)}(1/3) = 242.775213$,
Tastenfolge: 3 1/x A' ÷ 24 =

- *Beispiel 2.3-5:* Die Reflexionsformel der Ableitungen der beta-Funktion

$$(-1)^m \beta^{(m)}(1 - x) = \frac{d^m}{dx^m} \frac{\pi}{\sin(\pi x)} - \beta^{(m)}(x) \qquad (m = 1, 2, 3, …)$$

verwende man zum Testen der $\beta^{(m)}$-Routine (Testwerte: m = 4, x = 2.8). –
Man erhält für

$m = 1$: $\beta'(1 - x) = \pi^2 \cos(\pi x)/\sin^2(\pi x) + \beta'(x)$;

$m = 2$: $\beta''(1 - x) = \pi^3 [2/\sin^3(\pi x) - 1/\sin(\pi x)] - \beta''(x)$;

$m = 3$: $\beta^{(3)}(1 - x) = \pi^4 \cos(\pi x) [6/\sin^4(\pi x) - 1/\sin^2(\pi x)] + \beta^{(3)}(x)$;

$m = 4$: $\beta^{(4)}(1 - x) = \pi^5 [24/\sin^5(\pi x) - 20/\sin^3(\pi x) + 1/\sin(\pi x)] - \beta^{(4)}(x)$.

Für x = 2.8 kommt $\beta^{(4)}(-1.8) = 75062.73501$, Tastenfolge: 1.8 +/– A', und
$\pi^5 [24/\sin^5(2.8\pi) - 20/\sin^3(2.8\pi) + 1/\sin(2.8\pi)] - \beta^{(4)}(2.8) = 75062.73501$,
Tastenfolge: 2.8 × π = Rad sin 1/x – STO 00 y^x 3 × 20 + RCL 00 y^x 5 × 24 = × π y^x 5 – 2.8 A' =

1. Liste zu Programm 2.3

Adr.	Code		Adr.	Code		Adr.	Code		Adr.	Code	
000	76	LBL	051	04	4	102	08	8	153	35	1/X
001	11	A	052	32	X:T	103	53	(	154	65	×
002	61	GTO	053	07	7	104	77	GE	155	07	7
003	00	0	054	61	GTO	105	01	1	156	01	1
004	98	98	055	00	0	106	31	31	157	55	÷
005	76	LBL	056	67	67	107	53	(	158	07	7
006	12	B	057	76	LBL	108	35	1/X	159	00	0
007	32	X:T	058	18	C'	109	65	×	160	85	+
008	05	5	059	82	HIR	110	33	X²	161	82	HIR
009	01	1	060	07	7	111	33	X²	162	18	18
010	04	4	061	01	1	112	85	+	163	54	)
011	61	GTO	062	02	2	113	01	1	164	53	(
012	00	0	063	08	8	114	82	HIR	165	35	1/X
013	20	20	064	32	X:T	115	38	38	166	65	×
014	76	LBL	065	01	1	116	82	HIR	167	93	.
015	13	C	066	06	6	117	18	18	168	07	7
016	32	X:T	067	42	STO	118	22	INV	169	85	+
017	06	6	068	28	28	119	77	GE	170	82	HIR
018	01	1	069	32	X:T	120	01	1	171	18	18
019	04	4	070	82	HIR	121	08	08	172	54	)
020	42	STO	071	06	6	122	00	0	173	53	(
021	29	29	072	02	2	123	54	)	174	53	(
022	22	INV	073	82	HIR	124	94	+/-	175	35	1/X
023	58	FIX	074	67	67	125	65	×	176	65	×
024	03	3	075	53	(	126	02	2	177	05	5
025	69	OP	076	35	1/X	127	04	4	178	85	+
026	17	17	077	85	+	128	85	+	179	06	6
027	06	6	078	82	HIR	129	82	HIR	180	54	)
028	32	X:T	079	17	17	130	18	18	181	55	÷
029	82	HIR	080	54	)	131	53	(	182	82	HIR
030	08	8	081	53	(	132	35	1/X	183	18	18
031	53	(	082	53	(	133	55	÷	184	85	+
032	83	GO*	083	71	SBR	134	93	.	185	03	3
033	29	29	084	40	IND	135	04	4	186	54	)
034	76	LBL	085	28	28	136	05	5	187	53	(
035	16	A'	086	75	-	137	85	+	188	94	+/-
036	82	HIR	087	82	HIR	138	82	HIR	189	65	×
037	07	7	088	17	17	139	18	18	190	02	2
038	03	3	089	71	SBR	140	54	)	191	22	INV
039	02	2	090	40	IND	141	53	(	192	58	FIX
040	32	X:T	091	28	28	142	35	1/X	193	55	÷
041	09	9	092	54	)	143	65	×	194	06	6
042	08	8	093	55	÷	144	01	1	195	69	OP
043	61	GTO	094	82	HIR	145	93	.	196	17	17
044	00	0	095	16	16	146	07	7	197	82	HIR
045	67	67	096	54	)	147	05	5	198	18	18
046	76	LBL	097	92	RTN	148	85	+	199	33	X²
047	17	B'	098	32	X:T	149	82	HIR	200	33	X²
048	82	HIR	099	06	6	150	18	18	201	54	)
049	07	7	100	32	X:T	151	54	)	202	54	)
050	06	6	101	82	HIR	152	53	(	203	92	RTN

2. Liste zu Programm 2.3

514	77	GE	566	02	2	618	33	X²	670	55	÷
515	05	5	567	07	7	619	35	1/X	671	01	1
516	41	41	568	55	÷	620	65	×	672	00	0
517	53	(	569	01	1	621	33	X²	673	05	5
518	33	X²	570	00	0	622	55	÷	674	85	+
519	35	1/X	571	05	5	623	82	HIR	675	82	HIR
520	65	×	572	85	+	624	18	18	676	18	18
521	33	X²	573	82	HIR	625	85	+	677	54	)
522	85	+	574	18	18	626	01	1	678	53	(
523	01	1	575	54	)	627	82	HIR	679	35	1/X
524	82	HIR	576	53	(	628	38	38	680	65	×
525	38	38	577	35	1/X	629	82	HIR	681	01	1
526	82	HIR	578	65	×	630	18	18	682	93	.
527	18	18	579	01	1	631	22	INV	683	02	2
528	22	INV	580	04	4	632	77	GE	684	85	+
529	77	GE	581	55	÷	633	06	6	685	82	HIR
530	05	5	582	01	1	634	18	18	686	18	18
531	18	18	583	05	5	635	00	0	687	54	)
532	00	0	584	85	+	636	54	)	688	53	(
533	54	)	585	82	HIR	637	94	+/-	689	53	(
534	65	×	586	18	18	638	65	×	690	35	1/X
535	01	1	587	54	)	639	07	7	691	65	×
536	02	2	588	53	(	640	02	2	692	03	3
537	00	0	589	53	(	641	00	0	693	93	.
538	85	+	590	53	(	642	85	+	694	05	5
539	82	HIR	591	35	1/X	643	82	HIR	695	85	+
540	18	18	592	85	+	644	18	18	696	03	3
541	53	(	593	01	1	645	53	(	697	54	)
542	35	1/X	594	54	)	646	35	1/X	698	55	÷
543	65	×	595	65	×	647	65	×	699	82	HIR
544	02	2	596	02	2	648	03	3	700	18	18
545	93	.	597	93	.	649	85	+	701	55	÷
546	06	6	598	05	5	650	82	HIR	702	82	HIR
547	85	+	599	55	÷	651	18	18	703	18	18
548	82	HIR	600	82	HIR	652	54	)	704	33	X²
549	18	18	601	18	18	653	53	(	705	85	+
550	54	)	602	33	X²	654	35	1/X	706	82	HIR
551	53	(	603	85	+	655	55	÷	707	18	18
552	35	1/X	604	82	HIR	656	93	.	708	33	X²
553	65	×	605	18	18	657	04	4	709	35	1/X
554	02	2	606	35	1/X	658	02	2	710	54	)
555	93	.	607	54	)	659	03	3	711	53	(
556	00	0	608	65	×	660	85	+	712	94	+/-
557	05	5	609	02	2	661	82	HIR	713	65	×
558	85	+	610	04	4	662	18	18	714	01	1
559	82	HIR	611	61	GTO	663	54	)	715	02	2
560	18	18	612	01	1	664	53	(	716	00	0
561	54	)	613	93	93	665	35	1/X	717	61	GTO
562	53	(	614	77	GE	666	65	×	718	01	1
563	35	1/X	615	06	6	667	01	1	719	93	93
564	65	×	616	45	45	668	04	4			
565	01	1	617	53	(	669	09	9			

Programm 2.4: Digamma-Funktion und ihre ersten drei Ableitungen
[nach Chebyshev-Entwicklung]

Tabelle 2.4-1 Digamma-Funktion und ihre ersten drei Ableitungen
$\psi(x)$, $\psi'(x)$, $\psi''(x)$, $\psi^{(3)}(x)$, $x = 2(.1)3$, 10D

x	$\psi(x)$	$\psi'(x)$	$\psi''(x)$	$\psi^{(3)}(x)$
2.0	0.4227843351	0.6449340668	−0.4041138063	0.4939394023
2.1	0.4853359687	0.6068528698	−0.3588277765	0.4147960581
2.2	0.5442934367	0.5729327610	−0.3206287070	0.3514763462
2.3	0.6000398804	0.5425374587	−0.2881302434	0.3002571344
2.4	0.6529011697	0.5151525089	−0.2602656498	0.2584098045
2.5	0.7031566406	0.4903577561	−0.2362040516	0.2239058488
2.6	0.7510474528	0.4678068931	−0.2152910279	0.1952174053
2.7	0.7967831690	0.4472120689	−0.1970058356	0.1711798033
2.8	0.8405469888	0.4283321622	−0.1809301803	0.1508953569
2.9	0.8824999506	0.4109637480	−0.1667251238	0.1336650535
3.0	0.9227843351	0.3949340668	−0.1541138063	0.1189394023

(a) Algorithmus

Die Digamma-Funktion und ihre Ableitungen $\psi^{(m)}(x)$ lassen sich zwischen $x = 3$ und $x = 4$ nach Fourier entwickeln:

$$\psi^{(m)}(3 + \cos^2\vartheta) = \sum_{k=0}^{\infty} c_k^{(m)} \cos 2k\vartheta \quad (m = 0, 1, 2, \ldots; \ 0 \leqslant \vartheta \leqslant \pi/2)$$

mit den Fourier-Koeffizienten

$$c_k^{(m)} = e_k (2/\pi) \int_0^{\pi/2} \psi^{(m)}(3 + \cos^2\vartheta) \cos 2k\vartheta \, d\vartheta \quad (k = 0, 1, 2, \ldots),$$

wobei $e_0 = 1$, $e_k = 2$ für $k > 0$, und $x = 3 + \cos^2\vartheta$, daher $2\vartheta = 2\cos^{-1}[(x-3)^{1/2}] = \cos^{-1}(2x-7)$.
Die Fourier-Entwicklung ist numerisch brauchbar, doch ist folgende Umformung zweckmäßig:
mit $z = \cos^2\vartheta = x - 3$ ($3 \leqslant x \leqslant 4$, $0 \leqslant z \leqslant 1$, $0 \leqslant \vartheta \leqslant \pi/2$) und mit den speziellen (shifted)
Chebyshev-Polynomen erster Art $T_k^*(z) = \cos 2k\vartheta$ erhält man die Chebyshev-Entwicklung

$$\psi^{(m)}(3 + z) = \sum_{k=0}^{\infty} c_k^{(m)} T_k^*(z) \quad (0 \leqslant z \leqslant 1)$$

mit den Chebyshev-Koeffizienten (identisch mit obigen Fourier-Koeffizienten)

$$c_k^{(m)} = e_k \pi^{-1} \int_0^1 [z(1-z)]^{-1/2} \psi^{(m)}(3 + z) T_k^*(z) \, dz \quad (k = 0, 1, 2, \ldots)$$

Die Chebyshev-Entwicklung wird nach dem 10. bis 13. Term abgebrochen:

$$3 \leq x \leq 4: \quad \psi^{(m)}(x) = S^{(m)}(x) + \epsilon(m, x) \quad (m = 0, 1, 2, \ldots) \quad \text{mit}$$

$$S^{(m)}(x) = \sum_{k=0}^{k_m} c_k^{(m)} T_k^*(x - 3), \quad \text{wobei} \quad k_0 = k_1 = 10, \; k_2 = k_3 = 11, \; k_4 = 12, \; k_5 = k_6 = 13,$$

$$\text{und} \quad \epsilon(m, x) = \sum_{k=k_m+1}^{\infty} c_k^{(m)} T_k^*(x-3) = \sum_{k=k_m+1}^{\infty} c_k^{(m)} \cos 2k\vartheta \,,$$

$$\text{daher} \quad |\epsilon(m, x)| \leq \sum_{k=k_m+1}^{\infty} |c_k^{(m)}| < 1 \times 10^{-11}.$$

Die Chebyshev-Koeffizienten sind nach Luke (gerundet auf 13 D/S):

$c_0^{(0)} = 1.096326531233$	$c_4^{(0)} = -.0000227095695$	$c_8^{(0)} = -.0000000004581$
$c_1^{(0)} = .1662918012715$	$c_5^{(0)} = .0000014623887$	$c_9^{(0)} = .0000000000320$
$c_2^{(0)} = -.0068527220201$	$c_6^{(0)} = -.0000000974178$	$c_{10}^{(0)} = -.0000000000022$
$c_3^{(0)} = .0003733963424$	$c_7^{(0)} = .0000000066320$	

$c_0^{(1)} = .3348386979109$	$c_4^{(1)} = .0000294346275$	$c_8^{(1)} = .0000000011580$
$c_1^{(1)} = -.0551874820487$	$c_5^{(1)} = -.0000023527768$	$c_9^{(1)} = -.0000000000904$
$c_2^{(1)} = .0045101907360$	$c_6^{(1)} = .0000001868532$	$c_{10}^{(1)} = .0000000000070$
$c_3^{(1)} = -.0003657058883$	$c_7^{(1)} = -.0000000147507$	

$c_0^{(2)} = -.1125929353455$	$c_4^{(2)} = -.0000474718364$	$c_8^{(2)} = -.0000000032799$
$c_1^{(2)} = .0365570017428$	$c_5^{(2)} = .0000045218152$	$c_9^{(2)} = .0000000002832$
$c_2^{(2)} = -.0044359424960$	$c_6^{(2)} = -.0000004163001$	$c_{10}^{(2)} = -.0000000000241$
$c_3^{(2)} = .0004754758547$	$c_7^{(2)} = .0000000373390$	$c_{11}^{(2)} = .0000000000020$

$c_0^{(3)} = .0760126046551$	$c_4^{(3)} = .0000914920822$	$c_8^{(3)} = .0000000102855$
$c_1^{(3)} = -.0362571864818$	$c_5^{(3)} = -.0000100971315$	$c_9^{(3)} = -.0000000009723$
$c_2^{(3)} = .0057972023389$	$c_6^{(3)} = .0000010557774$	$c_{10}^{(3)} = .0000000000899$
$c_3^{(3)} = -.0007696465136$	$c_7^{(3)} = -.0000001059296$	$c_{11}^{(3)} = -.0000000000082$

$c_0^{(4)} = -.0772347240570$	$c_5^{(4)} = .0000256714251$	$c_{10}^{(4)} = -.0000000003621$
$c_1^{(4)} = .0478671634516$	$c_6^{(4)} = -.0000030013936$	$c_{11}^{(4)} = .0000000000352$
$c_2^{(4)} = -.0094407021867$	$c_7^{(4)} = .0000003327664$	$c_{12}^{(4)} = -.0000000000034$
$c_3^{(4)} = .0014895447401$	$c_8^{(4)} = -.0000000353654$	
$c_4^{(4)} = -.0002049440233$	$c_9^{(4)} = .0000000036306$	

$$c_0^{(5)} = \ \ \ .1049330344593 \qquad c_5^{(5)} = -.0000731797858 \qquad c_{10}^{(5)} = \ \ \ .0000000015669$$

$$c_1^{(5)} = -.0788779016528 \qquad c_6^{(5)} = \ \ \ .0000094497296 \qquad c_{11}^{(5)} = -.0000000001628$$

$$c_2^{(5)} = \ \ \ .0183974151122 \qquad c_7^{(5)} = -.0000011463399 \qquad c_{12}^{(5)} = \ \ \ .0000000000165$$

$$c_3^{(5)} = -.0033522841594 \qquad c_8^{(5)} = \ \ \ .0000001322694 \qquad c_{13}^{(5)} = -.0000000000016$$

$$c_4^{(5)} = \ \ \ .0005228782309 \qquad c_9^{(5)} = -.0000000146467$$

$$c_0^{(6)} = -.1786176221425 \qquad c_5^{(6)} = \ \ \ .0002310896086 \qquad c_{10}^{(6)} = -.0000000072487$$

$$c_1^{(6)} = \ \ \ .1557764622005 \qquad c_6^{(6)} = -.0000326320448 \qquad c_{11}^{(6)} = \ \ \ .0000000008005$$

$$c_2^{(6)} = -.0417236376738 \qquad c_7^{(6)} = \ \ \ .0000042960979 \qquad c_{12}^{(6)} = -.0000000000859$$

$$c_3^{(6)} = \ \ \ .0085971413032 \qquad c_8^{(6)} = -.0000005345288 \qquad c_{13}^{(6)} = \ \ \ .0000000000090$$

$$c_4^{(6)} = -.0014962277611 \qquad c_9^{(6)} = \ \ \ .0000000634782$$

(Die Fälle $m = 4, 5, 6$ werden im nächsten Programm realisiert.) Die Auswertung der Chebyshev-Summe $S^{(m)} = \sum_{k=0}^{k_m} c_k^{(m)} T_k^*(z)$ (mit $z = x - 3$) erfolgt nach dem Clenshaw-Schema (mit anderer Initialisierung als bei Programm 1.4, da hier mehr als eine Funktion zu bedienen ist):

$$h_{k_m+2} = 0, \ h_{k_m+1} = 0, \ h_k = c_k^{(m)} + 2(2z - 1) h_{k+1} - h_{k+2} \quad (k = k_m, k_m - 1, \ldots, 0),$$
$$S^{(m)} = h_0 - (2z - 1) h_1.$$

Andere Argumentwerte werden durch Rekursion berücksichtigt:

$$x > 4: \ \psi^{(m)}(x) = \psi^{(m)}(x - l) + (-1)^m m! \sum_{k=1}^{l} (x - k)^{-m-1} \quad (m = 0, 1, 2, \ldots)$$
mit l (ganzzahlig) so, daß $3 \leq x - l \leq 4$;

$$x < 3: \ \psi^{(m)}(x) = \psi^{(m)}(x + n) - (-1)^m m! \sum_{k=0}^{n-1} (x + k)^{-m-1} \quad \text{mit } n \text{ (ganzzahlig) so,}$$
daß $3 \leq x + n \leq 4$.

Bemerkung: Die Rekursion ist relativ genau durch Vermeidung der eingebauten y^x-Routine zur Berechnung von $(x - k)^{-m-1}$ und $(x + k)^{-m-1}$. (Die eingebaute y^x-Routine würde nicht-negative Basis voraussetzen.)

Tabelle 2.4-2 Digamma-Funktion und ihre ersten zwei Ableitungen
$\psi(x), \ \psi'(x), \ \psi''(x), \ -x = .1(.1).9, \ 10S$

x	$\psi(x)$	$\psi'(x)$	$\psi''(x)$
-0.1	9.245073050 00	1.019225400 02	1.996798203 03
-0.2	4.034991433 00	2.729947414 01	2.455698843 02
-0.3	2.113309780 00	1.394516027 01	6.763908120 01
-0.4	9.593807861 -01	9.886209671 00	2.128716846 01
-0.5	3.648997398 -02	8.934802201 00	-8.287966442 -01
-0.6	-8.947178779 -01	1.005313437 01	-2.297986936 01
-0.7	-2.073952794 00	1.423618087 01	-6.944163280 01
-0.8	-4.039039897 00	2.782987721 01	-2.475717861 02
-0.9	-9.312643829 00	1.026678671 02	-1.999117973 03

(b) Bedienungshinweise

Programmadreß-Tasten:

$x \to \psi(x)$	$x \to \psi'(x)$	$x \to \psi''(x)$	$x \to \psi^{(3)}(x)$	

Speicherbereichsverteilung: Grundstellung
Programm laden: 3 Magnetkartenhälften einlesen (Block 1, 3, 4); für ψ und ψ' genügt das Einlesen von 2 Magnetkartenhälften (Block 1, 3)
Winkelmodus: beliebig
Anzeigeformat: beliebig
Argument: x beliebig
Argumentbereich: etwa $-50 < x < 50$
Genauigkeit (Richtwert): 10 D/S

Programmkenndaten:

Speicherbedarf: 235 Programmschritte, 48 Datenregister ($R_{12}-R_{59}$)
Labels: A–D; abs. Adressen: ja; T-Reg.: verwendet; Flags: keine
SBR-Ebenen / Klammer-Ebenen / unvollständige Op.-Ebenen: 2/2/4

(c) Checkwerte

(I) $\psi(\pi) = 0.9772133079$ (Laufzeit 15 Sek.), Tastenfolge: π A;
   $\psi(-\pi) = 7.885952385$ (19 Sek.); $\psi(1/\pi) = -3.290213960$ (17 Sek.);
   $\psi(10\pi) = 3.431315059$ (35 Sek.); $\psi(-10\pi) = 4.312767416$ (37 Sek.)

(II) $\psi'(\pi) = 0.3742437697$ (15 Sek.), Tastenfolge: π B;
   $\psi'(-\pi) = 53.03043874$ (20 Sek.); $\psi'(1/\pi) = 10.98230963$ (17 Sek.);
   $\psi'(10\pi) = 0.0323429687$ (37 Sek.); $\psi'(-10\pi) = 10.56013111$ (39 Sek.)

(III) $\psi''(\pi) = -0.1385473703$ (16 Sek.), Tastenfolge: π C;
   $\psi''(-\pi) = 702.5100126$ (22 Sek.); $\psi''(1/\pi) = -63.16818842$ (19 Sek.);
   $\psi''(10\pi) = -0.0010459765$ (41 Sek.); $\psi''(-10\pi) = 17.99648148$ (43 Sek.)

(IV) $\psi^{(3)}(\pi) = 0.1015423954$ (16 Sek.), Tastenfolge: π D;
   $\psi^{(3)}(-\pi) = 14943.11767$ (22 Sek.); $\psi^{(3)}(1/\pi) = 586.7329744$ (19 Sek.);
   $\psi^{(3)}(10\pi) = 0.0000676482$ (41 Sek.); $\psi^{(3)}(-10\pi) = 254.9400835$ (43 Sek.)

(d) Datenregister

Inhalt der 48 Datenregister $R_{12}-R_{59}$:

R_{12} Schleifenindex (Startwert: $k_m + 1$)
R_{13} Adresse

$R_{14}-R_{25}$	$R_{26}-R_{37}$	$R_{38}-R_{48}$	$R_{49}-R_{59}$	
$c_{11}^{(3)}-c_0^{(3)}$	$c_{11}^{(2)}-c_0^{(2)}$	$c_{10}^{(1)}-c_0^{(1)}$	$c_{10}^{(0)}-c_0^{(0)}$	(Chebyshev-Koeffizienten)

(e) Eingabe des Programms

Speicherbereichsverteilung in Grundstellung. Programm eintasten. (Eingabe des Befehls HIR:
Anhang A.) Eingabe der Befehlsfolge Dsz 12 040 (Schritt 059–062): zunächst eintasten
Dsz 1 040, dann die 1 in Schritt 060 überschreiben mit B (= Code 12). Chebyshev-Koeffizienten
($m = 0 - 3$) von Abschnitt (a) eingeben [ähnlich wie in Programm 1.4, Abschnitt (e)].
Block 1, 3 und 4 auf je eine Magnetkartenhälfte aufzeichnen.
Zur Kontrolle lassen sich die eingegebenen Koeffizienten mit Programm E4 (Anhang E) 13-stellig
auflisten (Aufruf: 14 A):

-8.20000000	R14	-1.12592935	R37
0.000	-12	3.455	-01
8.99000000	R15	7.00000000	R38
0.000	-11	0.000	-12
-9.72300000	R16	-9.04000000	R39
0.000	-10	0.000	-11
1.02855000	R17	1.15800000	R40
0.000	-08	0.000	-09
-1.05929600	R18	-1.47507000	R41
0.000	-07	0.000	-08
1.05577740	R19	1.86853200	R42
0.000	-06	0.000	-07
-1.00971315	R20	-2.35277680	R43
0.000	-05	0.000	-06
9.14920822	R21	2.94346275	R44
0.000	-05	0.000	-05
-7.69646513	R22	-3.65705888	R45
6.000	-04	3.000	-04
5.79720233	R23	4.51019073	R46
8.900	-03	6.000	-03
-3.62571864	R24	-5.51874820	R47
8.180	-02	4.870	-02
7.60126046	R25	3.34838697	R48
5.510	-02	9.109	-01
2.00000000	R26	-2.20000000	R49
0.000	-12	0.000	-12
-2.41000000	R27	3.20000000	R50
0.000	-11	0.000	-11
2.83200000	R28	-4.58100000	R51
0.000	-10	0.000	-10
-3.27990000	R29	6.63200000	R52
0.000	-09	0.000	-09
3.73390000	R30	-9.74178000	R53
0.000	-08	0.000	-08
-4.16300100	R31	1.46238870	R54
0.000	-07	0.000	-06
4.52181520	R32	-2.27095695	R55
0.000	-06	0.000	-05
-4.74718364	R33	3.73396342	R56
0.000	-05	4.000	-04
4.75475854	R34	-6.85272202	R57
7.000	-04	0.100	-03
-4.43594249	R35	1.66291801	R58
6.000	-03	2.715	-01
3.65570017	R36	1.09632653	R59
4.280	-02	1.233	00

Programmstruktur:

Schritt

185–190 Vorbereitung

192–212 Rekursion für $x > 4$,   214–233 Rekursion für $x < 3$

030–070 Clenshaw-Schema zur Chebyshev-Auswertung für $3 \leqslant x \leqslant 4$

000–007 x^{-m-1} $(m = 0, 1, 2, 3)$ (relativ genau; auch für $x < 0$ geeignet)

010–029, 136–147 $\psi(x)$ 093–115, 161–171 $\psi''(x)$

075–090, 148–160 $\psi'(x)$ 118–135, 172–184 $\psi^{(3)}(x)$

(f) Funktions-Anwendungen

● *Beispiel 2.4-1:* Man berechne die Summen $S_1 = \sum_{k=1}^{6} [(3k + 1)^{-1} + (6k + 1)^{-1} - (2k + 1)^{-1}]$ und

$$S_2 = \sum_{k=5}^{\infty} [(3k + 1)^{-1} + (6k + 1)^{-1} - (2k + 1)^{-1}]. -$$

Es ist $S_1 = \frac{1}{3} \sum_{k=1}^{6} (k + \frac{1}{3})^{-1} + \frac{1}{6} \sum_{k=1}^{6} (k + \frac{1}{6})^{-1} - \frac{1}{2} \sum_{k=1}^{6} (k + \frac{1}{2})^{-1}$, somit nach Gl. (2.5)

$S_1 = \frac{1}{3} [\psi(7 + \frac{1}{3}) - \psi(1 + \frac{1}{3})] + \frac{1}{6} [\psi(7 + \frac{1}{6}) - \psi(1 + \frac{1}{6})] - \frac{1}{2} [\psi(7 + \frac{1}{2}) - \psi(1 + \frac{1}{2})] = 0.1014749339$,

Tastenfolge:

7 + 3 1/x = A − (1 + 3 1/x) A = ÷ 3 + ((7 + 6 1/x) A − (1 + 6 1/x) A) ÷ 6 − (7.5 A − 1.5 A) ÷ 2 =

Allgemein gilt $R(l, n) = \sum_{k=l}^{n} [a_1/(k + x_1) + a_2/(k + x_2) + \ldots + a_p/(k + x_p)] =$

$= a_1 [\psi(x_1 + n + 1) - \psi(x_1 + l)] + a_2 [\psi(x_2 + n + 1) - \psi(x_2 + l)] + \ldots + a_p [\psi(x_p + n + 1) - \psi(x_p + l)]$.

Wenn die Koeffizientensumme verschwindet $(a_1 + a_2 + \ldots + a_p = 0)$, bleibt R endlich auch für $n \to \infty$

und ergibt dann den Wert $R(l, \infty) = \sum_{k=l}^{\infty} [a_1/(k + x_1) + \ldots + a_p/(k + x_p)] =$

$= - a_1 \psi(x_1 + l) - \ldots - a_p \psi(x_p + l)$ (Spezialfall p = 2: Beispiel 2.1-2). Für die Koeffizienten von S_2
gilt tatsächlich $1/3 + 1/6 - 1/2 = 0$, die Reihe S_2 konvergiert daher und ergibt den Wert
$S_2 = R(5, \infty) = - \frac{1}{3} \psi(5 + \frac{1}{3}) - \frac{1}{6} \psi(5 + \frac{1}{6}) + \frac{1}{2} \psi(5 + \frac{1}{2}) = 0.0227204000$,
Tastenfolge: 5 + 3 1/x = A ÷ 3 +/− − (5 + 6 1/x) A ÷ 6 + 5.5 A ÷ 2 =

● *Beispiel 2.4-2:* Man berechne die Summen $T_1 = \sum_{k=5}^{10} [(k + 1)(2k + 1)(4k + 1)]^{-1}$ und

$$T_2 = \sum_{k=1}^{\infty} [(k + 1)(2k + 1)(4k + 1)]^{-1}. \quad (T_2 \text{ aus Abramowitz-Stegun Nr. 6.8.)} -$$

Durch Partialbruchzerlegung erhält man $[(k + 1)(2k + 1)(4k + 1)]^{-1} =$
$= \frac{1}{3} (k + 1)^{-1} + \frac{2}{3} (k + \frac{1}{4})^{-1} - (k + \frac{1}{2})^{-1}$ (mit der Koeffizientensumme $\frac{1}{3} + \frac{2}{3} - 1 = 0$, daher ist T_2
nach Beispiel 2.4-1 eine konvergente Reihe). Es folgt
$T_1 = \frac{1}{3} [\psi(11 + 1) - \psi(5 + 1)] + \frac{2}{3} [\psi(11 + \frac{1}{4}) - \psi(5 + \frac{1}{4})] - [\psi(11 + \frac{1}{2}) - \psi(5 + \frac{1}{2})] - 0.0018943095$,
Tastenfolge: 12 A − 6 A = ÷ 3 + (11.25 A − 5.25 A) × 2 ÷ 3 − 11.5 A + 5.5 A =.
Für T_2 ergibt sich $T_2 = - \frac{1}{3} \psi(1 + 1) - \frac{2}{3} \psi(1 + \frac{1}{4}) + \psi(1 + \frac{1}{2}) = 0.0471975512$,
Tastenfolge: 2 A ÷ 3 +/− − 1.25 A × 2 ÷ 3 + 1.5 A =

Liste zu Programm 2.4

000	33	X²	059	97	DSZ	118	71	SBR	177	00	0
001	33	X²	060	12	12	119	01	1	178	71	SBR
002	35	1/X	061	00	0	120	85	85	179	01	1
003	92	RTN	062	40	40	121	77	GE	180	92	92
004	35	1/X	063	75	−	122	01	1	181	94	+/−
005	65	×	064	82	HIR	123	72	72	182	61	GTO
006	33	X²	065	17	17	124	00	0	183	01	1
007	92	RTN	066	65	×	125	71	SBR	184	28	28
008	76	LBL	067	82	HIR	126	02	2	185	82	HIR
009	11	A	068	18	18	127	14	14	186	08	8
010	71	SBR	069	55	÷	128	65	×	187	32	X:T
011	01	1	070	02	2	129	06	6	188	03	3
012	85	85	071	54	)	130	85	+	189	32	X:T
013	77	GE	072	92	RTN	131	01	1	190	53	(
014	01	1	073	76	LBL	132	03	3	191	92	RTN
015	36	36	074	12	B	133	61	GTO	192	42	STO
016	02	2	075	71	SBR	134	01	1	193	13	13
017	71	SBR	076	01	1	135	09	09	194	04	4
018	02	2	077	85	85	136	32	X:T	195	32	X:T
019	14	14	078	77	GE	137	04	4	196	53	(
020	94	+/−	079	01	1	138	77	GE	197	01	1
021	85	+	030	48	48	139	00	0	198	82	HIR
022	04	4	081	01	1	140	22	22	199	58	58
023	08	8	082	71	SBR	141	02	2	200	82	HIR
024	42	STO	083	02	2	142	71	SBR	201	18	18
025	13	13	084	14	14	143	01	1	202	71	SBR
026	01	1	085	85	+	144	92	92	203	40	IND
027	01	1	086	03	3	145	61	GTO	204	13	13
028	42	STO	087	07	7	146	00	0	205	85	+
029	12	12	088	61	GTO	147	21	21	206	82	HIR
030	04	4	089	00	0	148	32	X:T	207	18	18
031	82	HIR	090	24	24	149	04	4	208	77	GE
032	48	48	091	76	LBL	150	77	GE	209	01	1
033	01	1	092	13	C	151	00	0	210	97	97
034	04	4	093	71	SBR	152	86	86	211	00	0
035	82	HIR	094	01	1	153	01	1	212	54	)
036	58	58	095	85	85	154	71	SBR	213	92	RTN
037	00	0	096	77	GE	155	01	1	214	42	STO
038	82	HIR	097	01	1	156	92	92	215	13	13
039	07	7	098	61	61	157	94	+/−	216	53	(
040	32	X:T	099	04	4	158	61	GTO	217	82	HIR
041	82	HIR	100	71	SBR	159	00	0	218	18	18
042	17	17	101	02	2	160	85	85	219	71	SBR
043	32	X:T	102	14	14	161	32	X:T	220	40	IND
044	53	(	103	94	+/−	162	04	4	221	13	13
045	82	HIR	104	75	−	163	77	GE	222	85	+
046	07	7	105	94	+/−	164	01	1	223	01	1
047	65	×	106	85	+	165	07	07	224	82	HIR
048	82	HIR	107	02	2	166	71	SBR	225	38	38
049	18	18	108	05	5	167	01	1	226	82	HIR
050	75	−	109	42	STO	168	92	92	227	18	18
051	32	X:T	110	13	13	169	61	GTO	228	22	INV
052	85	+	111	01	1	170	01	1	229	77	GE
053	01	1	112	02	2	171	04	04	230	02	2
054	44	SUM	113	61	GTO	172	32	X:T	231	19	19
055	13	13	114	00	0	173	04	4	232	00	0
056	73	RC*	115	28	28	174	77	GE	233	54	)
057	13	13	116	76	LBL	175	01	1	234	92	RTN
058	54	)	117	14	D	176	31	31			

● *Beispiel 2.4-3:* Man berechne die Summen $Z_1 = \sum\limits_{k=5}^{10} [k(8k+1)]^{-2}$ und $Z_2 = \sum\limits_{k=1}^{\infty} [k(8k+1)]^{-2}$.
(Z_2 aus Abramowitz-Stegun Nr. 6.8.) –

Partialbruchzerlegung ergibt $[k(8k+1)]^{-2} = -16\,k^{-1} + 16\,(k+\tfrac{1}{8})^{-1} + k^{-2} + (k+\tfrac{1}{8})^{-2}$

(die Koeffizientensumme der linearen Terme ist $-16+16=0$, daher ist Z_2 nach Beispiel 2.4-1 eine konvergente Reihe). Es folgt mit Berücksichtigung der quadratischen Terme nach GI. (2.9)

(mit m = 1) $Z_1 = -16\,[\psi(11) - \psi(5)] + 16[\psi(11+\tfrac{1}{8}) - \psi(5+\tfrac{1}{8})] - $
$-\psi'(11) + \psi'(5) - \psi'(11+\tfrac{1}{8}) + \psi'(5+\tfrac{1}{8}) = 0.0000491851$,

Tastenfolge: 11 A − 5 A = X 16 +/− + (11.125 A − 5.125 A) X 16 − 11 B + 5 B − 11.125 B + 5.125 B =.

Für Z_2 ergibt sich $Z_2 = +16\,\psi(1) - 16\,\psi(1+\tfrac{1}{8}) + \psi'(1) + \psi'(1+\tfrac{1}{8}) = 0.0134994861$,

Tastenfolge: 1 A X 16 − 1.125 A X 16 + 1 B + 1.125 B =

● *Beispiel 2.4-4:* Taylor-Entwicklung von $\ln\Gamma(x)$ an der Stelle x_0 ergibt

$$\ln\Gamma(x) = \ln\Gamma(x_0) + \sum\limits_{m=0}^{\infty} \psi^{(m)}(x_0)\,(x-x_0)^m / (m+1)! \ .$$

Damit teste man die $\psi^{(m)}$-Routine (Testwerte: x = 3, x_0 = 2). –

Die ersten vier Terme liefern $\ln 2 = \psi(2) + \psi'(2)/2 + \psi''(2)/6 + \psi^{(3)}(2)/24 + \ldots = 0.69 \ldots$,

Tastenfolge: 2 A + 2 B ÷ 2 + 2 C ÷ 6 + 2 D ÷ 24 =

● *Beispiel 2.4-5:* Man berechne die Summen $V_1 = \sum\limits_{k=2}^{7} (-1)^k [(3k+1)^{-1} + (5k+1)^{-1} - (2k+1)^{-1}]$

und $V_2 = \sum\limits_{k=8}^{\infty} (-1)^k [(3k+1)^{-1} + (5k+1)^{-1} - (2k+1)^{-1}]$. –

Es ist $V_1 = \tfrac{1}{3} \sum\limits_{k=2}^{7} (-1)^k (k+\tfrac{1}{3})^{-1} + \tfrac{1}{5} \sum\limits_{k=2}^{7} (-1)^k (k+\tfrac{1}{5})^{-1} - \tfrac{1}{2} \sum\limits_{k=2}^{7} (-1)^k (k+\tfrac{1}{2})^{-1}$, somit nach

GI. (2.15) $V_1 = \tfrac{1}{3} [\beta(2+\tfrac{1}{3}) - \beta(8+\tfrac{1}{3})] + \tfrac{1}{5} [\beta(2+\tfrac{1}{5}) - \beta(8+\tfrac{1}{5})] - \tfrac{1}{2} [\beta(2+\tfrac{1}{2}) - \beta(8+\tfrac{1}{2})] = $
0.0189028525; zur Berechnung der beta-Funktion $\beta(x) = \tfrac{1}{2} [\psi(\tfrac{x+1}{2}) - \psi(\tfrac{x}{2})]$ ist hier folgende Zusatzroutine zweckmäßig (Aufruf mit Taste E):

```
240   76 LBL      247   49 PRD      254   53  (       261   55  ÷
241   15  E       248   00  00      255   11  A       262   02  2
242   42 STO      249   85  +       256   75  -       263   54  )
243   00  00      250   43 RCL      257   43 RCL      264   92 RTN
244   93  .       251   00  00      258   00  00
245   05  5       252   54  )       259   11  A
246   53  (       253   53  (       260   54  )
```

Die Tastenfolge zur Berechnung von V_1 ist dann

2 + 3 1/x = E − (8 + 3 1/x) E = ÷ 3 + (2.2 E − 8.2 E) ÷ 5 − (2.5 E − 8.5 E) ÷ 2 =

Alternierende Reihen vom Typ V_2 konvergieren immer [da $\beta(\infty) = 0$], auch wenn die Koeffizientensumme $\tfrac{1}{3} + \tfrac{1}{5} - \tfrac{1}{2} \neq 0$ ist (im Gegensatz zu Reihen vom Typ S_2 in Beispiel 2.4-1). Es ist nach

GI. (2.14) $V_2 = \tfrac{1}{3} \beta(8+\tfrac{1}{3}) + \tfrac{1}{5} \beta(8+\tfrac{1}{5}) - \tfrac{1}{2} \beta(8+\tfrac{1}{2}) = 0.0029947384$,

Tastenfolge: 8 + 3 1/x = E ÷ 3 + 8.2 E ÷ 5 − 8.5 E ÷ 2 =

- *Beispiel 2.4-6:* Man berechne die Summen $Y_1 = \sum\limits_{k\,=\,5}^{10} (-1)^{k+1}\,[(k+2)\,(2k+3)\,(4k+5)]^{-1}$ und

$Y_2 = \sum\limits_{k\,=\,1}^{\infty} (-1)^{k+1}\,[(k+2)\,(2k+3)\,(4k+5)]^{-1}.\ -$

Ersetzt man den Summationsindex k durch $k-1$, so erhält man die Standardform für beta-Summen

(untere Indexgrenze gerade, obere ungerade) $Y_1 = \sum\limits_{k\,=\,6}^{11} (-1)^{k}\,[(k+1)\,(2k+1)\,(4k+1)]^{-1}.$

Es folgt (mit der Partialbruchzerlegung aus Beispiel 2.4-2) nach Gl. (2.15)

$Y_1 = \frac{1}{3}\,[\beta(6+1) - \beta(12+1)] + \frac{2}{3}\,[\beta(6+\frac{1}{4}) - \beta(12+\frac{1}{4})] - [\beta(6+\frac{1}{2}) - \beta(12+\frac{1}{2}) = 0.0002330858,$

Tastenfolge (mit der Zusatzroutine aus Beispiel 2.4-5):

7 E − 13 E = ÷ 3 + (6.25 E − 12.25 E) X 2 ÷ 3 − 6.5 E + 12.5 E =.

Ferner ist

$Y_2 = \sum\limits_{k\,=\,2}^{\infty} (-1)^{k}\,[(k+1)\,(2k+1)\,(4k+1)]^{-1} = \frac{1}{3}\,\beta(2+1) + \frac{2}{3}\,\beta(2+\frac{1}{4}) - \beta(2+\frac{1}{2}) = 0.0055140330,$

Tastenfolge: 3 E ÷ 3 + 2.25 E X 2 ÷ 3 − 2.5 E =

- *Beispiel 2.4-7:* Man teste die ψ-Routine mit $\psi(3/4) - \psi(1/4) = \pi$ (folgt aus der Reflexionsformel von Beispiel 2.2-3) und mit $\psi(x_0) = 0$, wobei $x_0 \approx 1.461632145.\ -$
Es ist $\psi(3/4) - \psi(1/4) = 3.141592654$, Tastenfolge: .75 A − .25 A =,   und
$\psi(1.461632145) = 3 \times 10^{-11} \approx 0.$

- *Beispiel 2.4-8:* Mit $[2\psi'(1/2)]^{1/2} = \pi$, $[6\psi'(1)]^{1/2} = \pi$ und $[15\,\psi^{(3)}(1)]^{1/4} = \pi$ teste man die ψ'- und $\psi^{(3)}$-Routine. −
Es ist $[2\,\psi'(1/2)]^{1/2} = 3.141592654$, Tastenfolge: 2 X .5 B = $\sqrt{x}$,   und
$[6\,\psi'(1)]^{1/2} = 3.141592654$, Tastenfolge: 6 X 1 B = $\sqrt{x}$,   sowie
$[15\,\psi^{(3)}(1)]^{1/4} = 3.141592654$, Tastenfolge: 15 X 1 D = $\sqrt{x}\,\sqrt{x}$

Programm 2.5: Vierte bis sechste Ableitung der Digamma-Funktion
[nach Chebyshev-Entwicklung]

Tabelle 2.5-1 Vierte bis sechste Ableitung der Digamma-Funktion
$\psi^{(4)}(x)$, $\psi^{(5)}(x)$, $\psi^{(6)}(x)$, x = 2(.1)3, 10S

x	$\psi^{(4)}(x)$	$\psi^{(5)}(x)$	$\psi^{(6)}(x)$
2.0	-8.862661234-01	2.081167438 00	-6.011479715 00
2.1	-7.050914424-01	1.570639363 00	-4.307960512 00
2.2	-5.674362443-01	1.201921216 00	-3.137618164 00
2.3	-4.614478362-01	9.314559567-01	-2.319201873 00
2.4	-3.788471180-01	7.302322232-01	-1.737554368 00
2.5	-3.137559995-01	5.785691786-01	-1.318006108 00
2.6	-2.619382612-01	4.628894901-01	-1.011229161 00
2.7	-2.202987376-01	3.736807289-01	-7.840733245-01
2.8	-1.865471538-01	3.041827906-01	-6.139053952-01
2.9	-1.589688561-01	2.495278214-01	-4.850448841-01
3.0	-1.362661234-01	2.061674381-01	-3.864797150-01

(a) Algorithmus

Siehe Programm 2.4.

(b) Bedienungshinweise

Programmadreß-Tasten:

$x \rightarrow \psi^{(4)}(x)$	$x \rightarrow \psi^{(5)}(x)$	$x \rightarrow \psi^{(6)}(x)$		

Speicherbereichsverteilung: Grundstellung
Programm laden: 3 Magnetkartenhälften einlesen (Block 1, 3, 4)
Winkelmodus: beliebig
Anzeigeformat: beliebig
Argument: x beliebig
Argumentbereich: etwa $-50 < x < 50$
Genauigkeit (Richtwert): 10 D/S

Programmkenndaten:

Speicherbedarf: 224 Programmschritte, 43 Datenregister ($R_{17}-R_{59}$)
Labels: A—C; abs. Adressen: ja; T-Reg.: verwendet; Flags: keine
SBR-Ebenen / Klammer-Ebenen / unvollständige Op.-Ebenen: 2/2/4

(c) Checkwerte

(I) $\psi^{(4)}(\pi) = -0.1105749313$ (Laufzeit 18 Sek.), Tastenfolge: π A;
  $\psi^{(4)}(-\pi) = 421664.1632$ (23 Sek.); $\psi^{(4)}(1/\pi) = -7350.944522$ (20 Sek.);
  $\psi^{(4)}(10\pi) = -0.0000065621$ (45 Sek.); $\psi^{(4)}(-10\pi) = 1576.921732$ (47 Sek.)

(II) $\psi^{(5)}(\pi) = 0.1591352139$ (19 Sek.), Tastenfolge: π B;
  $\psi^{(5)}(-\pi) = 14891806.39$ (25 Sek.); $\psi^{(5)}(1/\pi) = 115390.4533$ (22 Sek.);
  $\psi^{(5)}(10\pi) = 0.0000008487$ (46 Sek.); $\psi^{(5)}(-10\pi) = 26224.53340$ (49 Sek.)

(III) $\psi^{(6)}(\pi) = -0.2839445529$ (19 Sek.), Tastenfolge: π C;
  $\psi^{(6)}(-\pi) = 631024467.1$ (26 Sek.); $\psi^{(6)}(1/\pi) = -2174717.364$ (23 Sek.);
  $\psi^{(6)}(10\pi) = -0.0000001372$ (51 Sek.); $\psi^{(6)}(-10\pi) = 303346.4130$ (55 Sek.)

Tabelle 2.5-2 Vierte bis sechste Ableitung der Digamma-Funktion
$\psi^{(4)}(x)$, $\psi^{(5)}(x)$, $\psi^{(6)}(x)$, $-x = .1(.1).9$, 10S

x	$\psi^{(4)}(x)$	$\psi^{(5)}(x)$	$\psi^{(6)}(x)$
-0.1	2.399958228 06	1.200002286 08	7.199998486 09
-0.2	7.492530113 04	1.875461596 06	5.624655440 07
-0.3	9.731834956 03	1.656343819 05	3.283420027 06
-0.4	2.032557268 03	3.187650691 04	4.137051271 05
-0.5	-3.474249827 00	1.537111355 04	-4.345792380 01
-0.6	-2.039949298 03	3.188555893 04	-4.138030004 05
-0.7	-9.740670912 03	1.656548293 05	-3.283555420 06
-0.8	-7.493697031 04	1.875499153 06	-5.624677085 07
-0.9	-2.399974963 06	1.200002951 08	-7.199998868 09

(d) Datenregister

Inhalt der 43 Datenregister $R_{17} - R_{59}$:

  R_{17} Schleifenindex (Startwert: $k_m + 1$)
  R_{18} Adresse
  $R_{19} - R_{32}$ $R_{33} - R_{46}$ $R_{47} - R_{59}$

  $c_{13}^{(6)} - c_0^{(6)}$ $c_{13}^{(5)} - c_0^{(5)}$ $c_{12}^{(4)} - c_0^{(4)}$ (Chebyshev-Koeffizienten)

(e) Eingabe des Programms

Speicherbereichsverteilung in Grundstellung. Programm eintasten. (Eingabe des Befehls HIR: Anhang A.) Eingabe der Befehlsfolge Dsz 17 053 (Schritt 072–075): zunächst eintasten Dsz 1 053, dann die 1 in Schritt 073 überschreiben mit B' (= Code 17). Chebyshev-Koeffizienten (m = 4–6) von Abschnitt (a) eingeben [ähnlich wie in Programm 1.4, Abschnitt (e)]. Block 1, 3 und 4 auf je eine Magnetkartenhälfte aufzeichnen.
Zur Kontrolle lassen sich die eingegebenen Koeffizienten mit Programm E4 (Anhang E) 13-stellig auflisten (Aufruf: 19 A):

9.00000000	R19		9.44972960	R40
0.000	-12		0.000	-06
-8.59000000	R20		-7.31797858	R41
0.000	-11		0.000	-05
8.00500000	R21		5.22878230	R42
0.000	-10		9.000	-04
-7.24870000	R22		-3.35228415	R43
0.000	-09		9.400	-03
6.34782000	R23		1.83974151	R44
0.000	-08		1.220	-02
-5.34528800	R24		-7.88779016	R45
0.000	-07		5.280	-02
4.29609790	R25		1.04933034	R46
0.000	-06		4.593	-01
-3.26320448	R26		-3.40000000	R47
0.000	-05		0.000	-12
2.31089608	R27		3.52000000	R48
6.000	-04		0.000	-11
-1.49622776	R28		-3.62100000	R49
1.100	-03		0.000	-10
8.59714130	R29		3.63060000	R50
3.200	-03		0.000	-09
-4.17236376	R30		-3.53654000	R51
7.380	-02		0.000	-08
1.55776462	R31		3.32766400	R52
2.005	-01		0.000	-07
-1.78617622	R32		-3.00139360	R53
1.425	-01		0.000	-06
-1.60000000	R33		2.56714251	R54
0.000	-12		0.000	-05
1.65000000	R34		-2.04944023	R55
0.000	-11		3.000	-04
-1.62800000	R35		1.48954474	R56
0.000	-10		0.100	-03
1.56690000	R36		-9.44070218	R57
0.000	-09		6.700	-03
-1.46467000	R37		4.78671634	R58
0.000	-08		5.160	-02
1.32269400	R38		-7.72347240	R59
0.000	-07		5.700	-02
-1.14633990	R39			
0.000	-06			

Programmstruktur:

Schritt

174—179 Vorbereitung

181—201 Rekursion für $x > 4$, 203—222 Rekursion für $x < 3$

043—083 Clenshaw-Schema zur Chebyshev-Auswertung für $3 \leqslant x \leqslant 4$

000—017 x^{-m-1} (m = 4, 5, 6) (relativ genau; auch für $x < 0$ geeignet)

020—042, 136—147 $\psi^{(4)}(x)$

088—111, 148—160 $\psi^{(5)}(x)$

114—135, 161—173 $\psi^{(6)}(x)$

Liste zu Programm 2.5

000	35	1/X	056	32	X:T	112	76	LBL	168	71	SBR
001	65	×	057	53	(	113	13	C	169	01	1
002	33	X²	058	82	HIR	114	71	SBR	170	81	81
003	33	X²	059	07	7	115	01	1	171	61	GTO
004	92	RTN	060	65	×	116	74	74	172	01	1
005	33	X²	061	82	HIR	117	77	GE	173	26	26
006	35	1/X	062	18	18	118	01	1	174	82	HIR
007	65	×	063	75	–	119	61	61	175	08	8
008	33	X²	064	32	X:T	120	01	1	176	32	X:T
009	92	RTN	065	85	+	121	00	0	177	03	3
010	33	X²	066	01	1	122	71	SBR	178	32	X:T
011	35	1/X	067	44	SUM	123	02	2	179	53	(
012	65	×	068	18	18	124	03	03	180	92	RTN
013	33	X²	069	73	RC*	125	94	+/–	181	42	STO
014	55	÷	070	18	18	126	65	×	182	18	18
015	82	HIR	071	54	)	127	07	7	183	04	4
016	18	18	072	97	DSZ	128	02	2	184	32	X:T
017	92	RTN	073	17	17	129	00	0	185	53	(
018	76	LBL	074	00	0	130	85	+	186	01	1
019	11	A	075	53	53	131	01	1	187	82	HIR
020	71	SBR	076	75	–	132	08	8	188	58	58
021	01	1	077	82	HIR	133	61	GTO	189	82	HIR
022	74	74	078	17	17	134	01	1	190	18	18
023	77	GE	079	65	×	135	05	05	191	71	SBR
024	01	1	080	82	HIR	136	32	X:T	192	40	IND
025	36	36	081	18	18	137	04	4	193	18	18
026	00	0	082	55	÷	138	77	GE	194	85	+
027	71	SBR	083	02	2	139	00	0	195	82	HIR
028	02	2	084	54	)	140	35	35	196	18	18
029	03	03	085	92	RTN	141	00	0	197	77	GE
030	94	+/–	086	76	LBL	142	71	SBR	198	01	1
031	65	×	087	12	B	143	01	1	199	86	86
032	02	2	088	71	SBR	144	81	81	200	00	0
033	04	4	089	01	1	145	61	GTO	201	54	)
034	85	+	090	74	74	146	00	0	202	92	RTN
035	04	4	091	77	GE	147	31	31	203	42	STO
036	06	6	092	01	1	148	32	X:T	204	18	18
037	42	STO	093	48	48	149	04	4	205	53	(
038	18	18	094	05	5	150	77	GE	206	82	HIR
039	01	1	095	71	SBR	151	01	1	207	18	18
040	03	3	096	02	2	152	03	03	208	71	SBR
041	42	STO	097	03	03	153	05	5	209	40	IND
042	17	17	098	65	×	154	71	SBR	210	18	18
043	04	4	099	01	1	155	01	1	211	85	+
044	82	HIR	100	02	2	156	81	81	212	01	1
045	48	48	101	00	0	157	94	+/–	213	82	HIR
046	01	1	102	85	+	158	61	GTO	214	38	38
047	04	4	103	03	3	159	00	0	215	82	HIR
048	82	HIR	104	02	2	160	98	98	216	18	18
049	58	58	105	42	STO	161	32	X:T	217	22	INV
050	00	0	106	18	18	162	04	4	218	77	GE
051	82	HIR	107	01	1	163	77	GE	219	02	2
052	07	7	108	04	4	164	01	1	220	08	08
053	32	X:T	109	61	GTO	165	31	31	221	00	0
054	82	HIR	110	00	0	166	01	1	222	54	)
055	17	17	111	41	41	167	00	0	223	92	RTN

(f) Funktions-Anwendungen

- *Beispiel 2.5-1:* Die Reflexionsformel der Polygamma-Funktionen

$$(-1)^m \, \psi^{(m)} (1 - x) = \frac{d^m}{dx^m} \left[\pi \cot (\pi x) \right] + \psi^{(m)} (x) \quad (m = 1, 2, 3, \ldots)$$

verwende man zum Testen der $\psi^{(m)}$-Routine (Testwerte: m = 5, x = 2.8). —

Man erhält für

$$m = 1: \; \psi' (1 - x) = \pi^2 / \sin^2 (\pi x) - \psi' (x) ;$$

$$m = 2: \; \psi'' (1 - x) = 2\pi^3 \cos (\pi x) / \sin^3 (\pi x) + \psi'' (x) ;$$

$$m = 3: \; \psi^{(3)} (1 - x) = - \pi^4 [4/\sin^2 (\pi x) - 6/\sin^4 (\pi x)] - \psi^{(3)} (x) ;$$

$$m = 4: \; \psi^{(4)} (1 - x) = - \pi^5 \cos (\pi x) [8/\sin^3 (\pi x) - 24/\sin^5 (\pi x)] + \psi^{(4)} (x) ;$$

$$m = 5: \; \psi^{(5)} (1 - x) = \pi^6 [16/\sin^2 (\pi x) - 120/\sin^4 (\pi x) + 120/\sin^6 (\pi x)] - \psi^{(5)} (x) .$$

Für x = 2.8 kommt $\psi^{(5)} (- 1.8) = 1875502.681$, Tastenfolge: 1.8 +/− B, und
$\pi^6 [16/\sin^2 (2.8\pi) - 120/\sin^4 (2.8\pi) + 120/\sin^6 (2.8\pi)] - \psi^{(5)} (2.8) = 1875502.681$,
Tastenfolge: 2.8 × π = Rad sin 1/x x^2 STO 00 × 16 − RCL 00 x^2 × 120 + RCL 00 × x^2 × 120 =
× π y^x 6 − 2.8 B =

- *Beispiel 2.5-2:* Die Triplikationsformel der Digamma-Funktion ist

$$\psi (3x) = \frac{1}{3} [\psi (x) + \psi (x + \tfrac{1}{3}) + \psi (x + \tfrac{2}{3})] + \ln 3 .$$

Durch m-malige Differentiation nach x erhält man daraus die Triplikationsformel der Polygamma-Funktionen

$$\psi^{(m)} (3x) = 3^{-m-1} [\psi^{(m)} (x) + \psi^{(m)} (x + \tfrac{1}{3}) + \psi^{(m)} (x + \tfrac{2}{3})] \quad (m = 1, 2, 3, \ldots) .$$

Damit teste man die $\psi^{(m)}$-Routine (Testwerte: m = 4, x = 2). —
Es ist $\psi^{(4)} (6) = - 0.0063831913$, Tastenfolge: 6 A, und
$3^{-4} [\psi^{(4)} (2) + \psi^{(4)} (7/3) + \psi^{(4)} (8/3)] = - 0.0063831913$,
Tastenfolge: 2 A + (7 ÷ 3) A + (8 ÷ 3) A = ÷ 3 y^x 5 =

- *Beispiel 2.5-3:* Die Multiplikationsformel der Digamma-Funktion ist

$$\psi (nx) = \frac{1}{n} \sum_{k=0}^{n-1} \psi \left(x + \frac{k}{n} \right) + \ln n \quad (n = 1, 2, 3, \ldots) .$$

Durch m-malige Differentiation nach x erhält man daraus die Multiplikationsformel der Polygamma-Funktionen

$$\psi^{(m)} (nx) = n^{-m-1} \sum_{k=0}^{n-1} \psi^{(m)} \left(x + \frac{k}{n} \right) \quad (m = 1, 2, 3, \ldots; \; n = 1, 2, 3, \ldots) .$$

Damit teste man die $\psi^{(m)}$-Routine (Testwerte: m = 6, n = 4, x = 1). —

Es kommt $\psi^{(6)} (4x) = 4^{-7} [\psi^{(6)} (x) + \psi^{(6)} (x + \tfrac{1}{4}) + \psi^{(6)} (x + \tfrac{1}{2}) + \psi^{(6)} (x + \tfrac{3}{4})]$.
Für x = 1 ist $\psi^{(6)} (4) = - 0.0572616080$, Tastenfolge: 4 C, und
$4^{-7} [\psi^{(6)} (1) + \psi^{(6)} (5/4) + \psi^{(6)} (3/2) + \psi^{(6)} (7/4)] = - 0.0572616080$,
Tastenfolge: 1 C + 1.25 C + 1.5 C + 1.75 C = ÷ 4 y^x 7 =
[Beispiel 2.1-4, 5: n = 2; Beispiel 2.5-2: n = 3.]

- *Beispiel 2.5-4:* Man berechne das Integral $I = \int\limits_{1}^{\infty} \psi^{(5)}(t)\, dt.$ —

Es gilt $\int\limits_{x}^{y} \psi(t)\, dt = \ln[\Gamma(y)/\Gamma(x)]$, speziell $\int\limits_{1}^{2} \psi(t)\, dt = 0$ und $\int\limits_{1}^{y} \psi(t)\, dt = \int\limits_{2}^{y} \psi(t)\, dt = \ln\Gamma(y)$,

ferner für $m = 1, 2, 3, \ldots:$ $\int\limits_{x}^{y} \psi^{(m)}(t)\, dt = \psi^{(m-1)}(y) - \psi^{(m-1)}(x)$, speziell $\int\limits_{x}^{\infty} \psi^{(m)}(t)\, dt = -\psi^{(m-1)}(x)$,

somit $I = -\psi^{(4)}(1) = 24.88626612$, Tastenfolge: 1 A +/−

- *Beispiel 2.5-5:* Mit $[(63/8)\, \psi^{(5)}(1)]^{1/6} = \pi$ teste man die $\psi^{(5)}$-Routine. —
  Es ist $[(63/8)\, \psi^{(5)}(1)]^{1/6} = 3.141592654$, Tastenfolge: 63 ÷ 8 × 1 B = INV y^x 6 =

3 Exponentialintegrale, Integrallogarithmus, Integralsinus und -cosinus, hyperbolischer Integralsinus und -cosinus

(I) Programme in Kapitel 3   (Übersicht)

Programm	Funktion	Argument	Genauigkeit	Datenregister
3.1	$E_1(x)$, $E\,e_1(x)$, $Ei(x)$, $E\,ei(x)$	x beliebig (auch negativ)	mäßig	effektiv R_{15}–R_{59}
	$li(x) = Ei(\ln x)$	$x > 0$	mäßig	
	$Chi(x)$, $Shi(x)$	x beliebig (auch negativ)	mäßig	
	$V(x)$, $W(x)$	x beliebig (auch negativ)	mäßig	
	Als Zusatzroutinen: $Ein(x)$, $Eni(x)$, $Cinh(x)$, $M(x)$		mäßig	
3.2	$E_n(x)$ ($n = 0, 1, 2, \ldots$)	$x \geqslant -3$ Besondere Einrichtung: Einzelrekursion (NEXT E_n)	mäßig	effektiv R_{24}–R_{44}
3.3 *)	$E_n(x)$ ($n = 0, 1, 2, \ldots$)	$x \geqslant -6$ Besondere Einrichtung: Einzelrekursion (NEXT E_n)	hoch bis mäßig	R_{24}–R_{29}
3.4	$Ci(x)$, $Si(x)$, $si(x)$, $F(x)$, $G(x)$ Als Zusatzroutinen: $Cin(x)$, $F^*(x)$, $G^*(x)$, $N(x)$	x beliebig (auch negativ)	mäßig mäßig	effektiv R_{10}–R_{59}

*) auch für TI-58 geeignet

(II) Funktionen in Kapitel 3   (Übersicht)

Exponentialintegrale höherer Ordnung $E_n(x)$

Integraldarstellungen:

$$E_n(x) = \int_1^\infty t^{-n} \exp(-xt)\, dt = x^{n-1} \int_x^\infty t^{-n} \exp(-t)\, dt = \exp(-x) \int_0^\infty (1+t)^{-n} \exp(-xt)\, dt =$$

$$= \int_0^{\pi/2} \exp(-x/\cos t) \cos^{n-2} t \sin t\, dt \quad (x > 0;\ n = 0, 1, 2, \ldots)\,. \tag{3.1}$$

Darstellung als wiederholtes Integral:

$$E_0(x) = x^{-1} \exp(-x) \,,$$

$$E_n(x) = \int_x^\infty E_{n-1}(t)\, dt = \int_x^\infty t^{-1} \exp(-t)\, (t-x)^{n-1}/(n-1)!\, dt \qquad (x > 0;\ n = 1, 2, 3, \ldots) \quad (3.2)$$

Reihendarstellung:

$$E_n(x) = \frac{(-1)^{n-1}}{(n-1)!}\, x^{n-1} \left(-\ln|x| - \gamma + \sum_{k=1}^{n-1} \frac{1}{k} \right) - \sum_{\substack{k=0 \\ k \neq n-1}}^{\infty} \frac{(-1)^k}{(k-n+1)\, k!}\, x^k \tag{3.3}$$

$$(n = 1, 2, 3, \ldots;\ \text{für } n = 1 \text{ ist die erste Summe leer:}\ \sum_{k=1}^{0} \frac{1}{k} = 0),\ \gamma = 0.5772 \ldots$$

Darstellung als unvollständige Gamma-Funktion:

$$E_n(x) = x^{n-1}\, \Gamma(1-n, x) \tag{3.4}$$

Darstellung als logarithmische Lösung der konfluenten hypergeometrischen Differentialgleichung:

$$E_n(x) = x^{n-1} \exp(-x)\, U(n, n, x) \tag{3.5}$$

Differentialgleichungen:

(1) $\dfrac{df}{dx} + \dfrac{1-n}{x}\, f = -\dfrac{k}{x} \exp(-x),\quad k = \text{const. (bezüglich } x), \ n = 0, 1, 2, \ldots;$

  Lösung: $f(x) = A x^{n-1} + k\, E_n(x),\ A = \text{const. (bezüglich } x)$ \hfill (3.6)

(2) $\dfrac{d^2 f}{dx^2} + \left(\dfrac{2-n}{x} + 1 \right) \dfrac{df}{dx} + \dfrac{1-n}{x}\, f = 0,\quad n = 0, 1, 2, \ldots;$

  Lösung: $f(x) = A x^{n-1} + B\, E_n(x),\ A, B = \text{const. (bezüglich } x)$ \hfill (3.7)

Differenzengleichungen (Rekursionen):

(1) $n\, f_{n+1}(x) + x\, f_n(x) = k \exp(-x),\quad k = \text{const. (bezüglich } n), \ n = 0, 1, 2, \ldots;$
  Lösung: $f_n(x) = A(-1)^n x^n/(n-1)! + k\, E_n(x),\ A = \text{const. (bezüglich } n)$ \hfill (3.8)

(2) $n\, f_{n+1}(x) + (x+1-n)\, f_n(x) - x\, f_{n-1}(x) = 0,\quad n = 0, 1, 2, \ldots;$
  Lösung: $f_n(x) = A(-1)^n x^n/(n-1)! + B\, E_n(x),\ A, B = \text{const. (bezüglich } n)$ \hfill (3.9)

Differenzen-Differentialgleichung:

$$\frac{d}{dx}\, f_{n+1}(x) + f_n(x) = 0,\quad n = 0, 1, 2, \ldots;$$

  Lösung: $f_n(x) = A(-1)^n x^n/n! + B\, E_n(x),\ A, B = \text{const. (bezüglich } x \text{ und } n)$ \hfill (3.10)

Exponentialintegrale $E\, e_n(x) = \exp(x)\, E_n(x)$

Integraldarstellungen:

$$E\, e_n(x) = \int_0^\infty (1+t)^{-n} \exp(-xt)\, dt = x^{n-1} \int_0^\infty (x+t)^{-n} \exp(-t)\, dt \qquad \begin{array}{l} (x > 0; \\ n = 0, 1, 2, \ldots) \end{array} \tag{3.11}$$

Darstellung als unvollständige Gamma-Funktion:

$$E\,e_n(x) = x^{n-1}\exp(x)\,\Gamma(1-n,x) \tag{3.12}$$

Darstellung als logarithmische Lösung der konfluenten hypergeometrischen Differentialgleichung:

$$E\,e_n(x) = x^{n-1}\,U(n,n,x) \tag{3.13}$$

Differentialgleichungen:

(1) $\quad \dfrac{df}{dx} + \left(\dfrac{1-n}{x} - 1\right) f = -\dfrac{k}{x}, \quad k = $ const. (bezüglich x), $n = 0, 1, 2, \ldots$;

$\quad$ Lösung: $f(x) = A\,x^{n-1}\exp(x) + k\,E\,e_n(x)$, $A = $ const. (bezüglich x) $\tag{3.14}$

(2) $\quad \dfrac{d^2 f}{dx^2} + \left(\dfrac{2-n}{x} - 1\right)\dfrac{df}{dx} - \dfrac{1}{x}f = 0, \quad n = 0, 1, 2, \ldots$;

$\quad$ Lösung: $f(x) = A\,x^{n-1}\exp(x) + B\,E\,e_n(x)$, $A, B = $ const. (bezüglich x) $\tag{3.15}$

Differenzengleichungen (Rekursionen):

(1) $\quad n\,f_{n+1}(x) + x\,f_n(x) = k, \quad k = $ const. (bezüglich n), $n = 0, 1, 2, \ldots$;

$\quad$ Lösung: $f_n(x) = A\,(-1)^n x^n \exp(x)/(n-1)! + k\,E\,e_n(x)$, $A = $ const. (bezüglich n) $\tag{3.16}$

(2) $\quad n\,f_{n+1}(x) + (x+1-n)\,f_n(x) - x\,f_{n-1}(x) = 0, \quad n = 0, 1, 2, \ldots$;

$\quad$ Lösung: $f_n(x) = A\,(-1)^n x^n \exp(x)/(n-1)! + B\,E\,e_n(x)$, $A, B = $ const. (bezüglich n) $\tag{3.17}$

Differenzen-Differentialgleichung:

$$\frac{d}{dx}\,f_{n+1}(x) - f_{n+1}(x) + f_n(x) = 0, \quad n = 0, 1, 2, \ldots;$$

$\quad$ Lösung: $f_n(x) = A\,(-1)^n x^n \exp(x)/n! + B\,E\,e_n(x)$, $A, B = $ const. (bezüglich x und n) $\tag{3.18}$

Exponentialintegral $E_1(x)$

Integraldarstellungen:

$$E_1(x) = \int_1^\infty t^{-1}\exp(-xt)\,dt = \int_x^\infty t^{-1}\exp(-t)\,dt =$$

$$= \exp(-x)\int_0^\infty (1+t)^{-1}\exp(-xt)\,dt = \exp(-x)\int_0^\infty (x+t)^{-1}\exp(-t)\,dt = \tag{3.19}$$

$$= \int_0^{\pi/2} \exp(-x/\cos t)\,\tan t\,dt \quad (x > 0).$$

Reihendarstellung:

$$E_1(x) = -\gamma - \ln|x| - \sum_{k=1}^\infty (-1)^k x^k/(k\,k!) \quad (\gamma = 0.5772\ldots) \tag{3.20}$$

Differentialgleichungen:

(1) $\quad \dfrac{df}{dx} = -\dfrac{k}{x}\exp(-x)$, $k = \text{const.};$ $\qquad$ Lösung: $f(x) = A + k\,E_1(x)$, $A = \text{const.}$ $\qquad$ (3.21)

(2) $\quad \dfrac{d^2 f}{dx^2} + \left(\dfrac{1}{x} + 1\right)\dfrac{df}{dx} = 0;$ $\qquad$ Lösung: $f(x) = A + B\,E_1(x)$, $A, B = \text{const.}$ $\qquad$ (3.22)

Exponentialintegral $Ei(x) = -E_1(-x)$

Integraldarstellungen:

$$Ei(x) = -\text{P.V.} \int_{-x}^{\infty} t^{-1}\exp(-t)\,dt = \text{P.V.} \int_{-\infty}^{x} t^{-1}\exp(t)\,dt =$$

$$= \exp(x)\,\text{P.V.} \int_{0}^{\infty} (1-t)^{-1}\exp(-xt)\,dt = \exp(x)\,\text{P.V.} \int_{0}^{\infty} (x-t)^{-1}\exp(-t)\,dt \quad (x > 0) \quad (3.23)$$

Reihendarstellung:

$$Ei(x) = \gamma + \ln|x| + \sum_{k=1}^{\infty} x^k / (k\,k!) \quad (\gamma = 0.5772\ldots) \tag{3.24}$$

Differentialgleichungen:

(1) $\quad \dfrac{df}{dx} = \dfrac{k}{x}\exp(x)$, $k = \text{const.};$ $\qquad$ Lösung: $f(x) = A + k\,Ei(x)$, $A = \text{const.}$ $\qquad$ (3.25)

(2) $\quad \dfrac{d^2 f}{dx^2} + \left(\dfrac{1}{x} - 1\right)\dfrac{df}{dx} = 0;$ $\qquad$ Lösung: $f(x) = A + B\,Ei(x)$, $A, B = \text{const.}$ $\qquad$ (3.26)

Exponentialintegral $Ee_1(x) = \exp(x)\,E_1(x)$

Integraldarstellungen:

$$Ee_1(x) = \int_{0}^{\infty} (1+t)^{-1}\exp(-xt)\,dt = \int_{0}^{\infty} (x+t)^{-1}\exp(-t)\,dt \quad (x > 0) \tag{3.27}$$

Reihendarstellung:

$$Ee_1(x) = -(\gamma + \ln|x|)\exp(x) + \sum_{k=1}^{\infty} a_k\, x^k \quad (\text{mit } \gamma = 0.5772\ldots), \tag{3.28}$$

wobei $a_k = \dfrac{1}{k!}[\psi(k+1) + \gamma] = \dfrac{1}{k!}[\psi(k+1) - \psi(1)] = \dfrac{1}{k!}\sum_{l=1}^{k} \dfrac{1}{l}$ oder rekursiv $a_0 = 0$,

$a_k = \dfrac{1}{k}\left(\dfrac{1}{k!} + a_{k-1}\right)$ $(k = 1, 2, 3, \ldots)$. Die ersten 12 Koeffizienten sind

$a_1 = 1$	$a_5 = 137/7200$	$a_9 = 7129/914457600$
$a_2 = 3/4$	$a_6 = 49/14400$	$a_{10} = 7381/9144576000$
$a_3 = 11/36$	$a_7 = 121/235200$	$a_{11} = 83711/1106493696000$
$a_4 = 25/288$	$a_8 = 761/11289600$	$a_{12} = 86021/13277924352000$

Darstellung als unvollständige Gamma-Funktion:

$$E\,e_1\,(x) = \exp\,(x)\,\Gamma\,(0, x) \tag{3.29}$$

Darstellung als logarithmische Lösung der konfluenten hypergeometrischen Differentialgleichung:

$$E\,e_1\,(x) = U\,(1, 1, x) \tag{3.30}$$

Differentialgleichungen:

$$(1) \quad \frac{df}{dx} - f = - \frac{k}{x}\,, \quad k = \text{const.}; \qquad \text{Lösung: } f\,(x) = A\,\exp\,(x) + k\,E\,e_1\,(x),\ A = \text{const.} \tag{3.31}$$

$$(2) \quad \frac{d^2 f}{dx^2} + \left(\frac{1}{x} - 1\right)\frac{df}{dx} - \frac{1}{x}\,f = 0; \qquad \text{Lösung: } f\,(x) = A\,\exp\,(x) + B\,E\,e_1\,(x),\ A, B = \text{const.} \tag{3.32}$$

Exponentialintegral $\quad E\,ei\,(x) = \exp\,(-x)\,Ei\,(x) = - E\,e_1\,(-x)$

Integraldarstellungen:

$$E\,ei\,(x) = \text{P.V.} \int_0^\infty (1 - t)^{-1}\exp\,(-xt)\,dt = \text{P.V.} \int_0^\infty (x - t)^{-1}\exp\,(-t)\,dt \quad (x > 0) \tag{3.33}$$

Reihendarstellung:

$$E\,ei\,(x) = (\gamma + \ln|x|)\exp\,(-x) - \sum_{k=1}^\infty (-1)^k\,a_k\,x^k \quad [\text{mit } a_k \text{ wie bei Gl. (3.28)}] \tag{3.34}$$

Darstellung als unvollständige Gamma-Funktion:

$$E\,ei\,(x) = - \exp\,(-x)\,\Gamma\,(0, -x) \tag{3.35}$$

Darstellung als logarithmische Lösung der konfluenten hypergeometrischen Differentialgleichung:

$$E\,ei\,(x) = - U\,(1, 1, -x) \tag{3.36}$$

Differentialgleichungen:

$$(1) \quad \frac{df}{dx} + f = \frac{k}{x}\,, \quad k = \text{const.}; \qquad \text{Lösung: } f\,(x) = A\,\exp\,(-x) + k\,E\,ei\,(x),\ A = \text{const.} \tag{3.37}$$

$$(2) \quad \frac{d^2 f}{dx^2} + \left(\frac{1}{x} + 1\right)\frac{df}{dx} + \frac{1}{x}\,f = 0; \qquad \text{Lösung: } f\,(x) = A\,\exp\,(-x) + B\,E\,ei\,(x),\ A, B = \text{const.} \tag{3.38}$$

Exponentialintegral $\quad Ein\,(x) = E_1\,(x) + \ln|x| + \gamma$

Integraldarstellungen:

$$Ein\,(x) = \int_0^x t^{-1}\,[1 - \exp\,(-t)]\,dt = \int_0^1 t^{-1}\,[1 - \exp\,(-xt)]\,dt \tag{3.39}$$

Reihendarstellungen:

$$Ein\,(x) = - \sum_{k=1}^\infty (-1)^k\,x^k / (k\,k!) = \exp\,(-x)\sum_{k=1}^\infty a_k\,x^k \quad [\text{mit } a_k \text{ wie bei Gl. (3.28)}] \tag{3.40}$$

Differentialgleichungen:

(1) $\dfrac{df}{dx} = \dfrac{k}{x}[1 - \exp(-x)]$, $k = \text{const.}$;   Lösung: $f(x) = A + k\,\text{Ein}(x)$, $A = \text{const.}$ (3.41)

(2) $\dfrac{d^2f}{dx^2} + \left(\dfrac{1}{x} + 1\right)\dfrac{df}{dx} = \dfrac{k}{x}$, $k = \text{const.}$;

Lösung: $f(x) = A + B\,E_1(x) + k\ln|x| = a + b\,\text{Ein}(x) + (k - b)\ln|x|$,

$A, B = \text{const.}$ $(a = A - B\gamma$, $b = B)$ (3.42)

(3) $\dfrac{d^3f}{dx^3} + \left(\dfrac{2}{x} + 1\right)\dfrac{d^2f}{dx^2} + \dfrac{1}{x}\dfrac{df}{dx} = 0$;

Lösung: $f(x) = A + B\,E_1(x) + C\ln|x| = a + b\,\text{Ein}(x) + c\ln|x|$,

$A, B, C = \text{const.}$ $(a = A - B\gamma$, $b = B$, $c = C - B)$ (3.43)

Exponentialintegral $\text{Eni}(x) = \text{Ei}(x) - \ln|x| - \gamma = -\text{Ein}(-x)$

Integraldarstellungen:

$$\text{Eni}(x) = \int_0^x t^{-1}[\exp(t) - 1]\,dt = \int_0^1 t^{-1}[\exp(xt) - 1]\,dt$$ (3.44)

Reihendarstellungen:

$$\text{Eni}(x) = \sum_{k=1}^{\infty} x^k/(k\,k!) = -\exp(x)\sum_{k=1}^{\infty}(-1)^k a_k x^k \quad [\text{mit } a_k \text{ wie bei Gl. (3.28)}]$$ (3.45)

Differentialgleichungen:

(1) $\dfrac{df}{dx} = \dfrac{k}{x}[\exp(x) - 1]$, $k = \text{const.}$;   Lösung: $f(x) = A + k\,\text{Eni}(x)$, $A = \text{const.}$ (3.46)

(2) $\dfrac{d^2f}{dx^2} + \left(\dfrac{1}{x} - 1\right)\dfrac{df}{dx} = -\dfrac{k}{x}$, $k = \text{const.}$;

Lösung: $f(x) = A + B\,\text{Ei}(x) + k\ln|x| = a + b\,\text{Eni}(x) + (k + b)\ln|x|$,

$A, B = \text{const.}$ $(a = A + B\gamma$, $b = B)$ (3.47)

(3) $\dfrac{d^3f}{dx^3} + \left(\dfrac{2}{x} - 1\right)\dfrac{d^2f}{dx^2} - \dfrac{1}{x}\dfrac{df}{dx} = 0$;

Lösung: $f(x) = A + B\,\text{Ei}(x) + C\ln|x| = a + b\,\text{Eni}(x) + c\ln|x|$,

$A, B, C = \text{const.}$ $(a = A + B\gamma$, $b = B$, $c = C + B)$ (3.48)

Integrallogarithmus $\text{li}(x) = \text{Ei}(\ln x)$

Integraldarstellungen:

$$\text{li}(x) = \text{P.V.}\int_0^x (\ln t)^{-1}\,dt = x\,\text{P.V.}\int_0^1 (\ln x + \ln t)^{-1}\,dt \quad (x > 1)$$ (3.49)

Reihendarstellung:

$$\text{li}(x) = \gamma + \ln|\ln x| + \sum_{k=1}^{\infty}(\ln x)^k/(k\,k!) \quad (x > 0, x \neq 1)$$ (3.50)

Differentialgleichungen:

(1) $\dfrac{df}{dx} = \dfrac{k}{\ln x}$, $k = \text{const.}$;   Lösung: $f(x) = A + k\,\text{li}(x)$, $A = \text{const.}$ (3.51)

(2) $\dfrac{d^2 f}{dx^2} + \dfrac{1}{x\ln x}\,\dfrac{df}{dx} = 0$;   Lösung: $f(x) = A + B\,\text{li}(x)$, $A, B = \text{const.}$ (3.52)

Exponentialintegral $V(x) = \frac{1}{2}\left[\text{Eei}(x) - \text{Eei}(-x)\right] = \text{Shi}(x)\cosh x - \text{Chi}(x)\sinh x$

Darstellung als Ableitung:

$$V(x) = 1/x - dW/dx \qquad\qquad (3.52a)$$

Integraldarstellungen:

(1) $V(x) = \text{P.V.} \displaystyle\int_0^\infty (1 - t^2)^{-1} \exp(-xt)\, dt \quad (x > 0)$ (3.53)

(2) $V(x) = x\,\text{P.V.} \displaystyle\int_0^\infty (x^2 - t^2)^{-1} \exp(-t)\, dt = \int_0^\infty (1 + t^2)^{-1} \sin(xt)\, dt = x \int_0^\infty (x^2 + t^2)^{-1} \sin t\, dt =$

$$= x \int_0^\infty \cot^{-1}(t)\cos(xt)\, dt = \int_0^\infty \tan^{-1}(x/t)\cos t\, dt = \int_x^\infty W(t)\, dt = -\int_0^x W(t)\, dt = -V(-x) \quad (3.54)$$

Reihendarstellung:

$$V(x) = -(\gamma + \ln|x|)\sinh x + \sum_{k=0}^\infty a_{2k+1} x^{2k+1} \quad [\text{mit } a_k \text{ wie bei Gl. (3.28)}] \qquad (3.55)$$

Darstellung als logarithmische Lösung der konfluenten hypergeometrischen Differentialgleichung:

$$V(x) = \frac{1}{2}\left[U(1, 1, x) - U(1, 1, -x)\right] \qquad\qquad (3.56)$$

Differentialgleichungen:

(1) $\dfrac{df}{dx} = -kW(x)$, $k = \text{const.}$;   Lösung: $f(x) = A + k\,V(x)$, $A = \text{const.}$ (3.57)

(2) $\dfrac{d^2 f}{dx^2} - f = -\dfrac{k}{x}$, $k = \text{const.}$;

Lösung: $f(x) = A'\exp(x) + B'\exp(-x) + k\,V(x) = A\cosh x + B\sinh x + k\,V(x)$,

$A', B' = \text{const.}$ $(A = A' + B',\ B = A' - B')$ (3.58)

(3) $\dfrac{d^3 f}{dx^3} + \dfrac{1}{x}\,\dfrac{d^2 f}{dx^2} - \dfrac{df}{dx} - \dfrac{1}{x}\,f = 0$;

Lösung: $f(x) = A'\exp(x) + B'\exp(-x) + C'V(x) = A\cosh x + B\sinh x + C\,V(x)$,

$A', B', C' = \text{const.}$ $(A = A' + B',\ B = A' - B',\ C = C')$ (3.59)

Exponentialintegral $W(x) = \frac{1}{2}\left[\text{Eei}(x) + \text{Eei}(-x)\right] = \text{Chi}(x)\cosh x - \text{Shi}(x)\sinh x$

Darstellung als Ableitung:

$$W(x) = -dV/dx = -(x/2)\,dM/dx \ [M(x): \text{Bild 3.1-11, 12}] \qquad (3.59a)$$

Integraldarstellungen:

$$(1) \quad W(x) = \text{P.V.} \int_0^\infty (1-t^2)^{-1} t \exp(-xt)\, dt = -\frac{x}{2} \int_0^\infty \ln(|1-t^2|) \exp(-xt)\, dt \quad (x>0) \qquad (3.60)$$

$$(2) \quad W(x) = \text{P.V.} \int_0^\infty (x^2-t^2)^{-1} t \exp(-t)\, dt = -\frac{1}{2} \int_0^\infty \ln(|1-x^{-2}t^2|) \exp(-t)\, dt =$$

$$= -\int_0^\infty (1+t^2)^{-1} t \cos(xt)\, dt = -\int_0^\infty (x^2+t^2)^{-1} t \cos t\, dt = \gamma + \ln|x| - \int_0^x V(t)\, dt = W(-x) \quad (3.61)$$

Reihendarstellung:

$$W(x) = (\gamma + \ln|x|) \cosh(x) - \sum_{k=1}^\infty a_{2k}\, x^{2k} \quad [\text{mit } a_k \text{ wie bei Gl. (3.28)}] \qquad (3.62)$$

Darstellung als logarithmische Lösung der konfluenten hypergeometrischen Differentialgleichung:

$$W(x) = -\tfrac{1}{2}\, [U(1,1,x) + U(1,1,-x)] \qquad (3.63)$$

Differentialgleichungen:

$$(1) \quad \frac{df}{dx} = k\left[\frac{1}{x} - V(x)\right], \quad k = \text{const.}; \qquad \text{Lösung: } f(x) = A + k\, W(x), \quad A = \text{const.} \qquad (3.64)$$

$$(2) \quad \frac{d^2 f}{dx^2} - f = -\frac{k}{x^2}, \quad k = \text{const.};$$

Lösung: $f(x) = A' \exp(x) + B' \exp(-x) + k\, W(x) = A \cosh x + B \sinh x + k\, W(x)$,
$A', B' = \text{const.}$ $(A = A' + B',\ B = A' - B')$ $\qquad (3.65)$

$$(3) \quad \frac{d^3 f}{dx^3} + \frac{2}{x}\, \frac{d^2 f}{dx^2} - \frac{df}{dx} - \frac{2}{x}\, f = 0;$$

Lösung: $f(x) = A' \exp(x) + B' \exp(-x) + C'\, W(x) = A \cosh x + B \sinh x + C\, W(x)$,
$A', B', C' = \text{const.}$ $(A = A' + B',\ B = A' - B',\ C = C')$ $\qquad (3.66)$

Hyperbolischer Integralcosinus $\text{Chi}(x)$, **hyperbolischer Integralsinus** $\text{Shi}(x)$

Integraldarstellungen:

$$\text{Chi}(x) = \int_0^x t^{-1}(\cosh t - 1)\, dt + \ln|x| + \gamma = \int_0^1 t^{-1}[\cosh(xt) - 1]\, dt + \ln|x| + \gamma, \qquad (3.67)$$

$$\text{Shi}(x) = \int_0^x t^{-1} \sinh t\, dt = \int_0^1 t^{-1} \sinh(xt)\, dt \qquad (3.68)$$

Reihendarstellung:

$$\text{Chi}(x) = \gamma + \ln|x| + \sum_{k=1}^{\infty} x^{2k}/[2k\,(2k)!] \tag{3.69}$$

$$\text{Shi}(x) = \sum_{k=0}^{\infty} x^{2k+1}/[(2k+1)\,(2k+1)!] \tag{3.70}$$

Differentialgleichungen:

(1) $\dfrac{df}{dx} = \dfrac{k}{x}\cosh x,\; k = \text{const.};$ Lösung: $f(x) = A + k\,\text{Chi}(x),\; A = \text{const.}$ (3.71)

(2) $\dfrac{df}{dx} = \dfrac{k}{x}\sinh x,\; k = \text{const.};$ Lösung: $f(x) = A + k\,\text{Shi}(x),\; A = \text{const.}$ (3.72)

(3) $\dfrac{d^3f}{dx^3} + \dfrac{2}{x}\dfrac{d^2f}{dx^2} - \dfrac{df}{dx} = 0;$

Lösung: $f(x) = A'\,\text{Ei}(x) + B'\,\text{Ei}(-x) + C' = A\,\text{Chi}(x) + B\,\text{Shi}(x) + C,$
$A', B', C' = \text{const.}\;\; (A = A' + B',\; B = A' - B',\; C = C')$ (3.73)

Hyperbolischer Integralcosinus $\text{Cinh}(x) = \text{Chi}(x) - \ln|x| - \gamma$

Integraldarstellungen:

$$\text{Cinh}(x) = \int_0^x t^{-1}(\cosh t - 1)\,dt = \int_0^1 t^{-1}[\cosh(xt) - 1]\,dt \tag{3.74}$$

Reihendarstellung:

$$\text{Cinh}(x) = \sum_{k=1}^{\infty} x^{2k}/[2k\,(2k)!] \tag{3.75}$$

Differentialgleichungen:

(1) $\dfrac{df}{dx} = \dfrac{k}{x}(\cosh x - 1),\; k = \text{const.};$ Lösung: $f(x) = A + k\,\text{Cinh}(x),\; A = \text{const.}$ (3.76)

(2) $\dfrac{d^3f}{dx^3} + \dfrac{2}{x}\dfrac{d^2f}{dx^2} - \dfrac{df}{dx} = -\dfrac{k}{x},\; k = \text{const.};$

Lösung: $f(x) = A'\,\text{Ei}(x) + B'\,\text{Ei}(-x) + C' + k\ln|x| = A\,\text{Chi}(x) + B\,\text{Shi}(x) + C + k\ln|x| =$
$= a\,\text{Cinh}(x) + b\,\text{Shi}(x) + c + (k + a)\ln|x|,$
$A', B', C' = \text{const.}\;\; (A = A' + B',\; B = A' - B',\; C = C';\; a = A, b = B, c = C + A\gamma)$ (3.77)

(3) $\dfrac{d^4f}{dx^4} + \dfrac{3}{x}\dfrac{d^3f}{dx^3} - \dfrac{d^2f}{dx^2} - \dfrac{1}{x}\dfrac{df}{dx} = 0;$

Lösung: $f(x) = A'\,\text{Ei}(x) + B'\,\text{Ei}(-x) + C' + D'\ln|x| = A\,\text{Chi}(x) + B\,\text{Shi}(x) + C + D\ln|x| =$
$= a\,\text{Cinh}(x) + b\,\text{Shi}(x) + c + d\ln|x|,$
$A', B', C', D' = \text{const.}\;\; (A = A' + B',\; B = A' - B',\; C = C',\; D = D';$
$a = A, b = B, c = C + A\gamma, d = D + A)$ (3.78)

Modifiziertes Exponentialintegral $F(x) = \text{Ci}(x) \sin x - \text{si}(x) \cos x$

Darstellung als Ableitung:

$$F(x) = dG/dx + 1/x \tag{3.78a}$$

Integraldarstellungen:

$$
(1) \quad F(x) = \int_0^\infty (1 + t^2)^{-1} \exp(-xt)\, dt = x \int_0^\infty (x^2 + t^2)^{-1} \exp(-t)\, dt =
$$

$$
= x \int_0^\infty \tan^{-1}(t) \exp(-xt)\, dt = \int_0^\infty \tan^{-1}(t/x) \exp(-t)\, dt = \int_0^\infty (1 + t)^{-1} \sin(xt)\, dt =
$$

$$
= \int_0^\infty (x + t)^{-1} \sin t\, dt = \int_x^\infty t^{-1} \sin(t - x)\, dt = \frac{\pi}{2} - \int_0^x t^{-1} \sin(t - x)\, dt =
$$

$$
= \int_x^\infty G(t)\, dt = \frac{\pi}{2} - \int_0^x G(t)\, dt = \pi \cos x - F(-x) \quad (x > 0) \tag{3.79}
$$

$$
(2) \quad F(-x) = \text{P.V.} \int_0^\infty (t - 1)^{-1} \sin(xt)\, dt = \text{P.V.} \int_0^\infty (t - x)^{-1} \sin t\, dt =
$$

$$
= \text{P.V.} \int_{-x}^\infty t^{-1} \sin(t + x)\, dt = \text{P.V.} \int_{-\infty}^x t^{-1} \sin(t - x)\, dt = \pi \cos x - F(x) \quad (x > 0) \tag{3.80}
$$

Reihendarstellung:

$$
F(x) = \frac{\pi}{2} \cos x + (\gamma + \ln|x|) \sin x - \sum_{k=0}^\infty (-1)^k a_{2k+1} x^{2k+1} \quad [\text{mit } a_k \text{ wie bei Gl. (3.28)}] \tag{3.81}
$$

Differentialgleichungen:

$$
(1) \quad \frac{df}{dx} = -k\, G(x), \ k = \text{const.}; \quad \text{Lösung: } f(x) = A + k\, F(x), \ A = \text{const.} \tag{3.82}
$$

$$
(2) \quad \frac{d^2 f}{dx^2} + f = \frac{k}{x}, \ k = \text{const.}; \quad \text{Lösung: } f(x) = A \cos x + B \sin x + k\, F(x), \tag{3.83}
$$
$$
A, B = \text{const.}
$$

$$
(3) \quad \frac{d^3 f}{dx^3} + \frac{1}{x} \frac{d^2 f}{dx^2} + \frac{df}{dx} + \frac{1}{x} f = 0; \quad \text{Lösung: } f(x) = A \cos x + B \sin x + C\, F(x), \tag{3.84}
$$
$$
A, B, C = \text{const.}
$$

Modifiziertes Exponentialintegral $G(x) = -Ci(x) \cos x - si(x) \sin x$

Darstellung als Ableitung:

$$G(x) = -dF/dx = -(x/2)\, dN/dx \quad [N(x): \text{Bild } 3.4\text{-}7, 8] \tag{3.84a}$$

Integraldarstellungen:

$$(1) \quad G(x) = \int_0^\infty (1+t^2)^{-1} t \exp(-xt)\, dt = \int_0^\infty (x^2+t^2)^{-1} t \exp(-t)\, dt =$$

$$= \frac{x}{2} \int_0^\infty \ln(1+t^2) \exp(-xt)\, dt = \frac{1}{2} \int_0^\infty \ln(1+x^{-2}t^2) \exp(-t)\, dt = \int_0^\infty (1+t)^{-1} \cos(xt)\, dt =$$

$$= \int_0^\infty (x+t)^{-1} \cos t\, dt = \int_x^\infty t^{-1} \cos(t-x)\, dt = \int_0^x F(t)\, dt - \gamma - \ln x =$$

$$= \pi \sin x + G(-x) \quad (x > 0) \tag{3.85}$$

$$(2) \quad G(-x) = \text{P.V.} \int_0^\infty (t-1)^{-1} \cos(xt)\, dt = \text{P.V.} \int_0^\infty (t-x)^{-1} \cos t\, dt =$$

$$= \text{P.V.} \int_{-x}^\infty t^{-1} \cos(t+x)\, dt = -\text{P.V.} \int_{-\infty}^x t^{-1} \cos(t-x)\, dt = G(x) - \pi \sin x \quad (x>0) \tag{3.86}$$

Reihendarstellung:

$$G(x) = \frac{\pi}{2} \sin x - (\gamma + \ln|x|) \cos x + \sum_{k=1}^\infty (-1)^k a_{2k}\, x^{2k} \quad [\text{mit } a_k \text{ wie bei Gl. (3.28)}] \tag{3.87}$$

Differentialgleichungen:

$$(1) \quad \frac{df}{dx} = k\left[F(x) - \frac{1}{x}\right], \quad k = \text{const.}; \qquad \text{Lösung: } f(x) = A + k\,G(x), \quad A = \text{const.} \tag{3.88}$$

$$(2) \quad \frac{d^2 f}{dx^2} + f = \frac{k}{x^2}, \quad k = \text{const.}; \qquad \text{Lösung: } f(x) = A \cos x + B \sin x + k\,G(x), \quad A, B = \text{const.} \tag{3.89}$$

$$(3) \quad \frac{d^3 f}{dx^3} + \frac{2}{x}\frac{d^2 f}{dx^2} + \frac{df}{dx} + \frac{2}{x} f = 0; \qquad \text{Lösung: } f(x) = A \cos x + B \sin x + C\,G(x), \quad A, B, C = \text{const.} \tag{3.90}$$

Integralcosinus $Ci(x)$, **Integralsinus** $Si(x)$, $si(x)$

Integraldarstellungen:

$$Ci(x) = -\int_x^\infty t^{-1} \cos t\, dt = -\int_1^\infty t^{-1} \cos(xt)\, dt =$$

$$= \int_0^x t^{-1} (\cos t - 1)\, dt + \ln|x| + \gamma = \int_0^1 t^{-1} [\cos(xt) - 1]\, dt + \ln|x| + \gamma \tag{3.91}$$

$$Si(x) = \int_0^x t^{-1} \sin t \, dt = \int_0^1 t^{-1} \sin(xt) \, dt \tag{3.92}$$

$$si(x) = -\int_x^\infty t^{-1} \sin t \, dt = -\int_1^\infty t^{-1} \sin(xt) \, dt = Si(x) - \pi/2 \tag{3.93}$$

Reihendarstellung:

$$Ci(x) = \gamma + \ln|x| + \sum_{k=1}^\infty (-1)^k x^{2k}/[2k\,(2k)!] \tag{3.94}$$

$$Si(x) = \sum_{k=0}^\infty (-1)^k x^{2k+1}/[(2k+1)\,(2k+1)!] \tag{3.95}$$

Differentialgleichungen:

(1) $\quad \dfrac{df}{dx} = \dfrac{k}{x} \cos x,\ k = \text{const.};$ \qquad Lösung: $f(x) = A + k\,Ci(x),\ A = \text{const.}$ \hfill (3.96)

(2) $\quad \dfrac{df}{dx} = \dfrac{k}{x} \sin x,\ k = \text{const.};$ \qquad Lösung: $f(x) = A + k\,Si(x),\ A = \text{const.}$ \hfill (3.97)

(3) $\quad \dfrac{d^3f}{dx^3} + \dfrac{2}{x}\dfrac{d^2f}{dx^2} + \dfrac{df}{dx} = 0;$ \qquad Lösung: $f(x) = A\,Ci(x) + B\,Si(x) + C,$ \hfill (3.98)
$\qquad\qquad\qquad\qquad\qquad\qquad\qquad\qquad\qquad A, B, C = \text{const.}$

Integralcosinus $Cin(x) = -Ci(x) + \ln|x| + \gamma$

Integraldarstellungen:

$$Cin(x) = \int_0^x t^{-1}(1 - \cos t)\,dt = \int_0^1 t^{-1}[1 - \cos(xt)]\,dt \tag{3.99}$$

Reihendarstellung:

$$Cin(x) = -\sum_{k=1}^\infty (-1)^k x^{2k}/[2k\,(2k)!] \tag{3.100}$$

Differentialgleichungen:

(1) $\quad \dfrac{df}{dx} = \dfrac{k}{x}(1 - \cos x),\ k = \text{const.};$ \qquad Lösung: $f(x) = A + k\,Cin(x),\ A = \text{const.}$ \hfill (3.101)

(2) $\quad \dfrac{d^3f}{dx^3} + \dfrac{2}{x}\dfrac{d^2f}{dx^2} + \dfrac{df}{dx} = \dfrac{k}{x},\ k = \text{const.};$

Lösung: $f(x) = A\,Ci(x) + B\,Si(x) + C + k\ln|x| = a\,Cin(x) + b\,Si(x) + c + (k-a)\ln|x|,$
$A, B, C = \text{const.}\ (a = -A,\ b = B,\ c = C + A\gamma)$ \hfill (3.102)

(3) $\quad \dfrac{d^4f}{dx^4} + \dfrac{3}{x}\dfrac{d^3f}{dx^3} + \dfrac{d^2f}{dx^2} + \dfrac{1}{x}\dfrac{df}{dx} = 0;$

Lösung: $f(x) = A\,Ci(x) + B\,Si(x) + C + D\ln|x| = a\,Cin(x) + b\,Si(x) + c + d\ln|x|,$
$A, B, C, D = \text{const.}\ (a = -A,\ b = B,\ c = C + A\gamma,\ d = D + A)$ \hfill (3.103)

Modifiziertes Exponentialintegral $F^*(x) = Ci(x) \sin x - Si(x) \cos x$

Darstellung durch modifiziertes Exponentialintegral F:

$$F^*(x) = \frac{1}{2}\left[F(x) - F(-x)\right] = F(x) - \frac{\pi}{2}\cos x = \frac{\pi}{2}\cos x - F(-x) \qquad (3.104)$$

Darstellung als Ableitung:

$$F^*(x) = dG^*/dx + 1/x \qquad (3.105)$$

Integraldarstellungen:

$$F^*(x) = x\ \text{P.V.}\int_0^\infty (x^2 - t^2)^{-1}\sin t\, dt = \text{P.V.}\int_0^\infty (1 - t^2)^{-1}\sin(xt)\, dt =$$

$$= \int_x^\infty G^*(t)\, dt = -\int_0^x G^*(t)\, dt = -F^*(-x) \qquad (1.06)$$

Reihendarstellung:

$$F^*(x) = (\gamma + \ln|x|)\sin x - \sum_{k=0}^\infty (-1)^k a_{2k+1} x^{2k+1} \quad [\text{mit } a_k \text{ wie bei Gl. (3.28)}] \qquad (3.107)$$

Differentialgleichungen:

(1) $\quad \dfrac{df}{dx} = -k\, G^*(x),\ k = \text{const.};$ Lösung: $f(x) = A + k\, F^*(x),\ A = \text{const.}$ (3.108)

(2) $\quad \dfrac{d^2 f}{dx^2} + f = \dfrac{k}{x},\ k = \text{const.};$ Lösung: $f(x) = A\cos x + B\sin x + k\, F^*(x),$ (3.109)
$\qquad\qquad\qquad\qquad\qquad\qquad\qquad$ A, B = const. [Lösung äquivalent zu Gl. (3.83)]

(3) $\quad \dfrac{d^3 f}{dx^3} + \dfrac{1}{x}\dfrac{d^2 f}{dx^2} + \dfrac{df}{dx} + \dfrac{1}{x}f = 0;$ Lösung: $f(x) = A\cos x + B\sin x + C\, F^*(x),$ (3.110)
$\qquad\qquad\qquad\qquad\qquad\qquad\qquad$ A, B, C = const. [Lösung äquivalent zu Gl. (3.84)]

Modifiziertes Exponentialintegral $G^*(x) = -Ci(x)\cos x - Si(x)\sin x$

Darstellung durch modifiziertes Exponentialintegral G:

$$G^*(x) = \frac{1}{2}\left[G(x) + G(-x)\right] = G(x) - \frac{\pi}{2}\sin x = \frac{\pi}{2}\sin x + G(-x) \qquad (3.111)$$

Darstellung als Ableitung:

$$G^*(x) = -dF^*/dx \qquad (3.112)$$

Integraldarstellungen:

$$G^*(x) = \text{P.V.}\int_0^\infty (t^2 - x^2)^{-1} t \cos t\, dt = \text{P.V.}\int_0^\infty (t^2 - 1)^{-1} t \cos(xt)\, dt =$$

$$= \int_0^x F^*(t)\, dt - \gamma - \ln|x| = G^*(-x) \qquad (3.113)$$

Reihendarstellung:

$$G^*(x) = -\,(\gamma + \ln|x|)\cos x + \sum_{k=1}^{\infty} (-1)^k\, a_{2k}\, x^{2k} \quad [\text{mit } a_k \text{ wie bei Gl. (3.28)}] \tag{3.114}$$

Differentialgleichungen:

(1) $\dfrac{df}{dx} = k\left[\,F^*(x) - \dfrac{1}{x}\,\right]$, $k = const.$;   Lösung: $f(x) = A + k\,G^*(x)$, $A = const.$ (3.115)

(2) $\dfrac{d^2 f}{dx^2} + f = \dfrac{k}{x^2}$, $k = const.$;   Lösung: $f(x) = A\cos x + B\sin x + k\,G^*(x)$, (3.116)
$A, B = const.$ [Lösung äquivalent zu Gl. (3.89)]

(3) $\dfrac{d^3 f}{dx^3} + \dfrac{2}{x}\dfrac{d^2 f}{dx^2} + \dfrac{df}{dx} + \dfrac{2}{x}f = 0$;   Lösung: $f(x) = A\cos x + B\sin x + C\,G^*(x)$, (3.117)
$A, B, C = const.$ [Lösung äquivalent zu Gl. (3.90)]

Andere Bezeichnungen:

$\mathrm{ei}(x) = E_1(x)$, $\mathrm{Ei}_n(x) = E_n(x)$,

$\mathrm{li}(e^x) = \mathrm{Ei}(x)$, $\mathrm{li}(e^{-x}) = \mathrm{Ei}(-x) = -E_1(x)$;

$\mathrm{Sih}(x) = \mathrm{Shi}(x)$, $\mathrm{ci}(x) = \pm\,\mathrm{Ci}(x)$, $f(x) = F(x)$, $g(x) = G(x)$

(III) Literatur zu Kapitel 3   (Auswahl)

Abramowitz, M. and *I. A. Stegun* (1968): Handbook of Mathematical Functions. (Ch. 5: Exponential Integral and Related Functions.) NBS, U.S.Govt. Printing Office, Washington, D.C.

Böhmer, P. E. (1939): Differenzengleichungen und bestimmte Integrale. (§ V10: Exponentialintegral und Integrallogarithmus, § V12: Integralkosinus, Integralsinus und verwandte Funktionen.) Koehler, Leipzig.

Chandrasekhar, S. (1960): Radiative Transfer. (§ 92: The exponential integrals.) Dover, New York.

Erdélyi, A., W. Magnus, F. Oberhettinger, and *F. G. Tricomi* (1953): Higher Transcendental Functions, Vol. 2. (§ 9.7: The Exponential and Logarithmic Integral, § 9.8: Sine and Cosine Integrals.) McGraw-Hill, New York.

Gröbner, W. und *N. Hofreiter* (1973): Integraltafel, Teil II. (§ 327: Exponentialintegral, Integrallogarithmus, Integralsinus, Integralkosinus und verwandte Funktionen.) Springer, Wien.

Hopf, E. (1934): Mathematical Problems of Radiative Equilibrium. (§ 8: Some Properties of the Functions $E_n(x)$.) University Press, Cambridge.

Jahnke, E., F. Emde und *F. Lösch* (1960): Tafeln höherer Funktionen. (Kap. II: Die Integralexponentielle und verwandte Funktionen.) Teubner, Stuttgart.

Jeffreys, H. and *B. Jeffreys* (1972): Methods of Mathematical Physics. (§ 15.09: The Exponential and Related Integrals.) University Press, Cambridge. [$\mathrm{ei}(x) = E_1(x)$.]

Kourganoff, V. (1952): Basic Methods in Transfer Problems. (§ 36: The Exponential Integrals $E_n(t)$.) Clarendon Press, Oxford.

Kratzer, A. und *W. Franz* (1960): Transzendente Funktionen. (§ 6.9.3: Exponentialintegral, Integralsinus, Integralcosinus, Integrallogarithmus.) Akademische Verlagsgesellschaft, Leipzig.

Lebedew, N. N. (1973): Spezielle Funktionen und ihre Anwendung. (Kap. III: Exponentialintegral und verwandte spezielle Funktionen.) B.I.-Wissenschaftsverlag, Mannheim. (Übersetzung aus dem Russischen.)

Lösch, F. und *F. Schoblik* (1951): Die Fakultät (Gammafunktion) und verwandte Funktionen. (§ II3: Die Integralexponentielle und verwandte Funktionen.) Teubner, Leipzig.

Magnus, W., F. Oberhettinger, and *R. P. Soni* (1966): Formulas and Theorems for the Special Functions of Mathematical Physics. (§ 9.2.1: The Exponential and Logarithmic Integrals, § 9.2.2: Sine and Cosine Integrals.) Springer, Berlin.

Nielsen, N. (1906): Theorie des Integrallogarithmus und verwandter Transzendenten. Teubner, Leipzig.

Ryshik, I. M. und *I. S. Gradstein* (1963): Summen-, Produkt- und Integral-Tafeln. (§ 6.2: Das Exponentialintegral und verwandte Funktionen.) Deutscher Verlag der Wissenschaften, Berlin. (Übersetzung aus dem Russischen.)

Stieltjes, T. J. (1886): Recherches sur quelques séries semi-convergentes. (p. 9—18: Etude du logarithme intégral; p. 19—23: Etudes des intégrales $\int_0^\infty \sin(au)/(1+u^2)\,du\ [= V(a)]$, $\int_0^\infty u\cos(au)/(1+u^2)\,du\ [= -W(a)]$.) Oeuvres Complètes, Vol. II, Art. 49. Noordhoff, Groningen.

Tricomi, F. G. (1954): Funzioni Ipergeometriche Confluenti. (§ 4.6: L'integralesponenziale, l'integralseno e connessi.) Edizioni Cremonese, Roma.

Programm 3.1: Exponentialintegrale, Integrallogarithmus, hyperbolischer Integralsinus und -cosinus [nach rationaler Approximation]

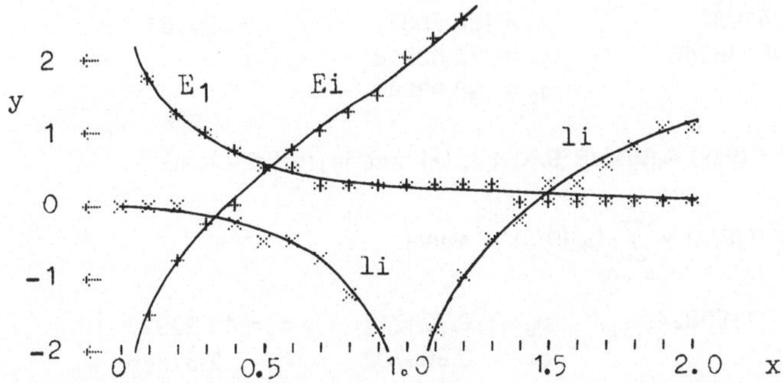

Bild 3.1-1 Exponentialintegrale E_1 und Ei und Integrallogarithmus
$y = E_1(x) = -Ei(-x)$, $y = Ei(x) = -E_1(-x)$, $y = li(x) = Ei(\ln x)$, $0 < x \leqslant 2$

(a) Algorithmus

(I) Zur Berechnung von $E_1(x)$ werden drei rationale Approximationen und eine Polynom-Approximation verwendet (Quelle: Programmsammlung eines Rechenzentrums).

(1) $x > 1$: $x \exp(x) E_1(x) = 1 - x^{-1} P(x^{-1})/Q(x^{-1}) + \epsilon_1(x)$ mit $|\epsilon_1(x)| < 2 \times 10^{-8}$,

$$P(x^{-1}) = \sum_{k=0}^{3} p_k x^{-k} \quad \text{und} \quad Q(x^{-1}) = \sum_{k=0}^{4} q_k x^{-k}, \quad \text{wobei}$$

$p_0 = .270947$	$p_2 = 3.377358$	$q_0 = .2709496$	$q_3 = 5.716943$
$p_1 = 2.052156$	$p_3 = 1$	$q_1 = 2.593888$	$q_4 = 1.072553$
		$q_2 = 6.945239$	

Die Polynome werden nach Horner ausgewertet (wie in Programm 1.2).

(2) $-3 < x \leqslant 1$: $E_1(x) = U(x) - \ln|x| + \epsilon_2(x)$ mit $|\epsilon_2(x)| < 3 \times 10^{-7}$ und $U(x) = \sum_{k=0}^{9} u_k x^k$, wobei

$u_0 = -.5772157$	$u_4 = -.01041576$	$u_8 = -1.766345 \times 10^{-6}$
$u_1 = 1$	$u_5 = .001664156$	$u_9 = 7.122452 \times 10^{-7}$
$u_2 = -.25$	$u_6 = -.0002335379$	
$u_3 = .05555682$	$u_7 = 2.928433 \times 10^{-5}$	

(3) $-9 < x \leqslant -3$: $x \exp(x) E_1(x) = 1 - R(x)/S(x) + \epsilon_3(x)$ mit $|\epsilon_3(x)| < 2 \times 10^{-7}$,

$$R(x) = \sum_{k=0}^{4} r_k x^k \quad \text{und} \quad S(x) = \sum_{k=0}^{4} s_k x^k, \quad \text{wobei}$$

$r_0 = 248.6697$	$r_3 = 3.061037$	$s_0 = 180.7837$	$s_3 = 3.995161$
$r_1 = 224.4234$	$r_4 = .05176245$	$s_1 = 22.63818$	$s_4 = 1$
$r_2 = 32.43665$		$s_2 = 38.93944$	

(4) $x \leqslant -9$: $x \exp(x) E_1(x) = 1 - (9/x) A(9/x)/B(9/x) + \epsilon_4(x)$ mit $|\epsilon_4(x)| < 4 \times 10^{-7}$,

$$A(9/x) = \sum_{k=0}^{3} a_k (9/x)^k \quad \text{und} \quad B(9/x) = \sum_{k=0}^{4} b_k (9/x)^k, \quad \text{wobei}$$

$a_0 = -1.080693$	$a_2 = .7659824$	$b_0 = -9.724217$	$b_3 = 11.22927$
$a_1 = -.7271015$	$a_3 = 1$	$b_1 = -8.666702$	$b_4 = 2.51875$
		$b_2 = 5.921405$	

(II) $Ee_1(x) = \exp(x) E_1(x)$, $Eei(x) = \exp(-x) Ei(x) = -Ee_1(-x)$

(III) $Ei(x) = -E_1(-x)$; $li(x) = Ei(\ln x)$

(IV) $Chi(x) = \frac{1}{2} [Ei(x) + Ei(-x)] = \frac{1}{2} [Ei(x) - E_1(x)]$,

$Shi(x) = \frac{1}{2} [Ei(x) - Ei(-x)] = \frac{1}{2} [Ei(x) + E_1(x)]$

(V) $V(x) = \frac{1}{2} [Eei(x) - Eei(-x)] = \frac{1}{2} [Eei(x) + Ee_1(x)]$,

$W(x) = \frac{1}{2} [Eei(x) + Eei(-x)] = \frac{1}{2} [Eei(x) - Ee_1(x)]$

Die Funktion $W(x)$ wird im allgemeinen (nämlich etwa für $|x| > 1/2$) nur ungenau berechnet: sie entsteht als Differenz von zwei Funktionen derselben Größenordnung (unter Auslöschung von führenden Ziffern).

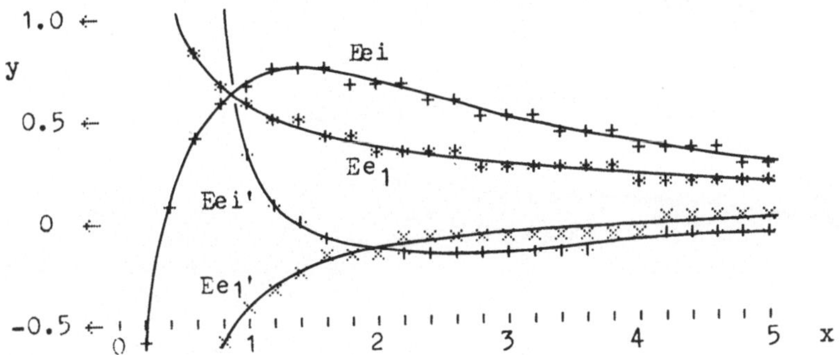

Bild 3.1-2 Exponentialintegrale Ee_1 und Eei und ihre Ableitungen
$y = Ee_1(x) = \exp(x)\, E_1(x) = -Eei(-x)$, $y = Eei(x) = \exp(-x)\, Ei(x) = -Ee_1(-x)$,
$y = Ee_1'(x) = Ee_1(x) - 1/x = Eei'(-x)$, $y = Eei'(x) = 1/x - Eei(x) = Ee_1'(-x)$, $0 < x \leqslant 5$

(b) Bedienungshinweise

Programmadreß-Tasten:

$x \rightarrow Ee_1(x)$	$x \rightarrow Eei(x)$	$x \rightarrow Shi(x)$	$x \rightarrow W(x)$	
$x \rightarrow E_1(x)$	$x \rightarrow Ei(x)$	$x \rightarrow Chi(x)$	$x \rightarrow V(x)$	

Speicherbereichsverteilung: Grundstellung
Programm laden: 3 Magnetkartenhälften einlesen (Block 1, 3, 4)
Winkelmodus: beliebig
Anzeigeformat: beliebig (zurück bleibt INV Fix)
Argument: x beliebig (auch negativ); $li(x) = Ei(\ln x)$: $x > 0$

Argumentbereich:

  (I) $E_1(x)$, $Ei(x)$, $Chi(x)$, $Shi(x)$: $-222 \leqslant x \leqslant 222$

 (II) $li(x) = Ei(\ln x)$: $10^{-96} \leqslant x \leqslant 10^{98}$

(III) $Ee_1(x)$, $Eei(x)$, $V(x)$: $-10^{98} \leqslant x \leqslant 10^{98}$

(IV) $W(x)$: etwa $-100 \leqslant x \leqslant 100$

Genauigkeit (Richtwert):

  (I) $E_1(x)$, $Ei(x)$, $Ee_1(x)$, $Eei(x)$, $Chi(x)$, $Shi(x)$, $V(x)$: $|x| \leqslant 1$: 6D/S; $|x| > 1$: 6S
       (auch für $|f(x)| < 0.1$)

 (II) $W(x)$: $|x| \leqslant 1/2$: 6S; $|x| > 1/2$: etwa 5D

(III) $li(x) = Ei(\ln x)$: $0 < x < 1$: 6S (auch für $|li(x)| < 0.1$); $x > 1$: 6D/S

Programmkenndaten:

Speicherbedarf: effektiv 236 Programmschritte, 45 Datenregister (R_{15}–R_{59})
Labels: A–D, A'–D'; abs. Adressen: ja; T-Register: verwendet; Flags: Nr. 6
SBR-Ebenen / Klammer-Ebenen / unvollständige Op.-Ebenen:

   E_1, Ee_1: 0/2/3; Ei, Eei: 1/2/3; Chi, Shi, V, W: 1/4/4

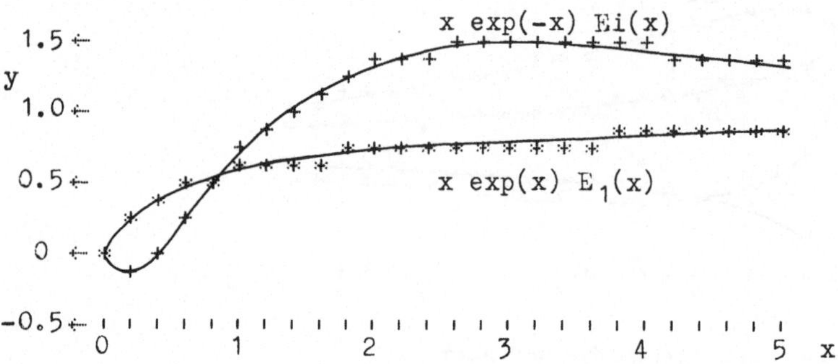

Bild 3.1-3 Exponentialintegrale Ee_1 und Eei
$y = f_1(x) = xEe_1(x) = x \exp(x) E_1(x) = f_2(-x)$,
$y = f_2(x) = xEei(x) = x \exp(-x) Ei(x) = f_1(-x)$, $0 \leqslant x \leqslant 5$ ($x \to \infty$: $y \to 1$)

(c) Checkwerte

(I) $E_1(\pi) = 0.0109063$ (Laufzeit 5 Sek.), Tastenfolge: π A;
   $E_1(-\pi) = -10.9284$ (6 Sek.); $E_1(1/\pi) = 0.862184$ (6 Sek.);
   $E_1(50\pi) = 3.82229 \times 10^{-71}$ (5 Sek.); $E_1(-50\pi) = -1.06045 \times 10^{66}$ (6 Sek.)

(II) $Ei(\pi) = 10.9284$ (6 Sek.), Tastenfolge: π B;
   $Ei(-\pi) = -0.0109063$ (5 Sek.); $Ei(1/\pi) = -0.221970$ (5 Sek.);
   $Ei(50\pi) = 1.06045 \times 10^{66}$ (6 Sek.); $Ei(-50\pi) = -3.82229 \times 10^{-71}$ (5 Sek.)

(III) $li(\pi) = Ei(\ln \pi) = 2.28982$ (6 Sek.), Tastenfolge: π ln x B;
   $li(1/\pi) = -0.173014$ (6 Sek.); $li(1000\pi) = 460.393$ (6 Sek.)

(IV) $Ee_1(\pi) = 0.252379$ (5 Sek.), Tastenfolge: π A';
   $Ee_1(-\pi) = -0.472258$ (5 Sek.); $Ee_1(1/\pi) = 1.18533$ (6 Sek.);
   $Ee_1(1000\pi) = 0.000318209$ (5 Sek.); $Ee_1(-1000\pi) = -0.000318411$ (5 Sek.)

(V) $Eei(\pi) = 0.472258$ (5 Sek.), Tastenfolge: π B';
   $Eei(-\pi) = -0.252379$ (5 Sek.); $Eei(1/\pi) = -0.161456$ (6 Sek.);
   $Eei(1000\pi) = 0.000318411$ (5 Sek.); $Eei(-1000\pi) = -0.000318209$ (5 Sek.)

(VI) $Chi(\pi) = 5.45873$ (12 Sek.), Tastenfolge: π C;
   $Chi(-\pi) = 5.45873$ (12 Sek.); $Chi(1/\pi) = -0.542077$ (12 Sek.);
   $Chi(50\pi) = 5.30224 \times 10^{65}$ (12 Sek.); $Chi(-50\pi) = 5.30224 \times 10^{65}$ (12 Sek.)

(VII) $Shi(\pi) = 5.46964$ (12 Sek.), Tastenfolge: π C';
   $Shi(-\pi) = -5.46964$ (12 Sek.); $Shi(1/\pi) = 0.320107$ (12 Sek.);
   $Shi(50\pi) = 5.30224 \times 10^{65}$ (12 Sek.); $Shi(-50\pi) = -5.30224 \times 10^{65}$ (12 Sek.)

(VIII) $V(\pi) = 0.362319$ (11 Sek.), Tastenfolge: π D;
$V(-\pi) = -0.362319$ (11 Sek.); $V(1/\pi) = 0.511938$ (12 Sek.);
$V(1000\pi) = 0.000318310$ (12 Sek.); $V(-1000\pi) = -0.000318310$ (12 Sek.)

(IX) $W(\pi) = 0.109939$ (11 Sek.), Tastenfolge: π D';
$W(-\pi) = 0.109939$ (11 Sek.); $W(1/\pi) = -0.673394$ (12 Sek.);
$W(100\pi) = 0.000010$ (12 Sek.); $W(-100\pi) = 0.000010$ (12 Sek.)

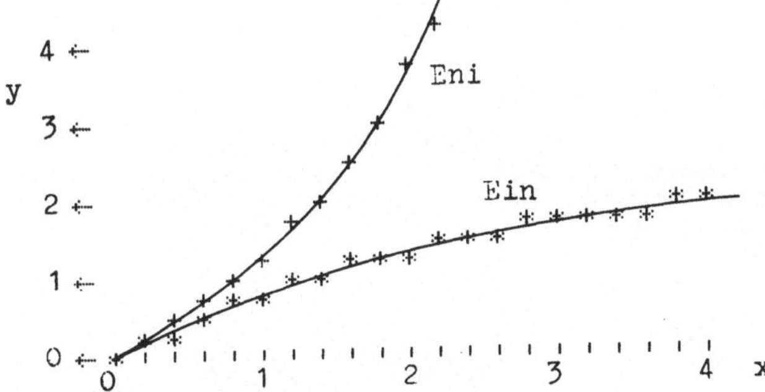

Bild 3.1-4 Exponentialintegrale Ein und Eni
$y = Ein(x) = E_1(x) + \ln|x| + \gamma = -Eni(-x)$,
$y = Eni(x) = Ei(x) - \ln|x| - \gamma = -Ein(-x)$, $0 \leqslant x \leqslant 4$

(d) Datenregister

Das Programm wird in Grundstellung der Speicherbereichsverteilung eingelesen und benutzt effektiv
45 Datenregister (R_{15}–R_{59}).
Andere Zählung: das eigentliche Programm benötigt 596 Schritte und keine Datenregister. Während
der Ausführung schaltet das Programm vorübergehend auf die Verteilung 879.09 und benutzt
Block 3 und 4 als Programmteil.

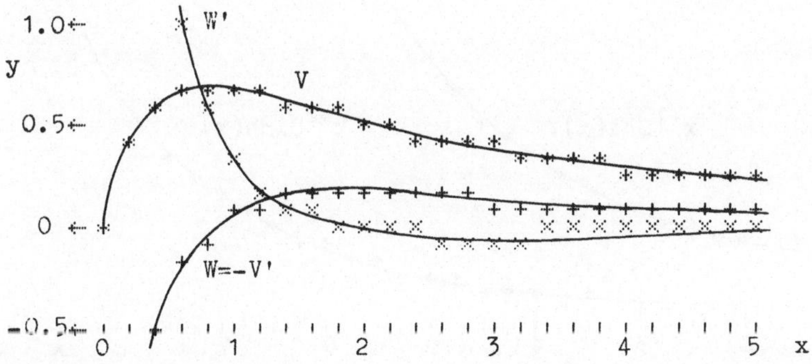

Bild 3.1-5 Exponentialintegrale V und W und ihre Ableitungen
$y = V(x) = -V(-x)$, $y = W(x) = W(-x) = -V'(x)$, $y = W'(x) = 1/x - V(x)$, $0 \leqslant x \leqslant 5$

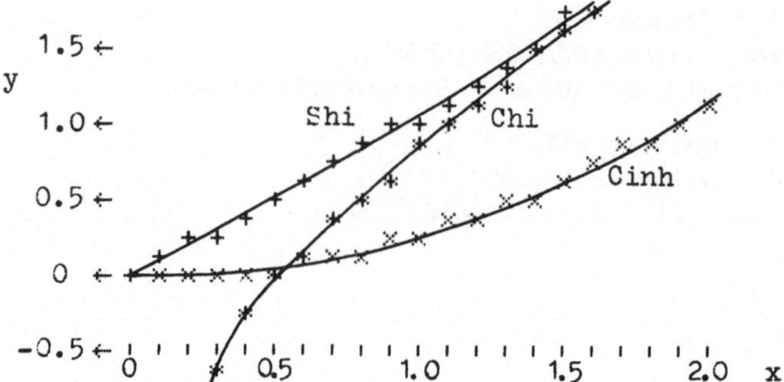

Bild 3.1-6 Hyperbolischer Integralsinus und -cosinus
$y = \mathrm{Chi}(x) = \mathrm{Chi}(-x)$, $y = \mathrm{Shi}(x) = -\mathrm{Shi}(-x)$,
$y = \mathrm{Cinh}(x) = \mathrm{Chi}(x) - \ln|x| - \gamma = \mathrm{Cinh}(-x)$, $0 \leqslant x \leqslant 2$

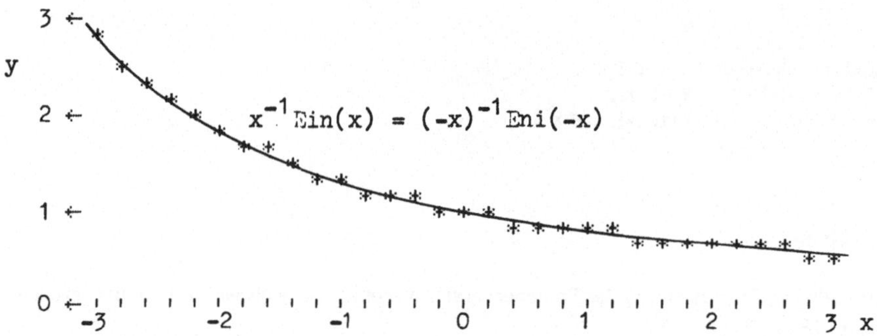

Bild 3.1-7 Exponentialintegrale Ein und Eni
$y = x^{-1}\,\mathrm{Ein}(x) = (-x)^{-1}\,\mathrm{Eni}(-x)$, $-3 \leqslant x \leqslant 3$

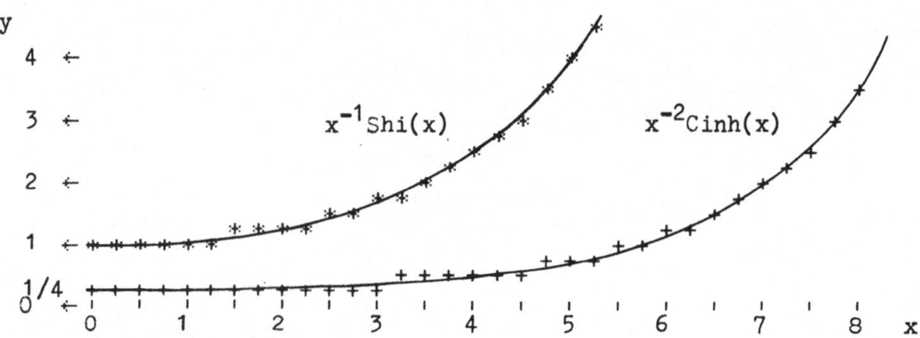

Bild 3.1-8 Hyperbolischer Integralsinus und -cosinus
$y = x^{-1}\,\mathrm{Shi}(x)$, $y = x^{-2}\,\mathrm{Cinh}(x)$, $0 \leqslant x \leqslant 8$

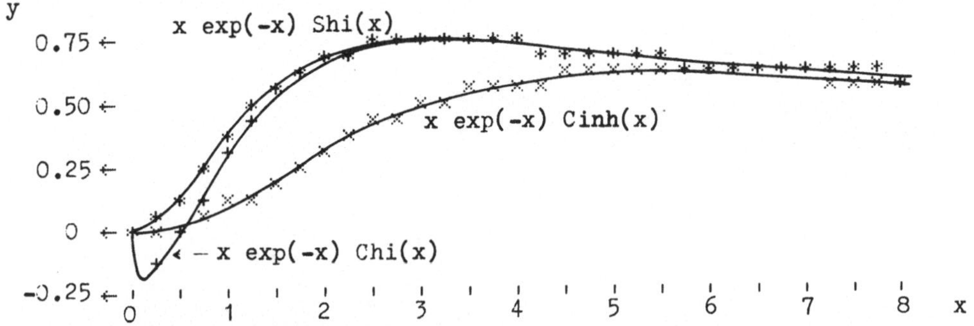

Bild 3.1-9 Hyperbolischer Integralsinus und -cosinus
$y = x \exp(-x)\, \mathrm{Shi}(x)$, $y = x \exp(-x)\, \mathrm{Chi}(x)$, $y = x \exp(-x)\, \mathrm{Cinh}(x)$, $0 \leqslant x \leqslant 8$ $(x \to \infty: y \to 1/2)$

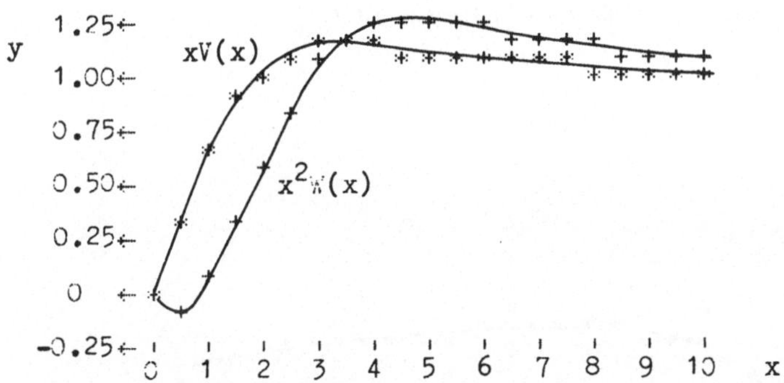

Bild 3.1-10 Exponentialintegrale V und W
$y = x\,V(x)$, $y = x^2 W(x)$, $0 \leqslant x \leqslant 10$ $(x \to \infty: y \to 1)$

Tabelle 3.1-1 Exponentialintegrale E_1 und Ei und Integrallogarithmus
$E_1(x)$, $\mathrm{Ei}(x)$, $\mathrm{li}(x)$, $x = 2(.1)3$, 6S

x	$E_1(x)$	$\mathrm{Ei}(x)$	$\mathrm{li}(x)$
2.0	0.0489005	4.95423	1.04516
2.1	0.0426143	5.33324	1.18454
2.2	0.0371911	5.73261	1.31524
2.3	0.0325023	6.15438	1.43860
2.4	0.0284403	6.60067	1.55567
2.5	0.0249149	7.07376	1.66729
2.6	0.0218502	7.57611	1.77414
2.7	0.0191819	8.11035	1.87677
2.8	0.0168553	8.67930	1.97564
2.9	0.0148240	9.28602	2.07114
3.0	0.0130484	9.93383	2.16359

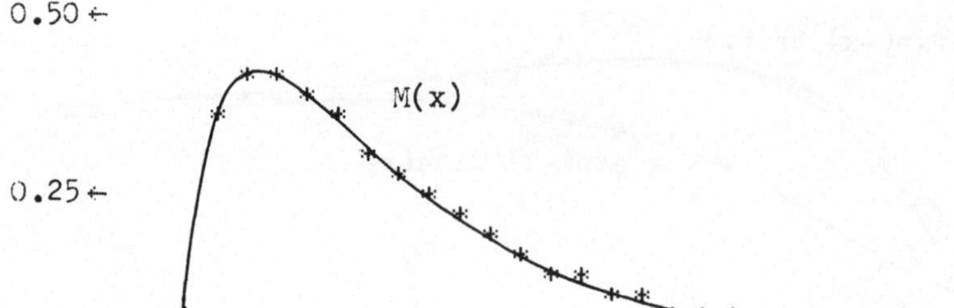

Bild 3.1-11 Exponentialintegral M

$y = M(x) = [\mathrm{Shi}(x)]^2 - [\mathrm{Chi}(x)]^2 = [V(x)]^2 - [W(x)]^2 = E_1(x)\,\mathrm{Ei}(x) = \mathrm{Ee}_1(x)\,\mathrm{Eei}(x) = M(-x),\; 0 < x \leqslant 5.$

Integraldarstellungen:

$$M(x) = -\int_0^\infty t^{-1} \ln(|1 - t^2|)\exp(-xt)\,dt = -\int_0^\infty t^{-1}\ln(|1 - x^{-2}t^2|)\exp(-t)\,dt =$$

$$= 2\int_x^\infty t^{-1}W(t)\,dt = 2x^{-1}V(x) - 2\int_x^\infty t^{-2}V(t)\,dt \qquad (x > 0)$$

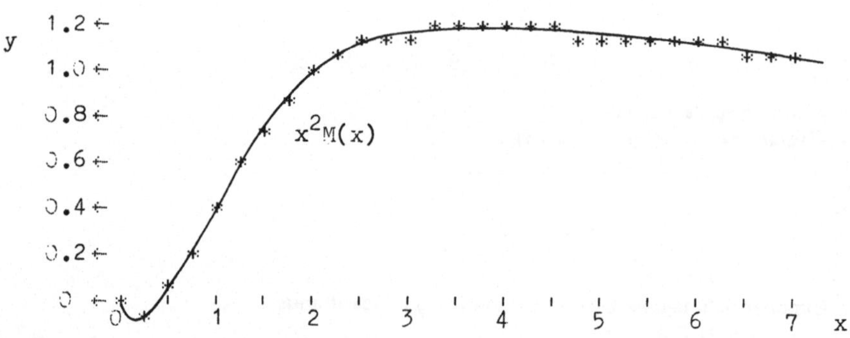

Bild 3.1-12 Exponentialintegral M

$y = x^2 M(x),\; 0 \leqslant x \leqslant 7 \quad (x \to \infty:\; y \to 1)$

Tabelle 3.1-2 Exponentialintegrale V und W, hyperbolischer Integralsinus und -cosinus
$V(x)$, $W(x)$, $Chi(x)$, $Shi(x)$, $x = 2(.1)3$, 6S

x	$V(x)$	$W(x)$	$Chi(x)$	$Shi(x)$
2.0	0.515906	0.154577	2.45267	2.50157
2.1	0.500542	0.152546	2.64531	2.68792
2.2	0.485421	0.149771	2.84771	2.88490
2.3	0.470607	0.146424	3.06094	3.09344
2.4	0.456151	0.142649	3.28611	3.31455
2.5	0.442088	0.138562	3.52442	3.54934
2.6	0.428445	0.134260	3.77713	3.79898
2.7	0.415241	0.129819	4.04558	4.06476
2.8	0.402484	0.125305	4.33122	4.34808
2.9	0.390180	0.120767	4.63560	4.65042
3.0	0.378330	0.116246	4.96039	4.97344

(e) Eingabe des Programms

Speicherbereichsverteilung durch 1 Op 17 einstellen auf 879.09. Programm eintasten. (Eingabe des Befehls HIR: Anhang A.) Speicherbereichsverteilung durch 6 Op 17 auf Grundstellung setzen. Block 1, 3 und 4 auf je eine Magnetkartenhälfte aufzeichnen.

Programmstruktur:

Schritt
016–145 $x \exp(x) E_1(x)$, $x > 1$
619–741 $x \exp(x) E_1(x)$, $-9 < x \leqslant -3$
742–839 $x \exp(x) E_1(x)$, $x \leqslant -9$
485–613 $E_1(x)$, $-3 < x \leqslant 1$
006–008 $Ei(x)$
012–013 Vorbereitung für $Ee_1(x)$, 002–003 Vorbereitung für $Eei(x)$
188–200 $Chi(x)$, 177–182 Vorbereitung für $Shi(x)$
159–163 Vorbereitung für $V(x)$, 169–171 Vorbereitung für $W(x)$

(f) Funktions-Anwendungen

- *Beispiel 3.1-1:* Man berechne das Integral $I = \int_0^\infty (2 + t)^{-1} \exp(-3t)\, dt$. —

Aus Gl. (3.19) oder (3.27) folgt $\int_0^\infty (b + t)^{-1} \exp(-at)\, dt = \exp(ab)\, E_1(ab) = Ee_1(ab)$.

Somit ist $I = Ee_1(6) = 0.145268$, Tastenfolge: 6 A'

- *Beispiel 3.1-2:* Man berechne das Integral $K = \text{P.V.} \int_0^\infty (2 - t)^{-1} \exp(-3t)\, dt$. —

Aus Gl. (3.23) oder (3.33) folgt $\text{P.V.} \int_0^\infty (b - t)^{-1} \exp(-at)\, dt = \exp(-ab)\, Ei(ab) = Eei(ab)$.

Somit ist $K = Eei(6) = 0.213147$, Tastenfolge: 6 B'

1. Liste zu Programm 3.1

000	76	LBL	059	65	×	118	08	8	177	29	CP
001	17	B'	060	32	X:T	119	08	8	178	67	EQ
002	86	STF	061	85	+	120	08	8	179	02	2
003	06	6	062	93	.	121	54	)	180	01	01
004	76	LBL	063	02	2	122	53	(	181	11	A
005	12	B	064	07	7	123	32	X:T	182	94	+/-
006	94	+/-	065	00	0	124	65	×	183	61	GTO
007	11	A	066	09	9	125	32	X:T	184	01	1
008	94	+/-	067	04	4	126	85	+	185	89	89
009	92	RTN	068	07	7	127	93	.	186	76	LBL
010	76	LBL	069	09	9	128	02	2	187	13	C
011	16	A'	070	54	)	129	07	7	188	11	A
012	86	STF	071	55	÷	130	00	0	189	53	(
013	06	6	072	53	(	131	09	9	190	53	(
014	76	LBL	073	32	X:T	132	04	4	191	94	+/-
015	11	A	074	65	×	133	09	9	192	75	-
016	22	INV	075	32	X:T	134	06	6	193	82	HIR
017	58	FIX	076	01	1	135	54	)	194	18	18
018	82	HIR	077	93	.	136	65	×	195	94	+/-
019	08	8	078	00	0	137	32	X:T	196	11	A
020	32	X:T	079	07	7	138	75	-	197	54	)
021	01	1	080	02	2	139	06	6	198	55	÷
022	69	OP	081	05	5	140	69	OP	199	02	2
023	17	17	082	05	5	141	17	17	200	54	)
024	01	1	083	03	3	142	01	1	201	92	RTN
025	53	(	084	85	+	143	54	)	202	69	OP
026	53	(	085	05	5	144	53	(	203	17	17
027	77	GE	086	93	.	145	94	+/-	204	32	X:T
028	04	4	087	07	7	146	55	÷	205	50	I×I
029	80	80	088	01	1	147	82	HIR	206	23	LNX
030	32	X:T	089	06	6	148	18	18	207	54	)
031	35	1/X	090	09	9	149	87	IFF	208	22	INV
032	85	+	091	04	4	150	06	6	209	87	IFF
033	32	X:T	092	03	3	151	02	2	210	06	6
034	03	3	093	54	)	152	18	18	211	02	2
035	93	.	094	53	(	153	55	÷	212	21	21
036	03	3	095	32	X:T	154	61	GTO	213	65	×
037	07	7	096	65	×	155	02	2	214	82	HIR
038	07	7	097	32	X:T	156	14	14	215	18	18
039	03	3	098	85	+	157	76	LBL	216	22	INV
040	05	5	099	06	6	158	14	D	217	23	LNX
041	08	8	100	93	.	159	29	CP	218	22	INV
042	54	)	101	09	9	160	67	EQ	219	86	STF
043	53	(	102	04	4	161	18	C'	220	06	6
044	32	X:T	103	05	5	162	16	A'	221	54	)
045	65	×	104	02	2	163	94	+/-	222	92	RTN
046	32	X:T	105	03	3	164	61	GTO	223	32	X:T
047	85	+	106	09	9	165	01	1	224	75	-
048	02	2	107	54	)	166	70	70	225	09	9
049	93	.	108	53	(	167	76	LBL	226	93	.
050	00	0	109	32	X:T	168	19	D'	227	07	7
051	05	5	110	65	×	169	16	A'	228	02	2
052	02	2	111	32	X:T	170	86	STF	229	04	4
053	01	1	112	85	+	171	06	6	230	02	2
054	05	5	113	02	2	172	61	GTO	231	01	1
055	06	6	114	93	.	173	01	1	232	07	7
056	54	)	115	05	5	174	89	89	233	61	GTO
057	53	(	116	09	9	175	76	LBL	234	01	1
058	32	X:T	117	03	3	176	18	C'	235	35	35

2. Liste zu Programm 3.1

480	03	3	540	01	1	600	75	−	660	02	2
481	94	+/−	541	06	6	601	93	.	661	02	2
482	77	GE	542	06	6	602	05	5	662	04	4
483	06	6	543	93	.	603	07	7	663	93	.
484	14	14	544	04	4	604	07	7	664	04	4
485	32	X:T	545	01	1	605	02	2	665	02	2
486	65	×	546	05	5	606	01	1	666	03	3
487	32	X:T	547	06	6	607	05	5	667	04	4
488	93	.	548	54	)	608	07	7	668	54	)
489	00	0	549	53	(	609	75	−	669	53	(
490	07	7	550	32	X:T	610	06	6	670	32	X:T
491	01	1	551	65	×	611	61	GTO	671	65	×
492	02	2	552	32	X:T	612	02	2	672	32	X:T
493	02	2	553	75	−	613	02	02	673	85	+
494	04	4	554	01	1	614	09	9	674	02	2
495	05	5	555	00	0	615	94	+/−	675	04	4
496	02	2	556	04	4	616	77	GE	676	08	8
497	75	−	557	01	1	617	07	7	677	93	.
498	93	.	558	93	.	618	42	42	678	06	6
499	01	1	559	05	5	619	32	X:T	679	06	6
500	07	7	560	07	7	620	65	×	680	09	9
501	06	6	561	06	6	621	32	X:T	681	07	7
502	06	6	562	54	)	622	93	.	682	54	)
503	03	3	563	53	(	623	00	0	683	55	÷
504	04	4	564	32	X:T	624	05	5	684	53	(
505	05	5	565	65	×	625	01	1	685	32	X:T
506	54	)	566	32	X:T	626	07	7	686	85	+
507	53	(	567	85	+	627	06	6	687	32	X:T
508	32	X:T	568	05	5	628	02	2	688	03	3
509	65	×	569	05	5	629	04	4	689	93	.
510	32	X:T	570	05	5	630	05	5	690	09	9
511	85	+	571	05	5	631	85	+	691	09	9
512	02	2	572	93	.	632	03	3	692	05	5
513	93	.	573	06	6	633	93	.	693	01	1
514	09	9	574	08	8	634	00	0	694	06	6
515	02	2	575	02	2	635	06	6	695	01	1
516	08	8	576	54	)	636	01	1	696	54	)
517	04	4	577	53	(	637	00	0	697	53	(
518	03	3	578	32	X:T	638	03	3	698	32	X:T
519	03	3	579	65	×	639	07	7	699	65	×
520	54	)	580	32	X:T	640	54	)	700	32	X:T
521	53	(	581	55	÷	641	53	(	701	85	+
522	32	X:T	582	05	5	642	32	X:T	702	03	3
523	65	×	583	22	INV	643	65	×	703	08	8
524	32	X:T	584	28	LOG	644	32	X:T	704	93	.
525	75	−	585	75	−	645	85	+	705	09	9
526	02	2	586	04	4	646	03	3	706	03	3
527	03	3	587	35	1/X	647	02	2	707	09	9
528	93	.	588	54	)	648	93	.	708	04	4
529	03	3	589	53	(	649	04	4	709	04	4
530	05	5	590	32	X:T	650	03	3	710	54	)
531	03	3	591	65	×	651	06	6	711	53	(
532	07	7	592	32	X:T	652	06	6	712	32	X:T
533	09	9	593	85	+	653	05	5	713	65	×
534	54	)	594	01	1	654	54	)	714	32	X:T
535	53	(	595	54	)	655	53	(	715	85	+
536	32	X:T	596	53	(	656	32	X:T	716	02	2
537	65	×	597	32	X:T	657	65	×	717	02	2
538	32	X:T	598	65	×	658	32	X:T	718	93	.
539	85	+	599	32	X:T	659	85	+	719	06	6

3. Liste zu Programm 3.1

720	03	3	750	05	5	780	06	6	810	85	+
721	08	8	751	09	9	781	09	9	811	05	5
722	01	1	752	08	8	782	03	3	812	93	.
723	08	8	753	02	2	783	54	)	813	09	9
724	54	)	754	04	4	784	55	÷	814	02	2
725	53	(	755	54	)	785	53	(	815	01	1
726	32	X:T	756	53	(	786	32	X:T	816	04	4
727	65	×	757	32	X:T	787	65	×	817	00	0
728	32	X:T	758	65	×	788	32	X:T	818	05	5
729	85	+	759	32	X:T	789	02	2	819	54	)
730	01	1	760	75	−	790	93	.	820	53	(
731	08	8	761	93	.	791	05	5	821	32	X:T
732	00	0	762	07	7	792	01	1	822	65	×
733	93	.	763	02	2	793	08	8	823	32	X:T
734	07	7	764	07	7	794	07	7	824	75	−
735	08	8	765	01	1	795	05	5	825	08	8
736	03	3	766	00	0	796	85	+	826	93	.
737	07	7	767	01	1	797	01	1	827	06	6
738	54	)	768	05	5	798	01	1	828	06	6
739	61	GTD	769	54	)	799	93	.	829	06	6
740	01	1	770	53	(	800	02	2	830	07	7
741	38	38	771	32	X:T	801	02	2	831	00	0
742	09	9	772	65	×	802	09	9	832	02	2
743	55	÷	773	32	X:T	803	02	2	833	54	)
744	32	X:T	774	75	−	804	07	7	834	53	(
745	85	+	775	01	1	805	54	)	835	32	X:T
746	32	X:T	776	93	.	806	53	(	836	65	×
747	93	.	777	00	0	807	32	X:T	837	61	GTD
748	07	7	778	08	8	808	65	×	838	02	2
749	06	6	779	00	0	809	32	X:T	839	23	23

● *Beispiel 3.1-3:* Mit den Identitäten $\mathrm{Shi}(x) - \mathrm{Chi}(x) = E_1(x)$ und $\mathrm{Shi}(x) + \mathrm{Chi}(x) = \mathrm{Ei}(x)$ teste man die entsprechenden Routinen (Testwert: $x = 1.2$). −
Es ist $\mathrm{Shi}(1.2) - \mathrm{Chi}(1.2) = 0.158408$, Tastenfolge: 1.2 C′ − 1.2 C =, und $E_1(1.2) = 0.158408$, Tastenfolge: 1.2 A; ferner ist $\mathrm{Shi}(1.2) + \mathrm{Chi}(1.2) = 2.44209$, Tastenfolge: 1.2 C′ + 1.2 C =, und $\mathrm{Ei}(1.2) = 2.44209$, Tastenfolge: 1.2 B

● *Beispiel 3.1-4:* Man berechne $\mathrm{Ein}(x) = \int_0^x t^{-1}[1 - \exp(-t)]\,dt$ und $\mathrm{Cinh}(x) = \int_0^x t^{-1}[\cosh(t) - 1]\,dt$ für $x = 5$. −

Es gilt $\mathrm{Ein}(x) = E_1(x) + \ln|x| + \gamma$ und $\mathrm{Cinh}(x) = \mathrm{Chi}(x) - \ln|x| - \gamma$ (mit $\gamma = 0.5772156649\ldots$); zur Berechnung dient die folgende Zusatzroutine (Aufruf: Ein mit Taste E, Cinh mit Taste E′).

240	76	LBL	251	43	RCL	262	05	5	273	53	(
241	15	E	252	00	00	263	07	7	274	13	C
242	29	CP	253	50	I×I	264	54	)	275	75	-
243	67	EQ	254	23	LNX	265	92	RTN	276	43	RCL
244	02	2	255	85	+	266	76	LBL	277	00	00
245	65	65	256	93	.	267	10	E'	278	50	I×I
246	42	STO	257	05	5	268	29	CP	279	23	LNX
247	00	00	258	07	7	269	67	EQ	280	75	-
248	53	(	259	07	7	270	15	E	281	61	GTO
249	11	A	260	02	2	271	42	STO	282	02	2
250	85	+	261	01	1	272	00	00	283	56	56

Damit erhält man $Ein(5) = 2.18780$, Tastenfolge: 5 E, und $Cinh(5) = 17.9054$, Tastenfolge: 5 E'

- *Beispiel 3.1-5:* Man berechne $Eni(x) = \int\limits_0^x t^{-1}\,[\exp(t) - 1]\,dt$ für x = 5. —

Es gilt $Eni(x) = Ei(x) - \ln|x| - \gamma = - Ein(-x)$. Mit obiger Zusatzroutine [für $Ein(x)$] erhält man
$Eni(5) = - Ein(-5) = 37.9986$, Tastenfolge: 5 +/− E +/−

- *Beispiel 3.1-6:* Mit den Identitäten $Shi(x) - Cinh(x) = Ein(x)$ und $Shi(x) + Cinh(x) =$
= $Eni(x) = - Ein(-x)$ teste man die entsprechenden Routinen (Testwert: x = 1.2). —
Mit obiger Zusatzroutine kommt $Shi(1.2) - Cinh(1.2) = 0.917946$, Tastenfolge: 1.2 C' − 1.2 E' =,
und $Ein(1.2) = 0.917946$, Tastenfolge: 1.2 E; ferner $Shi(1.2) + Cinh(1.2) = 1.68255$,
Tastenfolge: 1.2 C' + 1.2 E' = , und $Eni(1.2) = - Ein(-1.2) = 1.68255$, Tastenfolge: 1.2 +/− E +/−

- *Beispiel 3.1-7:* Mit den Identitäten $V(x) - W(x) = \exp(x)\,E_1(x) = Ee_1(x)$ und
$V(x) + W(x) = \exp(-x)\,Ei(x) = Eei(x)$ teste man die entsprechenden Routinen (Testwert: x = 1.2). -
Man erhält $V(1.2) - W(1.2) = 0.525935$, Tastenfolge: 1.2 D − 1.2 D' =, und $Ee_1(1.2) = 0.525935$,
Tastenfolge: 1.2 A'; ferner $V(1.2) + W(1.2) = 0.735544$, Tastenfolge: 1.2 D + 1.2 D' = , und
$Eei(1.2) = 0.735544$, Tastenfolge: 1.2 B'

- *Beispiel 3.1-8:* Mit den Identitäten $V(x) = Shi(x)\cosh(x) - Chi(x)\sinh(x)$ und
$W(x) = Chi(x)\cosh(x) - Shi(x)\sinh(x)$ teste man die entsprechenden Routinen (Testwert: x = 1.2). —
Zur Berechnung der Hyperbelfunktionen $\cosh(x) = \frac{1}{2}[\exp(x) + \exp(-x)]$ und
$\sinh(x) = \frac{1}{2}[\exp(x) - \exp(-x)]$ dient die folgende Zusatzroutine (Aufruf: cosh mit Taste E,
sinh mit Taste E'):

240	76	LBL	246	85	+	252	53	(	258	54	)
241	15	E	247	61	GTO	253	53	(	259	55	÷
242	53	(	248	02	2	254	22	INV	260	02	2
243	53	(	249	57	57	255	23	LNX	261	54	)
244	22	INV	250	76	LBL	256	75	-	262	92	RTN
245	23	LNX	251	10	E'	257	35	1/X			

Man erhält $V(1.2) = 0.630739$, Tastenfolge: 1.2 D, und $Shi(1.2)\cosh(1.2) - Chi(1.2)\sinh(1.2) -$
= 0.630739, Tastenfolge: 1.2 C' × 1.2 E − 1.2 C × 1.2 E' =; ferner $W(1.2) = 0.104805$,
Tastenfolge: 1.2 D', und $Chi(1.2)\cosh(1.2) - Shi(1.2)\sinh(1.2) = 0.104805$,
Tastenfolge: 1.2 C × 1.2 E − 1.2 C' × 1.2 E' =

- *Beispiel 3.1-9:* Mit den Identitäten $V(x) \sinh(x) + W(x) \cosh(x) = \mathrm{Chi}(x)$ und
  $V(x) \cosh(x) + W(x) \sinh(x) = \mathrm{Shi}(x)$ teste man die entsprechenden Routinen (Testwert: $x = 1.2$). —
  Mit obiger Zusatzroutine für cosh, sinh kommt $V(1.2) \sinh(1.2) + W(1.2) \cosh(1.2) = 1.14184$,
  Tastenfolge: 1.2 D X 1.2 E' + 1.2 D' X 1.2 E =, und $\mathrm{Chi}(1.2) = 1.14184$, Tastenfolge: 1.2 C;
  ferner $V(1.2) \cosh(1.2) + W(1.2) \sinh(1.2) = 1.30025$, Tastenfolge: 1.2 D X 1.2 E + 1.2 D' X 1.2 E' =,
  und $\mathrm{Shi}(1.2) = 1.30025$, Tastenfolge: 1.2 C'

- *Beispiel 3.1-10:* Man bestimme den Wendepunkt der Kurve $y = \mathrm{Ei}(x)$ (vgl. Bild 3.1-1). —
  Aus Gl. (3.26) folgt $d^2y/dx^2 = 0$ für $x = 1$. Somit liegt der Wendepunkt bei $x = 1$,
  $y = \mathrm{Ei}(1) = 1.89512$, Tastenfolge: 1 B

- *Beispiel 3.1-11:* Man teste die Ei-Routine mit der Beziehung $\mathrm{li}(x_0) = 0$, wobei $x_0 = 1.4513692\ldots$ —
  Es ist $\mathrm{li}(x) = \mathrm{Ei}(\ln x)$, somit ist zu testen $\mathrm{Ei}(x_1) = 0$, wobei $x_1 = \ln x_0 = 0.3725074\ldots$
  Man erhält $\mathrm{Ei}(0.3725074) = 3 \times 10^{-8} \approx 0$.

- *Beispiel 3.1-12:* Mit der Beziehung $\lim\limits_{x \to 0} [W(x) - \ln|x|] = \gamma \ (= 0.5772\ldots)$ teste man die W-Routine. —
  Für die Testgröße $T(x) = W(x) - \ln|x|$ erhält man: $T(0.1) = 0.56107$, $T(0.01) = 0.57694$,
  $T(0.001) = 0.57721$, Tastenfolge: .001 D' − .001 ln x =

- *Beispiel 3.1-13:* Es gilt $\mathrm{li}(10^{10}) = 4.55055614586 \times 10^8$ (Stieltjes). Damit teste man die Ei-Routine. —
  Es ist $\mathrm{li}(10^{10}) = \mathrm{Ei}(\ln 10^{10}) = 4.55056 \times 10^8$, Tastenfolge: 10 INV log ln x B

- *Beispiel 3.1-14:* Die Nullstelle von $W(x)$ liegt bei $x_0 \approx 0.879$ (Stieltjes). Damit teste man die
  W-Routine. (Vgl. Bild 3.1-5.) —
  Es ist $W(0.879) = -0.00004 \approx 0$, Tastenfolge: .879 D'

- *Beispiel 3.1-15:* Das Maximum von $W(x)$ liegt bei $x_1 \approx 1.85986$ (Stieltjes). Man teste damit die
  V-Routine und berechne den Maximalwert $W_{max} = W(x_1)$. —
  Nach Bild 3.1-5 ist $W'(x) = 1/x - V(x)$, somit gilt an der Stelle des Maximums: $1/x_1 - V(x_1) = 0$,
  Test: $1/1.85986 - V(1.85986) = -0.000002 \approx 0$, Tastenfolge: 1.85986 1/x − 1/x D =; der zuge-
  hörige Funktionswert ist $W_{max} \approx W(1.85986) = 0.15575$, Tastenfolge: 1.85986 D'

- *Beispiel 3.1-16:* Mit der Beziehung (vgl. Bild 3.1-11) $M(x) = [\mathrm{Shi}(x)]^2 - [\mathrm{Chi}(x)]^2 =$
  $= [V(x)]^2 - [W(x)]^2 = E_1(x)\,\mathrm{Ei}(x) = Ee_1(x)\,Eei(x)$ teste man die entsprechenden Routinen
  (Testwert: $x = 1$). —
  Es ist $M(1) = [\mathrm{Shi}(1)]^2 - [\mathrm{Chi}(1)]^2 = [V(1)]^2 - [W(1)]^2 = E_1(1)\,\mathrm{Ei}(1) = Ee_1(1)\,Eei(1) = 0.415759$;
  Tastenfolge für den letzten Fall: 1 A' X 1 B' =

- *Beispiel 3.1-17:* Man bestimme die positive Nullstelle von $M(x)$ (vgl. Bild 3.1-11). —
  Wegen $M(x) = E_1(x)\,\mathrm{Ei}(x)$ ist $M(x) = 0$ dort, wo $\mathrm{Ei}(x) = 0$ [da $E_1(x) \neq 0$ für $x > 0$];
  nach Beispiel 3.1-11 ist dies bei $x_1 \approx 0.3725074$. Test mit $M(x) = [\mathrm{Shi}(x)]^2 - [\mathrm{Chi}(x)]^2$:
  $M(0.3725074) = 0.00000002 \approx 0$, Tastenfolge: .3725074 C' x² − .3725074 C x² =

- *Beispiel 3.1-18:* Man bestimme das Maximum von $M(x)$ (vgl. Bild 3.1-11). —
  Nach Gl. (3.59a) ist $dM/dx = 0$ dort, wo $W(x) = 0$; nach Beispiel 3.1-14 ist dies bei $x_0 \approx 0.879$.
  Der zugehörige Funktionswert ist $M_{max} \approx M(0.879) = Ee_1(0.879)\,Eei(0.879) = 0.422$,
  Tastenfolge: .879 A' X .879 B' =

Programm 3.2: Exponentialintegrale höherer Ordnung
[nach rationaler Approximation und Vorwärtsrekursion]

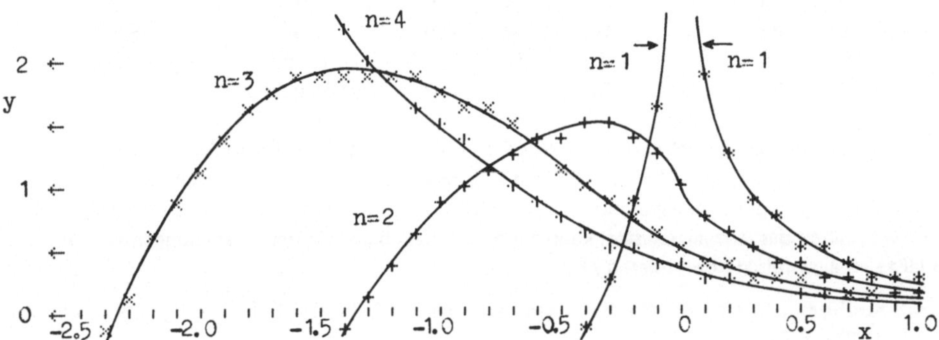

Bild 3.2-1 Exponentialintegrale der Ordnung 1 bis 4
$y = E_n(x)$, $n = 1(1)4$, $-2.5 \leqslant x \leqslant 1$

(a) Algorithmus

(I) $E_0(x) = x^{-1} \exp(x)$

(II) $E_1(x)$: wie bei Programm 3.1, jedoch nur für $x \geqslant -3$

(III) $E_n(x)$ $(n = 2, 3, 4, \ldots)$ wird rekursiv nach Gl. (3.8) berechnet:

$$E_n(x) = (n-1)^{-1} [\exp(-x) - x\, E_{n-1}(x)]$$

Diese Vorwärtsrekursion ist bekanntlich nur für $x < n$ stabil: durch unvermeidliche Rundungs-
fehler wird auch der homogene Lösungsanteil der Differenzengleichung (3.8), nämlich
$(-1)^n x^n / (n-1)!$, in die Rekursion eingeschleppt und dominiert für $x > n$ gegenüber dem ge-
suchten partikulären Lösungsanteil $E_n(x)$. Die Erfahrung zeigt, daß die Vorwärtsrekursion für
$x \leqslant 5$ brauchbar ist; für $x > 5$ wächst der Fehler mit jedem Rekursionsschritt (Abramowitz-
Stegun § 5.3).

(b) Bedienungshinweise

Programmadreß-Tasten:

n	$x \to E_n(x)$	NEXT E_n		

Speicherbereichsverteilung: Grundstellung
Programm laden: 2 Magnetkartenhälften einlesen (Block 1 und 3)
Winkelmodus: beliebig
Anzeigeformat: beliebig (zurück bleibt INV Fix)
Argument: $n = 0, 1, 2, \ldots$; $x \geqslant -3$
Argumentbereich: etwa $0 \leqslant n \leqslant 10$, $-3 \leqslant x \leqslant 10$

Genauigkeit (Richtwert): 5 – 6S (auch für $|E_n(x)| < 0.1$):

	n = 0	n = 1	n = 2	n = 3	n = 4	$5 \leqslant n \leqslant 10$	$11 \leqslant n \leqslant 20$
$-3 \leqslant x \leqslant 5$:	6S	6S	6S	6S	6S	6S	6S
$5 < x \leqslant 10$:	6S	6S	6S	5S	5S	5S	5S
$10 < x \leqslant 20$:	6S	6S	6S	5S	3S	1–2S	unbrauchbar
$20 < x \leqslant 100$:	6S	6S	5S	4S	2S	unbrauchbar	unbrauchbar

Besondere Einrichtung: Einzelrekursion (NEXT E_n). Der zuletzt berechnete Funktionswert $E_n(x)$ bleibt intern gespeichert; wenn für den gleichen Argumentwert x der nächste Funktionswert $E_{n+1}(x)$ gewünscht wird, genügt der zeitsparende Aufruf NEXT E_n durch Taste C. (Dieser Aufruf ist unabhängig vom Inhalt des Anzeigeregister, kann auch nach beliebigen Zwischenrechnungen erfolgen und läßt sich algebraisch kombinieren.)

● *Beispiel zur Einzelrekursion* (NEXT E_n): Man berechne $P = E_2(1.2) + E_3(1.2) + E_4(1.2)$ und $Q = 4\,E_2(1.8) + 6\,E_3(1.8) + 10\,E_5(1.8)$.–
Nach Eingabe von n = 2 durch die Tastenfolge 2 A erhält man P = 0.261863 mit der Tastenfolge:
1.2 B + C + C = und ferner Q = 0.697387 mit der Tastenfolge: 4 X 1.8 B + 6 X C + 10 X C C =

Bemerkung: Ohne die komfortable Einzelrekursion würde man längere Rechenzeit benötigen (aber dasselbe Ergebnis erhalten), etwa im letzten Fall Q = 0.697387 mit der umständlichen Tastenfolge: 4 X 2 A 1.8 B + 6 X 3 A 1.8 B + 10 X 5 A 1.8 B =

Programmkenndaten:

Speicherbedarf: effektiv 232 Programmschritte, 21 Datenregister (R_{24}–R_{44})
Labels: A–C; abs. Adressen: ja; T-Register: verwendet; Flags: keine
SBR-Ebenen / Klammer-Ebenen / unvollständige Op.-Ebenen: 1/2/2

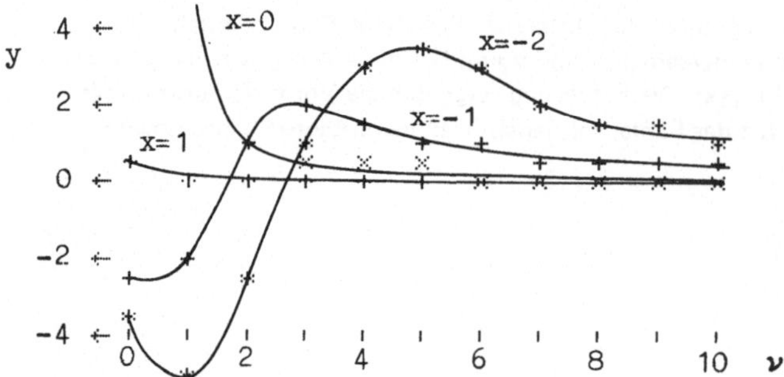

Bild 3.2-2 Exponentialintegral $E_\nu(x)$ als Funktion von ν
$y = E_\nu(x)$, x = –2(1)1, $0 \leqslant \nu \leqslant 10$

(c) Checkwerte

(I)   Vorbereitung durch Eingabe n = 0 (Tastenfolge: 0 A).

$E_0(\pi)$ = 0.0137554 (Laufzeit 2 Sek.), Tastenfolge: π B ;
$E_1(\pi)$ = 0.0109063 (5 Sek.), Tastenfolge: C ;
$E_2(\pi)$ = 0.00895076 (2 Sek.); $E_3(\pi)$ = 0.00754713 (2 Sek.)

$E_0(1/\pi)$ = 2.28512 (2 Sek.), Tastenfolge: π 1/x B ;
$E_1(1/\pi)$ = 0.862184 (6 Sek.), Tastenfolge: C ;
$E_2(1/\pi)$ = 0.452936 (2 Sek.); $E_3(1/\pi)$ = 0.291602 (2 Sek.)

$E_0(-1/\pi)$ = $-$ 4.31907 (2 Sek.), Tastenfolge: π 1/x +/$-$ B ;
$E_1(-1/\pi)$ = 0.221970 (5 Sek.), Tastenfolge: C ;
$E_2(-1/\pi)$ = 1.44546 (2 Sek.); $E_3(-1/\pi)$ = 0.917453 (2 Sek.)

(II)   Vorbereitung durch Eingabe n = 5 (Tastenfolge: 5 A).

$E_5(\pi)$ = 0.00569737 (10 Sek.), Tastenfolge: π B ;
$E_6(\pi)$ = 0.00506302 (2 Sek.), Tastenfolge: C ;
$E_7(\pi)$ = 0.00455133 (2 Sek.); $E_8(\pi)$ = 0.00413079 (2 Sek.)

$E_5(1/\pi)$ = 0.165012 (10 Sek.), Tastenfolge: π 1/x B ;
$E_6(1/\pi)$ = 0.134970 (2 Sek.), Tastenfolge: C ;
$E_7(1/\pi)$ = 0.114069 (2 Sek.); $E_8(1/\pi)$ = 0.0987240 (2 Sek.)

$E_5(-1/\pi)$ = 0.387915 (10 Sek.), Tastenfolge: π 1/x +/$-$ B ;
$E_6(-1/\pi)$ = 0.299656 (2 Sek.), Tastenfolge: C ;
$E_7(-1/\pi)$ = 0.245031 (2 Sek.); $E_8(-1/\pi)$ = 0.207543 (2 Sek.)

(d) Datenregister

Das Programm wird in Grundstellung der Speicherbereichsverteilung eingelesen und benutzt
effektiv 21 Datenregister (R_{24}–R_{44}).
Andere Zählung: das eigentliche Programm benötigt 352 Schritte und nur 6 Datenregister
(R_{24} Rekursionszähler, R_{25} Schleifenindex, R_{26} exp $(-x)$, R_{27} letztes E_n (für Einzelrekursion),
R_{28} n, R_{29} x). Während der Ausführung schaltet das Programm vorübergehend auf die Verteilung
719.29 und benutzt Block 3 als Programmteil.

(e) Eingabe des Programms

Speicherbereichsverteilung durch 3 Op 17 einstellen auf 719.29. Programm eintasten. Eingabe der
Befehlsfolge Dsz 25 051 (Schritt 068–071): zunächst eintasten Dsz 1 051, dann die 1 in Schritt 069
überschreiben mit CLR (= Code 25). Speicherbereichsverteilung durch 6 Op 17 auf Grundstellung
setzen. Block 1 und 3 auf je eine Magnetkartenhälfte aufzeichnen.

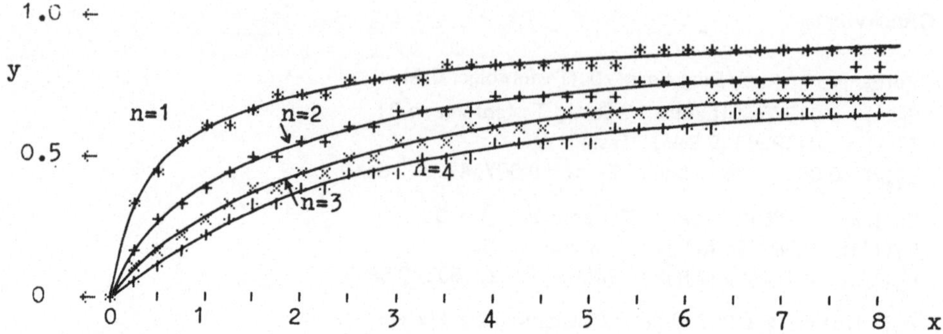

Bild 3.2-3 Exponentialintegrale der Ordnung 1 bis 4
$y = x\, Ee_n(x) = x\, \exp(x)\, E_n(x)$, $n = 1(1)4$, $0 \leqslant x \leqslant 8$ $(x \to \infty: y \to 1)$

Tabelle 3.2-1 Exponentialintegrale der Ordnung 2 bis 5
$E_n(x)$, $n = 2(1)5$, $x = -.5(.1).5$, 6 S

x	$E_2(x)$	$E_3(x)$	$E_4(x)$	$E_5(x)$
-0.5	1.42161 00	1.17976 00	0.746201	0.505455
-0.4	1.44992 00	1.03590 00	0.635394	0.436496
-0.3	1.44066 00	8.91028-01	0.539056	0.377894
-0.2	1.38575 00	7.49277-01	0.457086	0.328205
-0.1	1.26745 00	6.15958-01	0.388922	0.286016
0.0	1.00000 00	5.00000-01	0.333333	0.250000
0.1	7.22545-01	4.16291-01	0.287736	0.219016
0.2	5.74201-01	3.51945-01	0.249447	0.192210
0.3	4.69115-01	3.00042-01	0.216935	0.168934
0.4	3.89368-01	2.57286-01	0.189135	0.148666
0.5	3.26644-01	2.21604-01	0.165243	0.130977

Programmstruktur:

Schritt

013–017 Eingabe n
020–231, 600–719 $E_n(x)$
       020–040 Vorbereitung
       224–228 $E_0(x)$
       076–214 $E_1(x)$, $-3 \leqslant x < 1$
       600–719 $E_1(x)$, $x \geqslant 1$
       051–071 Rekursion
000–012 Vorbereitung für Einzelrekursion (NEXT E_n)

1. Liste zu Programm 3.2

000	76	LBL	058	43	RCL	116	04	4	174	02	2
001	13	C	059	26	26	117	03	3	175	54	)
002	43	RCL	060	54	)	118	03	3	176	53	(
003	24	24	061	55	÷	119	54	)	177	32	X:T
004	29	CP	062	01	1	120	53	(	178	65	×
005	67	EQ	063	48	EXC	121	32	X:T	179	32	X:T
006	00	0	064	24	24	122	65	×	180	55	÷
007	41	41	065	44	SUM	123	32	X:T	181	05	5
008	43	RCL	066	24	24	124	75	-	182	22	INV
009	27	27	067	54	)	125	02	2	183	28	LOG
010	61	GTO	068	97	DSZ	126	03	3	184	75	-
011	00	0	069	25	25	127	93	.	185	04	4
012	51	51	070	00	0	128	03	3	186	35	1/X
013	76	LBL	071	51	51	129	05	5	187	54	)
014	11	A	072	42	STO	130	03	3	188	53	(
015	42	STO	073	27	27	131	07	7	189	32	X:T
016	28	28	074	24	CE	132	09	9	190	65	×
017	92	RTN	075	92	RTN	133	54	)	191	32	X:T
018	76	LBL	076	01	1	134	53	(	192	85	+
019	12	B	077	42	STO	135	32	X:T	193	01	1
020	22	INV	078	24	24	136	65	×	194	54	)
021	58	FIX	079	32	X:T	137	32	X:T	195	53	(
022	42	STO	080	43	RCL	138	85	+	196	32	X:T
023	29	29	081	29	29	139	01	1	197	65	×
024	94	+/-	082	77	GE	140	06	6	198	32	X:T
025	22	INV	083	02	2	141	06	6	199	75	-
026	23	LNX	084	16	16	142	93	.	200	93	.
027	42	STO	085	65	×	143	04	4	201	05	5
028	26	26	086	32	X:T	144	01	1	202	07	7
029	00	0	087	93	.	145	05	5	203	07	7
030	42	STO	088	00	0	146	06	6	204	02	2
031	24	24	089	07	7	147	54	)	205	01	1
032	43	RCL	090	01	1	148	53	(	206	05	5
033	28	28	091	02	2	149	32	X:T	207	07	7
034	42	STO	092	02	2	150	65	×	208	75	-
035	25	25	093	04	4	151	32	X:T	209	32	X:T
036	32	X:T	094	05	5	152	75	-	210	50	I×I
037	01	1	095	02	2	153	01	1	211	23	LNX
038	22	INV	096	75	-	154	00	0	212	54	)
039	44	SUM	097	93	.	155	04	4	213	42	STO
040	25	25	098	01	1	156	01	1	214	27	27
041	53	(	099	07	7	157	93	.	215	92	RTN
042	67	EQ	100	06	6	158	05	5	216	03	3
043	00	0	101	06	6	159	07	7	217	69	OP
044	76	76	102	03	3	160	06	6	218	17	17
045	77	GE	103	04	4	161	54	)	219	61	GTO
046	02	2	104	05	5	162	53	(	220	06	6
047	24	24	105	54	)	163	32	X:T	221	00	00
048	71	SBR	106	53	(	164	65	×	222	69	OP
049	00	0	107	32	X:T	165	32	X:T	223	17	17
050	76	76	108	65	×	166	85	+	224	43	RCL
051	53	(	109	32	X:T	167	05	5	225	26	26
052	53	(	110	85	+	168	05	5	226	55	÷
053	94	+/-	111	02	2	169	05	5	227	43	RCL
054	65	×	112	93	.	170	05	5	228	29	29
055	43	RCL	113	09	9	171	93	.	229	61	GTO
056	29	29	114	02	2	172	06	6	230	02	2
057	85	+	115	08	8	173	08	8	231	12	12

2. Liste zu Programm 3.2

600	43	RCL	630	32	X:T	660	01	1	690	08	8
601	29	29	631	65	×	661	06	6	691	08	8
602	53	(	632	32	X:T	662	09	9	692	08	8
603	35	1/X	633	85	+	663	04	4	693	54	)
604	85	+	634	93	.	664	03	3	694	53	(
605	32	X:T	635	02	2	665	54	)	695	32	X:T
606	03	3	636	07	7	666	53	(	696	65	×
607	93	.	637	00	0	667	32	X:T	697	32	X:T
608	03	3	638	09	9	668	65	×	698	85	+
609	07	7	639	04	4	669	32	X:T	699	93	.
610	07	7	640	07	7	670	85	+	700	02	2
611	03	3	641	09	9	671	06	6	701	07	7
612	05	5	642	54	)	672	93	.	702	00	0
613	08	8	643	55	÷	673	09	9	703	09	9
614	54	)	644	53	(	674	04	4	704	04	4
615	53	(	645	32	X:T	675	05	5	705	09	9
616	32	X:T	646	65	×	676	02	2	706	06	6
617	65	×	647	32	X:T	677	03	3	707	54	)
618	32	X:T	648	01	1	678	09	9	708	65	×
619	85	+	649	93	.	679	54	)	709	32	X:T
620	02	2	650	00	0	680	53	(	710	75	−
621	93	.	651	07	7	681	32	X:T	711	01	1
622	00	0	652	02	2	682	65	×	712	54	)
623	05	5	653	05	5	683	32	X:T	713	53	(
624	02	2	654	05	5	684	85	+	714	94	+/−
625	01	1	655	03	3	685	02	2	715	65	×
626	05	5	656	85	+	686	93	.	716	06	6
627	06	6	657	05	5	687	05	5	717	61	GTO
628	54	)	658	93	.	688	09	9	718	02	2
629	53	(	659	07	7	689	03	3	719	22	22

(f) Funktions-Anwendungen

- *Beispiel 3.2-1:* Man berechne das Integral $I = \int_2^{\infty} t^{-4} \exp(-t)\, dt.$ —

Nach Gl. (3.1) gilt $\int_x^{\infty} t^{-n} \exp(-t)\, dt = x^{1-n} E_n(x).$ Somit ist $I = 2^{-3} E_4(2) = 0.00312786,$

Tastenfolge: 4 A 2 B ÷ 8 =

- *Beispiel 3.2-2:* Man berechne das Integral $K = \int_{1/3}^{4} t^{-2} \exp(-t)\, dt.$ —

Es ist $\int_a^{b} t^{-n} \exp(-t)\, dt = \int_a^{\infty} t^{-n} \exp(-t)\, dt - \int_b^{\infty} t^{-n} \exp(-t)\, dt = a^{1-n} E_n(a) - b^{1-n} E_n(b),$

somit $K = 3\, E_2\left(\tfrac{1}{3}\right) - \tfrac{1}{4} E_2(4) = 1.31991,$ Tastenfolge: 2 A 3 1/x B × 3 − 4 B ÷ 4 =

● *Beispiel 3.2-3:* Mit der Beziehung $E_n(0) = 1/(n-1)$ teste man die E_n-Routine
(Testwerte: n = 2, 3, 4, 5). –
Es ist $E_2(0) = 1$, Tastenfolge: 2 A 0 B; ferner $E_3(0) = 0.5$, Tastenfolge: C;
$E_4(0) = 0.333333$, Tastenfolge: C; $E_5(0) = 0.25$, Tastenfolge: C

● *Beispiel 3.2-4:* Durchsetzt monochromatische Strahlung ein (nicht selbst strahlendes) Medium der
Schichtdicke u, so wird die Strahlung geschwächt gemäß $I = I_0 \tau(\kappa u)$ [I Intensität der austretenden
Strahlung, I_0 Intensität der einfallenden Strahlung, κ Extinktionskoeffizient, $\tau(\kappa u)$ Transmissionsfunktion mit den Eigenschaften $\tau(0) = 1$, $\tau(\infty) = 0$]. Nach Lambert-Bouguer gilt für parallel ver-
laufende (,lineare') Strahlung $\tau_L(\kappa u) = \exp(-\kappa u)$ (Index L für ,linear'), und zwar bei senkrechtem
Einfall. Bei schrägem Einfall unter einem Zenitwinkel ϑ erhöht sich die effektive Schichtdicke auf
$u_{eff} = u/\cos\vartheta$ und es kommt $\tau_L(\kappa u_{eff}) = \exp(-\kappa u_{eff}) = \exp(-\kappa u/\cos\vartheta)$. Die Bedingungen
$\tau_L(0) = 1$, $\tau_L(\infty) = 0$ sind erfüllt.
Bei diffuser isotroper Strahlung ist über den gesamten Halbraum zu integrieren:

$$\tau_D(\kappa u) = \pi^{-1} \int_{Halbraum} \tau_L(\kappa u_{eff}) \cos\vartheta \, d\omega$$

(Index D für ,diffus'), wobei in Kugelkoordinaten (Azimut φ, Zenitwinkel ϑ) das Raumwinkel-
element $d\omega = \sin\vartheta \, d\vartheta \, d\varphi$ ist. Der Faktor $\cos\vartheta$ unter dem Integral ist bedingt durch das Lambert-
Cosinus-Gesetz. Der Faktor π^{-1} ist ein Normierungsfaktor (so daß für u = 0 tatsächlich $\tau_D = 1$
wird) und folgt aus $\int_{Halbraum} \tau_L(0) \cos\vartheta \, d\omega = \pi$. Für τ_D erhält man nun

$$\tau_D(\kappa u) = \pi^{-1} \int_{\varphi=0}^{2\pi} \int_{\vartheta=0}^{\pi/2} \exp(-\kappa u/\cos\vartheta) \cos\vartheta \sin\vartheta \, d\vartheta \, d\varphi = 2 \int_{\vartheta=0}^{\pi/2} \exp(-\kappa u/\cos\vartheta) \cos\vartheta \sin\vartheta \, d\vartheta.$$

Nach Gl. (3.1) ist dies $\tau_D(\kappa u) = 2 E_3(\kappa u)$. Auch diese Transmissionsfunktion erfüllt die Bedingungen $\tau_D(0) = 1$ und $\tau_D(\infty) = 0$; sie ist in Bild 3.2-4 dargestellt, zusammen mit der häufig ver-
wendeten Näherung $\tilde{\tau}_D(\kappa u) = \tau_L(1.66 \kappa u) = \exp(-1.66 \kappa u)$ und mit der Transmissionsfunktion
für lineare Strahlung $\tau_L(\kappa u) = \exp(-\kappa u)$. Man erkennt, daß $\tilde{\tau}_D$ für $\kappa u < 1$ die exakte Funktion τ_D
gut approximiert. [Bei nicht-monochromatischer Strahlung ist die erhaltene Transmissionsfunktion
noch über das interessierende Wellenlängen-Intervall zu mitteln.][1]
Zahlenbeispiel: Man berechne $\tau_D(\kappa u)$ und die Näherung $\tilde{\tau}_D(\kappa u)$ für die Werte $\kappa u = 0$, 0.1, 0.2,
0.5, 1, 2 und 5. –

κu	0	0.1	0.2	0.5	1	2	5
$\tau_D(\kappa u) = 2 E_3(\kappa u)$	1	0.833	0.703	0.443	0.219	0.060	0.002
$\tilde{\tau}_D(\kappa u) = \exp(-1.66 \kappa u)$	1	0.847	0.717	0.436	0.190	0.036	0.000

Tastenfolge für $\tau_D(5) = 2 E_3(5)$: 3 A 5 B X 2 = ;
Tastenfolge für $\tilde{\tau}_D(5) = \exp(-1.66 \times 5)$: 1.66 +/– X 5 = INV ln x

---

[1] Oft wird nur diese gemittelte Funktion „Transmissionsfunktion" genannt, z.B.: *Elsasser, W. M.* (1942):
Heat Transfer by Infrared Radiation in the Atmosphere. (§ 3.) Harvard University, Cambridge, Massachusetts. –
Der Begriff „Transmissionsfunktion" wird auch mit anderer Bedeutung verwendet, z.B.: *Sobolev, V. V.* (1963):
A Treatise on Radiative Transfer. (App. III, eq. (36).) Van Nostrand, Princeton.

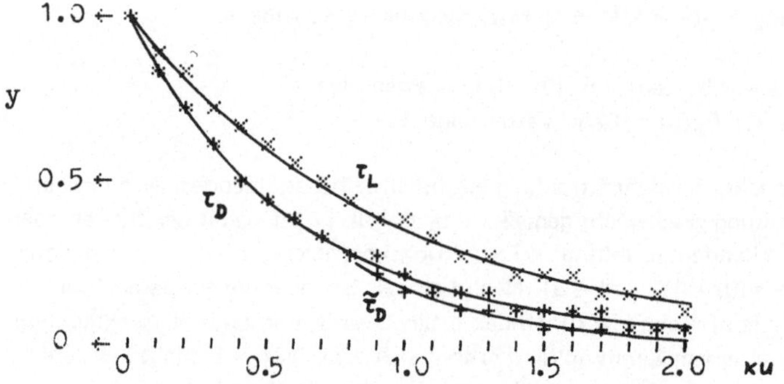

Bild 3.2-4 Transmissionsfunktion für lineare Strahlung (τ_L) und diffuse Strahlung (τ_D exakt, $\widetilde{\tau}_D$ approximativ)
$y = \tau_L(\kappa u) = \exp(-\kappa u)$, $y = \tau_D(\kappa u) = 2\,E_3(\kappa u)$, $y = \widetilde{\tau}_D(\kappa u) = \exp(-1.66\,\kappa u)$, $0 \leqslant \kappa u \leqslant 2$

Programm 3.3: Exponentialintegrale höherer Ordnung [nach Reihen- oder Kettenbruch-Entwicklung und Vorwärtsrekursion]

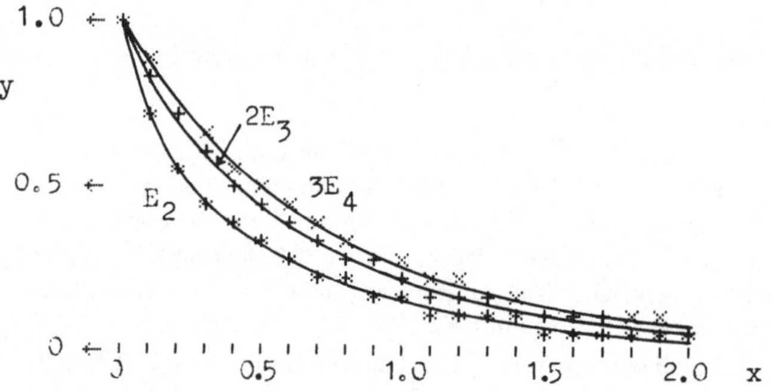

Bild 3.3-1 Exponentialintegrale der Ordnung 2 bis 4
$y = E_n(x)/E_n(0) = (n-1)\,E_n(x)$, $n = 2(1)4$, $0 \leqslant x \leqslant 2$

(a) Algorithmus

(I) $E_0(x) = x^{-1}\exp(-x)$

(II)   Zur Berechnung von $E_1(x)$ wird für $x \leqslant 2.5$ die Reihen-Entwicklung Gl. (3.20) benutzt, die nach dem M-ten Term abgebrochen wird:

$$x \leqslant 2.5:\ E_1(x) = -\gamma - \ln|x| - \sum_{k=1}^{M} (-1)^k x^k / (k\,k!) + \epsilon(x)$$

(mit $\gamma = 0.5772\ldots$); dabei wird $M = M(x)$ vom Programm so bestimmt, daß für $k = M$ bereits $|x|^k/(k\,k!) < \epsilon_0$ wird, wobei $\epsilon_0 = 10^{-11}\exp(-x)/|x|$. [Der Faktor $\exp(-x)/|x|$ wird nahegelegt durch $|x|\exp(x)\,|E_1(x)| = 0\,(1)$ (vgl. Bild 3.1-3) und spart Rechenzeit bei $x < 0$.]

Es ist $\epsilon(x) = \sum\limits_{k=M+1}^{\infty} (-1)^k x^k / (k\ k!)$; nach der Restglied-Abschätzung für alternierende Reihen gilt

für $x > 0$: $|\epsilon(x)| < x^{M+1} / [(M+1)(M+1)!] < \epsilon_0 = 10^{-11} \exp(-x)/x$.

Empirische Abschätzung für $x < 0$: $|\epsilon(x)| < 5\,\epsilon_0 = 5 \times 10^{-11} \exp(|x|)/|x|$.

Für $x > 2.5$ wird $E_1(x)$ nach einer Kettenbruch-Entwicklung berechnet: Abramowitz-Stegun Nr. 5.1.22 lautet für $n = 1$

$$E_1(x) = \exp(-x)\ \frac{1}{x+}\ \frac{1}{1+}\ \frac{1}{x+}\ \frac{2}{1+}\ \frac{2}{x+}\ \frac{3}{1+}\ \frac{3}{x+}\cdots \qquad (x > 0)$$

Diese Darstellung ist numerisch brauchbar, doch ist folgende Umformung zweckmäßig: Kontraktion des Kettenbruchs auf den geraden Teil ergibt

$$E_1(x) = \exp(-x)\ \frac{1}{x+1-}\ \frac{1}{x+3-}\ \frac{4}{x+5-}\ \frac{9}{x+7-}\ \frac{16}{x+9-}\cdots \qquad (x > 0)$$

Durch Abbrechen des Kettenbruchs nach dem N-ten Term erhält man
$E_1(x) = \exp(-x)\,H(x)\,[1 + \delta(x)]$ mit der Approximation

$$x > 2.5:\ H(x) = \frac{1}{x+1-}\ \frac{1}{x+3-}\ \frac{4}{x+5-}\ \frac{9}{x+7-}\ \cdots\ \frac{N^2}{x+2N+1}$$

wobei $N = N(x)$ so programmiert ist, daß $|\delta(x)| < 5 \times 10^{-11}$. Zu diesem Zweck wurde eine Näherung für $N = N(x)$ auf folgende Art bestimmt: in einem Diagramm (Bild 3.3-2) wurden die (empirisch ermittelten) Approximations-Ordnungen M und N in Abhängigkeit von x aufgetragen; der Schnittpunkt liefert den kritischen Argumentwert $x_1 \approx 2.5$ (als ökonomische Abgrenzung zwischen Reihe und Kettenbruch); die Funktion $N = N(x)$ läßt sich für $x > 2.5$ grob annähern durch den einfachen Ausdruck $N^* = [40/x] + 5$.

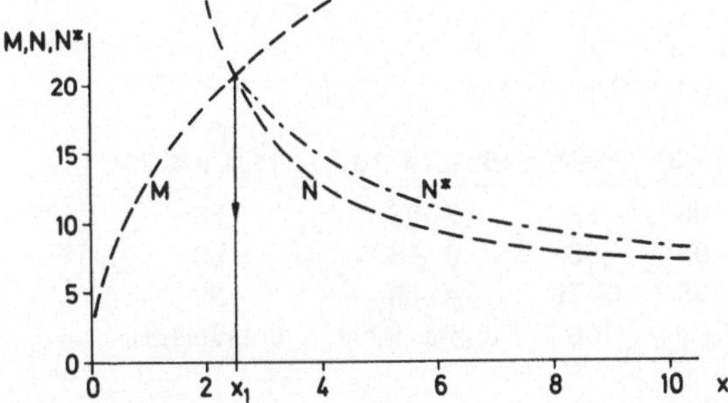

Bild 3.3-2 Approximations-Ordnungen für $E_1(x)$ (M für Reihe, N für Kettenbruch, N* Näherung für N) zur Erreichung von $|\delta(x)| < 5 \times 10^{-11}$

Die Auswertung des endlichen Kettenbruchs H erfolgt zweckmäßig vom Ende her ('tail-to-head'):

$$h_{N+1} = 0,\quad h_k = k^2/(x + 2k + 1 - h_{k+1})\quad (k = N, N-1, \ldots, 1),\quad H = 1/(x + 1 - h_1)$$

(III) $E_n(x)$ ($n = 2, 3, 4, \ldots$) wird rekursiv berechnet wie in Programm 3.2, Abschnitt (a). Durch den genaueren Startwert $E_1(x)$ macht sich die Instabilität der Vorwärtsrekursion hier erst etwas später bemerkbar.

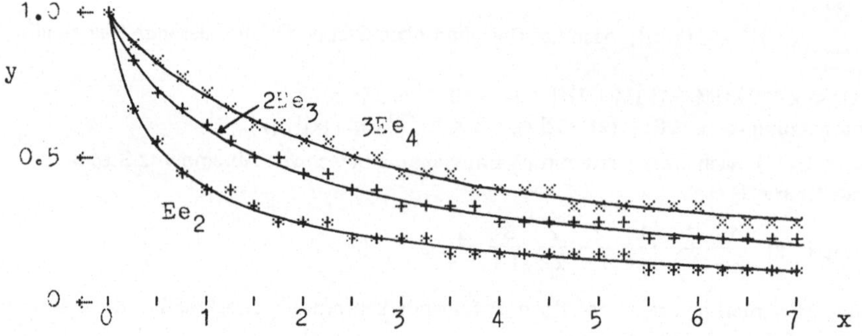

Bild 3.3-3 Exponentialintegrale der Ordnung 2 bis 4
$y = Ee_n(x)/Ee_n(0) = (n-1)\, Ee_n(x) = (n-1)\exp(x)\, E_n(x)$, $n = 2(1)4$, $0 \leqslant x \leqslant 7$

(b) Bedienungshinweise

Programmadreß-Tasten:

n	$x \to E_n(x)$	NEXT E_n		

Speicherbereichsverteilung: Grundstellung
Programm laden: 1 Magnetkartenhälfte einlesen (Block 1)   (TI-58: Programm eintasten)
Winkelmodus: beliebig
Anzeigeformat: beliebig
Argument: $n = 0, 1, 2, \ldots$; $x \geqslant -6$
Argumentbereich: etwa $0 \leqslant n \leqslant 10$, $-6 \leqslant x \leqslant 20$
Genauigkeit (Richtwert): 5–10S (auch für $|E_n(x)| < 0.1$):

	n = 0	n = 1	n = 2	n = 3	n = 4	$5 \leqslant n \leqslant 10$	$11 \leqslant n \leqslant 20$
$-6 \leqslant x \leqslant\ \ 5$:	10S	10S	10S	10S	9S	7–8S	6S
$5 < x \leqslant\ \ 10$:	10S	10S	10S	9S	8S	6–7S	5S
$10 < x \leqslant\ \ 20$:	10S	10S	10S	8S	6–7S	4–5S	3S
$20 < x \leqslant 100$:	10S	10S	9S	7–8S	6S	unbrauchbar	unbrauchbar

Besondere Einrichtung: Einzelrekursion (NEXT E_n), wie bei Programm 3.2, Abschnitt (b).

Programmkenndaten:

Speicherbedarf: 206 Programmschritte, 6 Datenregister (R_{24}–R_{29})
Labels: A–C, abs. Adressen: ja, T-Register: verwendet; Flags: keine
SBR-Ebenen / Klammer-Ebenen / unvollständige Op.-Ebenen: 1/2/2

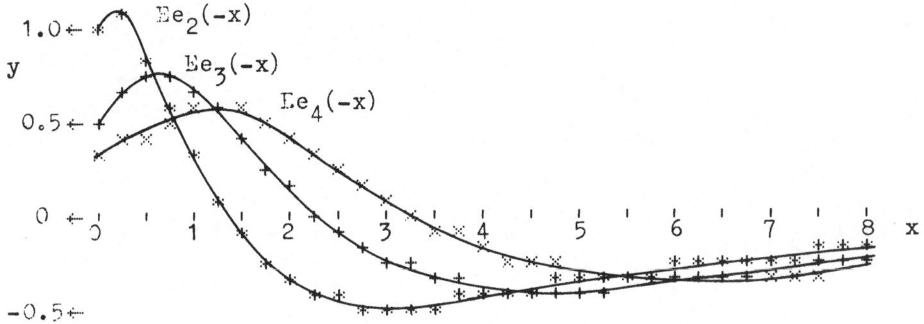

Bild 3.3-4 Exponentialintegrale der Ordnung 2 bis 4
$y = Ee_n(-x) = \exp(-x)\,E_n(-x)$, $n = 2(1)4$, $0 \leqslant x \leqslant 8$

(c) Checkwerte

(I)   Vorbereitung durch Eingabe $n = 0$ (Tastenfolge: 0 A).

$E_0(\pi) = 0.0137554174$ (Laufzeit 2 Sek.), Tastenfolge: π B;
$E_1(\pi) = 0.0109063009$ (17 Sek.), Tastenfolge: C;
$E_2(\pi) = 0.0089507635$ (2 Sek.); $E_3(\pi) = 0.0075471327$ (2 Sek.)

$E_0(1/\pi) = 2.285123337$ (2 Sek.), Tastenfolge: π 1/x B;
$E_1(1/\pi) = 0.8621838404$ (14 Sek.), Tastenfolge: C;
$E_2(1/\pi) = 0.4529357092$ (2 Sek.); $E_3(1/\pi) = 0.2916017176$ (2 Sek.)

$E_0(-\pi) = -7.365911238$ (2 Sek.), Tastenfolge: π +/− B;
$E_1(-\pi) = -10.92837439$ (28 Sek.), Tastenfolge: C;
$E_2(-\pi) = -11.19180806$ (2 Sek.); $E_3(-\pi) = -6.009704681$ (2 Sek.)

(II)   Vorbereitung durch Eingabe $n = 5$ (Tastenfolge: 5 A).

$E_5(\pi) = 0.0056973701$ (23 Sek.), Tastenfolge: π B;
$E_6(\pi) = 0.0050630204$ (2 Sek.), Tastenfolge: C;
$E_7(\pi) = 0.004551328$ (2 Sek.); $E_8(\pi) = 0.004130785$ (2 Sek.)

$E_5(1/\pi) = 0.16501217$ (19 Sek.), Tastenfolge: π 1/x B;
$E_6(1/\pi) = 0.13497047$ (2 Sek.), Tastenfolge: C;
$E_7(1/\pi) = 0.1140692$ (2 Sek.); $E_8(1/\pi) = 0.09872400$ (2 Sek.)

$E_5(-\pi) = 6.9006083$ (33 Sek.), Tastenfolge: π +/− B;
$E_6(-\pi) = 8.9639186$ (2 Sek.), Tastenfolge: C;
$E_7(-\pi) = 8.550279$ (2 Sek.); $E_8(-\pi) = 7.143169$ (2 Sek.)

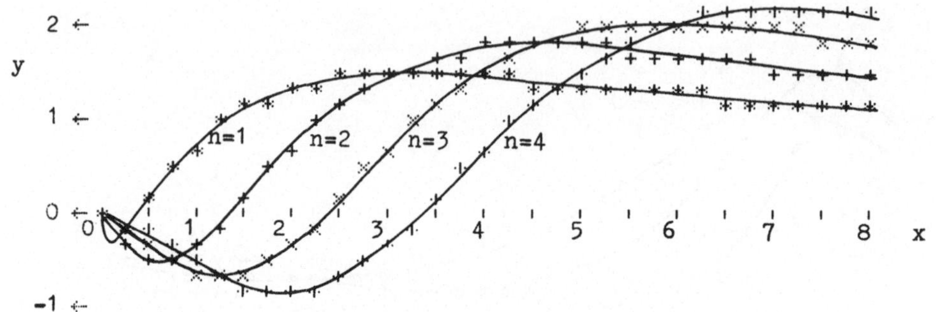

Bild 3.3-5 Exponentialintegrale der Ordnung 1 bis 4

$y = -x\,Ee_n(-x) = -x\exp(-x)\,E_n(-x)$, $n = 1(1)4$, $0 \leqslant x \leqslant 8$ $(x \to \infty: y \to 1)$

Tabelle 3.3-1 Exponentialintegrale der Ordnung 2 bis 4

$E_n(x)$, $n = 2, 3$, $x = 1(.1)2$, 10S; $n = 4$, 9S

x	$E_2(x)$	$E_3(x)$	$E_4(x)$
1.0	1.484955068-01	1.096919672-01	8.60624913-02
1.1	1.282810887-01	9.588094306-02	7.58006821-02
1.2	1.111040877-01	8.393465334-02	6.68242093-02
1.3	9.644554783-02	7.357629043-02	5.89608718-02
1.4	8.388992634-02	6.457553353-02	5.20637390-02
1.5	7.310078654-02	5.673949017-02	4.60069750-02
1.6	6.380318408-02	4.990571174-02	4.06824597-02
1.7	5.577062857-02	4.393672774-02	3.59970290-02
1.8	4.881525536-02	3.871571428-02	3.18702008-02
1.9	4.278030069-02	3.414302396-02	2.82322912-02
2.0	3.753426182-02	3.013337980-02	2.50228412-02

Tabelle 3.3-2 Exponentialintegrale der Ordnung 2 bis 4

$E_n(-x)$, $n = 2, 3$, $x = 1(.1)2$, 10S; $n = 4$, 9S

x	$E_2(-x)$	$E_3(-x)$	$E_4(-x)$
1.0	8.231640121-01	1.770722920 00	1.49633492 00
1.1	6.200499164-01	1.843110466 00	1.67719585 00
1.2	3.896061805-01	1.893822170 00	1.86423451 00
1.3	1.314781233-01	1.920109114 00	2.05514617 00
1.4	-1.548904830-01	1.919176645 00	2.24734909 00
1.5	-4.702391033-01	1.888165208 00	2.43797896 00
1.6	-8.154794940-01	1.824132617 00	2.62388154 00
1.7	-1.191690051 00	1.724037153 00	2.80160352 00
1.8	-1.600114139 00	1.584721007 00	2.96738176 00
1.9	-2.042161563 00	1.402893736 00	3.11713085 00
2.0	-2.519412613 00	1.175115436 00	3.24642899 00

(d) Datenregister

Inhalt der 6 Datenregister R_{24}—R_{29}:

R_{24} Summe; N; Rekursionszähler
R_{25} Schleifenindex
R_{26} $\exp(-x)$
R_{27} $(-1)^n x^n/n!$; $x + 1$; letztes E_n (für Einzelrekursion)
R_{28} n
R_{29} x

(e) Eingabe des Programms

Speicherbereichsverteilung in Grundstellung. Programm eintasten. (Eingabe des Befehls HIR:
Anhang A.) Eingabe der Befehlsfolge Dsz 25 049 (Schritt 066—069): zunächst eintasten Dsz 1 049,
dann die 1 in Schritt 067 überschreiben mit CLR (= Code 25). (Analog auch Eingabe von
Dsz 24 101 in 118—121.) Block 1 auf eine Magnetkartenhälfte aufzeichnen.

Programmstruktur:

Schritt
013—017 Eingabe n
020—204 $E_n(x)$
        020—038 Vorbereitung
        128—136 $E_0(x)$
        074—138 $E_1(x)$, $x > 2.5$ (Kettenbruch)
        140—204 $E_1(x)$, $x \leqslant 2.5$ (Reihe)
        049—069 Rekursion
000—012 Vorbereitung für Einzelrekursion (NEXT E_n)

(f) Funktions-Anwendungen

- *Beispiel 3.3-1:* Man berechne das Integral $L = P.V. \displaystyle\int_{-1}^{2} t^{-3} \exp(-t)\, dt.$ —

Nach Beispiel 3.2-2 ist $L = E_3(-1) - \frac{1}{4} E_3(2) = 1.763189575$, Tastenfolge: 3 A 1 +/− B − 2 B ÷ 4 =

- *Beispiel 3.3-2:* Nach Beispiel 3.2-4 lautet die Transmissionsfunktion für diffuse isotrope Strahlung
$\tau_D(x) = 2E_3(x)$ (mit $x = \kappa u$); eine brauchbare Approximation ist $\tilde{\tau}_D(x) = \exp(-1.66x)$. Man vergleiche Ableitungen und Integrale von τ_D und $\tilde{\tau}_D$. —

(I) Ableitung (Bild 3.3-6):

$a(x) = -\frac{1}{2}\tau'_D(x) = E_2(x),$

$\tilde{a}(x) = -\frac{1}{2}\tilde{\tau}'_D(x) = \frac{1}{2}\, 1.66 \exp(-1.66\, x)$

[Der Faktor $-1/2$ ist willkürlich; er bewirkt $a(0) = 1$.]

Liste zu Programm 3.3

000	76	LBL	052	65	×	104	24	24	156	85	+
001	13	C	053	43	RCL	105	85	+	157	93	.
002	43	RCL	054	29	29	106	43	RCL	158	05	5
003	24	24	055	85	+	107	24	24	159	07	7
004	29	CP	056	43	RCL	108	85	+	160	07	7
005	67	EQ	057	26	26	109	43	RCL	161	02	2
006	00	0	058	54	)	110	27	27	162	01	1
007	39	39	059	55	÷	111	54	)	163	05	5
008	43	RCL	060	01	1	112	53	(	164	06	6
009	27	27	061	48	EXC	113	35	1/X	165	06	6
010	61	GTO	062	24	24	114	65	×	166	04	4
011	00	0	063	44	SUM	115	43	RCL	167	09	9
012	49	49	064	24	24	116	24	24	168	54	)
013	76	LBL	065	54	)	117	33	X²	169	94	+/-
014	11	A	066	97	DSZ	118	97	DSZ	170	42	STO
015	42	STO	067	25	25	119	24	24	171	24	24
016	28	28	068	00	0	120	01	1	172	00	0
017	92	RTN	069	49	49	121	01	01	173	82	HIR
018	76	LBL	070	42	STO	122	94	+/-	174	08	8
019	12	B	071	27	27	123	85	+	175	01	1
020	42	STO	072	24	CE	124	01	1	176	82	HIR
021	29	29	073	92	RTN	125	42	STO	177	58	58
022	94	+/-	074	01	1	126	24	24	178	53	(
023	22	INV	075	42	STO	127	85	+	179	43	RCL
024	23	LNX	076	27	27	128	43	RCL	180	29	29
025	42	STO	077	43	RCL	129	29	29	181	55	÷
026	26	26	078	29	29	130	54	)	182	82	HIR
027	00	0	079	32	X:T	131	53	(	183	18	18
028	42	STO	080	02	2	132	35	1/X	184	54	)
029	24	24	081	93	.	133	65	×	185	49	PRD
030	43	RCL	082	05	5	134	43	RCL	186	27	27
031	28	28	083	77	GE	135	26	26	187	53	(
032	42	STO	084	01	1	136	54	)	188	43	RCL
033	25	25	085	40	40	137	42	STO	189	27	27
034	32	X:T	086	04	4	138	27	27	190	55	÷
035	01	1	087	00	0	139	92	RTN	191	82	HIR
036	22	INV	088	55	÷	140	43	RCL	192	18	18
037	44	SUM	089	32	X:T	141	26	26	193	54	)
038	25	25	090	44	SUM	142	55	÷	194	44	SUM
039	53	(	091	27	27	143	43	RCL	195	24	24
040	67	EQ	092	54	)	144	29	29	196	50	I×I
041	00	0	093	59	INT	145	50	I×I	197	77	GE
042	74	74	094	42	STO	146	55	÷	198	01	1
043	77	GE	095	24	24	147	01	1	199	75	75
044	01	1	096	05	5	148	01	1	200	01	1
045	28	28	097	44	SUM	149	22	INV	201	48	EXC
046	71	SBR	098	24	24	150	28	LOG	202	24	24
047	00	0	099	53	(	151	54	)	203	42	STO
048	74	74	100	00	0	152	53	(	204	27	27
049	53	(	101	94	+/-	153	32	X:T	205	92	RTN
050	53	(	102	85	+	154	50	I×I			
051	94	+/-	103	43	RCL	155	23	LNX			

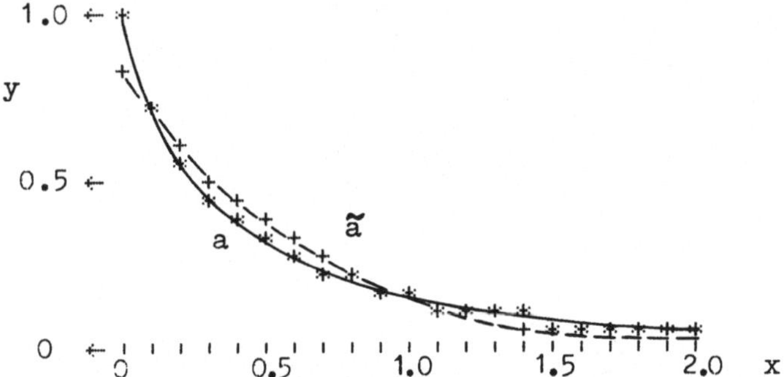

Bild 3.3-6 Ableitung der Transmissionsfunktion für diffuse Strahlung (a exakt, ã approximativ)

$$y = a(x) = -\tfrac{1}{2}\,\tau'_D(x), \quad y = \tilde{a}(x) = -\tfrac{1}{2}\,\tilde{\tau}'_D(x), \quad 0 \leqslant x \leqslant 2$$

(II) Integral zwischen $x \geqslant 0$ und ∞ (Bild 3.3-7):

$$b(x) = \frac{3}{2} \int\limits_x^\infty \tau_D(t)\,dt = 3\,E_4(x),$$

$$\tilde{b}(x) = \frac{3}{2} \int\limits_x^\infty \tilde{\tau}_D(t)\,dt = \frac{3}{2}\,\frac{1}{1.66}\,\exp(-1.66\,x)$$

[Der Faktor 3/2 ist willkürlich; er bewirkt $b(0) = 1$.]

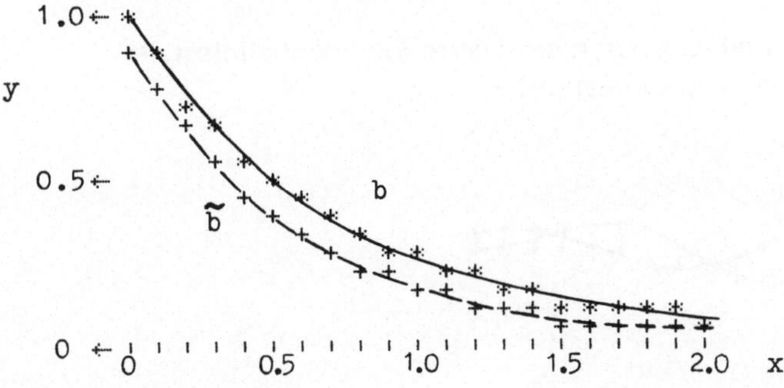

Bild 3.3-7 Integral der Transmissionsfunktion für diffuse Strahlung (b exakt, b̃ approximativ)

$$y = b(x) = \frac{3}{2} \int\limits_x^\infty \tau_D(t)\,dt, \quad y = \tilde{b}(x) = \frac{3}{2} \int\limits_x^\infty \tilde{\tau}_D(t)\,dt, \quad 0 \leqslant x \leqslant 2$$

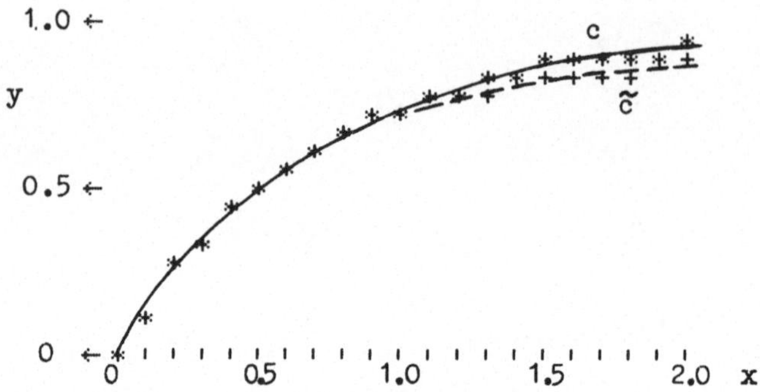

Bild 3.3-8 Integral der Transmissionsfunktion für diffuse Strahlung
(c exakt, $\tilde{c}$ approximativ)

$$y = c(x) = \frac{3}{2}\int_0^x \tau_D(t)\,dt, \quad y = \tilde{c}(x) = \frac{3}{2}\int_0^x \tilde{\tau}_D(t)\,dt, \quad 0 \leqslant x \leqslant 2$$

(III) Integral zwischen 0 und $x \geqslant 0$ (Bild 3.3-8):

$$c(x) = \frac{3}{2}\int_0^x \tau_D(t)\,dt = 1 - 3\,E_4(x),$$

$$\tilde{c}(x) = \frac{3}{2}\int_0^x \tilde{\tau}_D(t)\,dt = \frac{3}{2}\frac{1}{1.66}\left[1 - \exp(-1.66\,x)\right]$$

[Der Faktor 3/2 ist willkürlich; er bewirkt $c(\infty) = 1$.]

Programm 3.4: Integralsinus und -cosinus, modifizierte Exponentialintegrale [nach Polynom-Approximation]

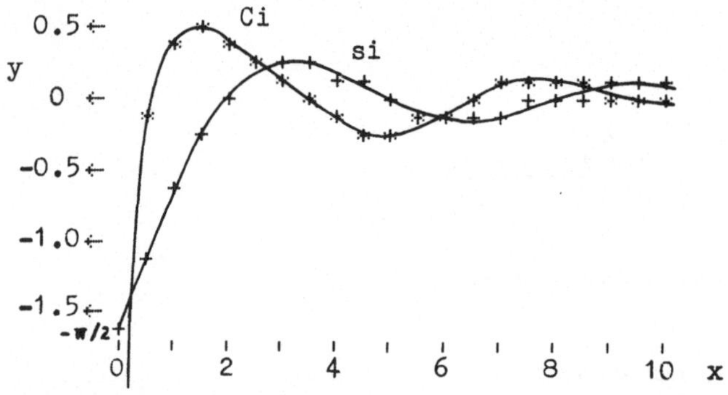

Bild 3.4-1 Integralsinus und -cosinus
$y = si(x) = Si(x) - \pi/2 = -\pi - si(-x), \quad y = Ci(x) = Ci(-x), \quad 0 \leqslant x \leqslant 10 \quad (x \to \infty: y \to 0)$

(a) Algorithmus

Zur Berechnung von $Si(x)$, $Cin(x)$, $F(x)$, $G(x)$ werden vier Polynom-Approximationen verwendet (Quelle: Programmsammlung eines Rechenzentrums).

(I) $|x| \leqslant 4$: $Si(x) = xP(v) + \epsilon_1(x)$ mit $|\epsilon_1(x)| < 4 \times 10^{-7}$, $v = 16 - x^2$ und

$$P(v) = \sum_{k=0}^{5} p_k v^k, \quad \text{wobei}$$

$$\begin{aligned} p_0 &= 4.395509 \times 10^{-1} & p_3 &= 1.374168 \times 10^{-5} \\ p_1 &= 1.964882 \times 10^{-2} & p_4 &= 1.568988 \times 10^{-7} \\ p_2 &= 6.939889 \times 10^{-4} & p_5 &= 1.753141 \times 10^{-9} \end{aligned}$$

$|x| \leqslant 4$: $si(x) = Si(x) - \pi/2$

(II) $|x| \leqslant 4$: $Cin(x) = x^2 Q(v) + \epsilon_2(x)$ mit $|\epsilon_2(x)| < 1 \times 10^{-7}$,

$$v = 16 - x^2 \quad \text{und} \quad Q(v) = \sum_{k=0}^{5} q_k v^k, \quad \text{wobei}$$

$$\begin{aligned} q_0 &= 1.315308 \times 10^{-1} & q_3 &= 1.725752 \times 10^{-6} \\ q_1 &= 4.990920 \times 10^{-3} & q_4 &= 1.584996 \times 10^{-8} \\ q_2 &= 1.185999 \times 10^{-4} & q_5 &= 1.386985 \times 10^{-10} \end{aligned}$$

$|x| \leqslant 4$: $Ci(x) = \gamma + \ln|x| - Cin(x)$ mit $\gamma \approx 0.5772157$,

$F(x) = Ci(x) \sin x - si(x) \cos x$, $G(x) = -Ci(x) \cos x - si(x) \sin x$

(III) $x > 4$: $F(x) = \frac{4}{x} R(w) + \epsilon_3(x)$ mit $|\epsilon_3(x)| < 2 \times 10^{-8}$, $w = 4/x$ und

$$R(w) = \sum_{k=0}^{10} r_k w^k, \quad \text{wobei}$$

$$\begin{aligned} r_0 &= 2.500000 \times 10^{-1} & r_6 &= -4.400416 \times 10^{-2} \\ r_1 &= -6.646441 \times 10^{-7} & r_7 &= 7.902034 \times 10^{-2} \\ r_2 &= -3.122418 \times 10^{-2} & r_8 &= -6.537283 \times 10^{-2} \\ r_3 &= -3.764000 \times 10^{-4} & r_9 &= 2.819179 \times 10^{-2} \\ r_4 &= 2.601293 \times 10^{-2} & r_{10} &= -5.108699 \times 10^{-3} \\ r_5 &= -7.945556 \times 10^{-3} \end{aligned}$$

$x < -4$: $F(x) = \pi \cos x - F(-x)$

(IV) $x > 4$: $G(x) = \frac{4}{x} S(w) + \epsilon_4(x)$ mit $|\epsilon_4(x)| < 2 \times 10^{-8}$, $w = 4/x$ und

$$S(w) = \sum_{k=0}^{9} s_k w^k, \quad \text{wobei}$$

$s_0 = 2.583989 \times 10^{-10}$ $s_5 = 4.987716 \times 10^{-2}$

$s_1 = 6.250011 \times 10^{-2}$ $s_6 = -7.261642 \times 10^{-2}$

$s_2 = -1.134958 \times 10^{-5}$ $s_7 = 5.515070 \times 10^{-2}$

$s_3 = -2.314617 \times 10^{-2}$ $s_8 = -2.279143 \times 10^{-2}$

$s_4 = -3.332519 \times 10^{-3}$ $s_9 = 4.048069 \times 10^{-3}$

$x < -4$: $G(x) = \pi \sin x + G(-x)$

$|x| > 4$: $Ci(x) = F(x) \sin x - G(x) \cos x$, $si(x) = -F(x) \cos x - G(x) \sin x$, $Si(x) = si(x) + \pi/2$

Die Polynome werden nach Horner ausgewertet (wie in Programm 1.2).

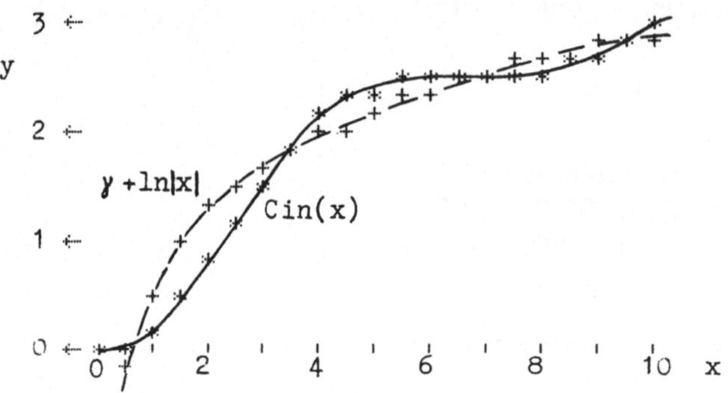

Bild 3.4-2 Integralcosinus Cin
$y = Cin(x) = -Ci(x) + \gamma + \ln|x| = Cin(-x)$ $(\gamma = 0.5772\ldots)$, $0 \leqslant x \leqslant 10$
$(|x| \to \infty$: $y \sim \gamma + \ln|x|)$

(b) Bedienungshinweise

Programmadreß-Tasten:

$x \to Si(x)$	$x \to si(x)$	$x \to G(x)$		
$x \to Ci(x)$		$x \to F(x)$		

Speicherbereichsverteilung: Grundstellung
Programm laden: 3 Magnetkartenhälften einlesen (Block 1, 3, 4)
Winkelmodus: beliebig (zurück bleibt Rad)
Anzeigeformat: beliebig (zurück bleibt INV Fix)
Argument: x beliebig (auch negativ)
Argumentbereich: etwa $-10^6 \leqslant x \leqslant 10^6$
Genauigkeit (Richtwert): Ci, Si, si: 6D; F, G für $|x| \leqslant 4$: 6D; F, G für $|x| > 4$: 7D

Programmkenndaten:

Speicherbedarf: effektiv 240 Programmschritte, 50 Datenregister (R_{10}–R_{59})
Labels: A, C, A'–C' [unkonventionelle Labels: siehe Abschnitt (e)];
abs. Adressen: ja; T-Register: verwendet; Flags: keine
SBR-Ebenen / Klammer-Ebenen / unvollständige Op.-Ebenen:

    Ci: 2/3/3; Si: 3/3/3; si: 2/4/3; F: 2/3/4; G: 2/3/3

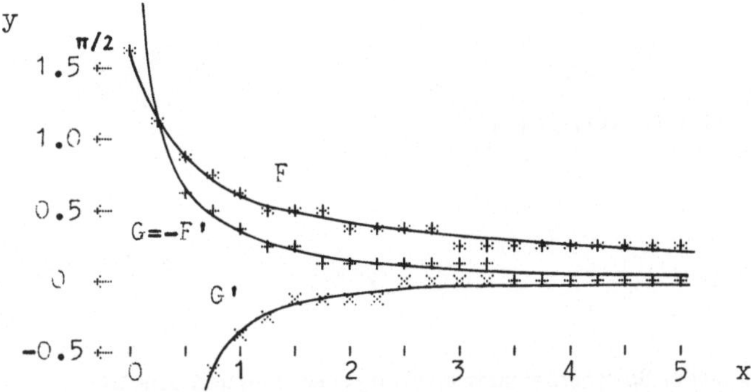

Bild 3.4-3 Modifizierte Exponentialintegrale F und G und ihre Ableitungen
$y = F(x)$, $y = G(x) = -F'(x)$, $y = G'(x) = F(x) - 1/x$, $0 \leqslant x \leqslant 5$ ($x \to \infty$: $y \to 0$)

(c) Checkwerte

(I) Ci(π) = 0.073667 (Laufzeit 5 Sek.), Tastenfolge: π A;
    Ci$(-\pi)$ = 0.073667 (5 Sek.); Ci$(1/\pi)$ = $-$0.592738 (5 Sek.);
    Ci(10π) = $-$0.001007 (16 Sek.); Ci(-10π) = $-$0.001007 (16 Sek.)

(II) Si(π) = 1.851937 (5 Sek.), Tastenfolge: π A';
    Si$(-\pi)$ = $-$1.851937 (5 Sek.); Si$(1/\pi)$ = 0.316524 (5 Sek.);
    Si(10π) = 1.539029 (17 Sek.); Si(-10π) = $-$1.539029 (17 Sek.)

(III) si(π) = 0.281141 (5 Sek.), Tastenfolge: π B';
    si$(-\pi)$ = $-$3.422734 (5 Sek.); si$(1/\pi)$ = $-$1.254273 (5 Sek.);
    si(10π) = $-$0.031767 (16 Sek.); si(-10π) = $-$3.109825 (16 Sek.)

(IV) F(π) = 0.281141 (12 Sek.), Tastenfolge: π C;
    F$(-\pi)$ = $-$3.422734 (12 Sek.); F$(1/\pi)$ = 1.005761 (12 Sek.);
    F(10π) = 0.0317672 (8 Sek.); F(-10π) = 3.1098254 (8 Sek.)

(V) G(π) = 0.073667 (12 Sek.), Tastenfolge: π C';
    G$(-\pi)$ = 0.073667 (12 Sek.); G$(1/\pi)$ = 0.955501 (12 Sek.);
    G(10π) = 0.0010072 (8 Sek.); G(-10π) = 0.0010072 (8 Sek.)

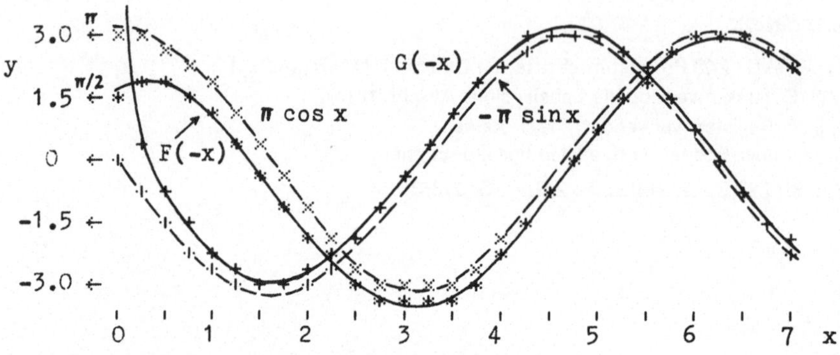

Bild 3.4-4 Modifizierte Exponentialintegrale $F(-x)$ und $G(-x)$

$y = F(-x)$, $y = G(-x)$, $0 \leqslant x \leqslant 7$ [$x \to \infty$: $F(-x) \sim \pi \cos x$, $G(-x) \sim -\pi \sin x$]

(d) Datenregister

Das Programm wird in Grundstellung der Speicherbereichsverteilung eingelesen und benutzt effektiv 50 Datenregister ($R_{10}-R_{59}$).

Andere Zählung: das eigentliche Programm benötigt 640 Schritte und keine Datenregister. Während der Ausführung schaltet das Programm vorübergehend auf die Verteilung 879.09 und benutzt Block 3 und 4 als Programmteil.

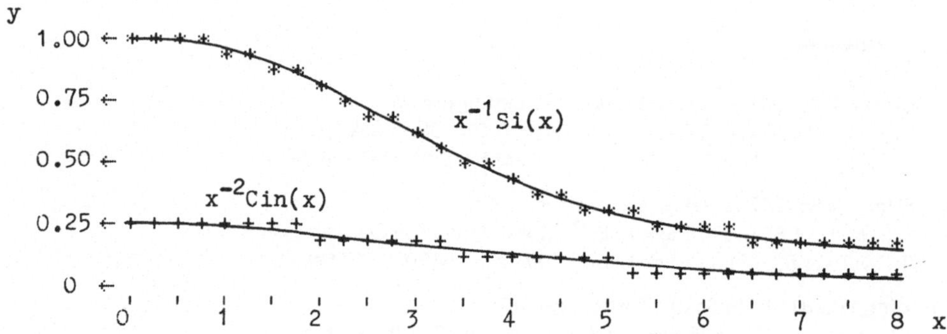

Bild 3.4-5 Integralsinus und -cosinus

$y = x^{-1} Si(x)$, $y = x^{-2} Cin(x)$, $0 \leqslant x \leqslant 8$ ($x \to \infty$: $y \to 0$)

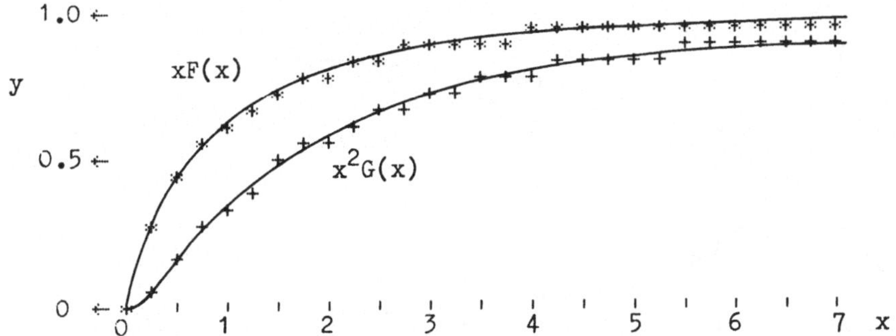

Bild 3.4-6 Modifizierte Exponentialintegrale F und G
$y = xF(x)$, $y = x^2 G(x)$, $0 \leqslant x \leqslant 7$ $(x \to \infty: y \to 1)$

Tabelle 3.4-1 Integralsinus und -cosinus
Ci(x), Si(x), si(x), si(− x), x = 2(.1)3, 6 D

x	Ci(x)	Si(x)	si(x)	si(− x)
2.0	0.422981	1.605413	0.034617	−3.176209
2.1	0.400512	1.648699	0.077902	−3.219495
2.2	0.375075	1.687625	0.116828	−3.258421
2.3	0.347176	1.722208	0.151411	−3.293004
2.4	0.317292	1.752486	0.181689	−3.323282
2.5	0.285871	1.778520	0.207724	−3.349317
2.6	0.253336	1.800395	0.229598	−3.371191
2.7	0.220085	1.818212	0.247416	−3.389009
2.8	0.186488	1.832097	0.261301	−3.402893
2.9	0.152895	1.842191	0.271394	−3.412987
3.0	0.119629	1.848653	0.277857	−3.419449

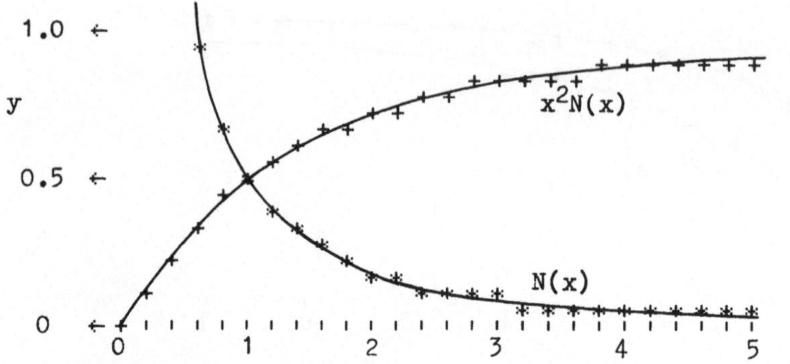

Bild 3.4-7 Modifiziertes Exponentialintegral N

$y = N(x) = [Ci(x)]^2 + [si(x)]^2 = [F(x)]^2 + [G(x)]^2$, $y = x^2 N(x)$, $0 \leqslant x \leqslant 5$ $[x \to \infty: N(x) \to 0, \ x^2 N(x) \to 1]$.

Integraldarstellungen:

$$N(x) = \int_0^\infty t^{-1} \ln(1 + t^2) \exp(-xt)\, dt = \int_0^\infty t^{-1} \ln(1 + x^{-2} t^2) \exp(-t)\, dt = -4 \int_0^{\pi/2} [\sin(2t)]^{-1} \ln(\cos t) \exp(-x \tan t)\, dt =$$

$$= 2 \int_0^\infty t^{-1} \ln(1 + t) \cos(xt)\, dt = 2 \int_0^\infty t^{-1} \ln(1 + x^{-1} t) \cos t\, dt = 2 \int_x^\infty t^{-1} G(t)\, dt = 2x^{-1} F(x) - 2 \int_x^\infty t^{-2} F(t)\, dt =$$

$$= 2 \int_x^\infty t^{-1} G^*(t)\, dt - \pi\, si(x) = 2x^{-1} F^*(x) - 2 \int_x^\infty t^{-2} F^*(t)\, dt - \pi\, si(x) \qquad (x > 0)$$

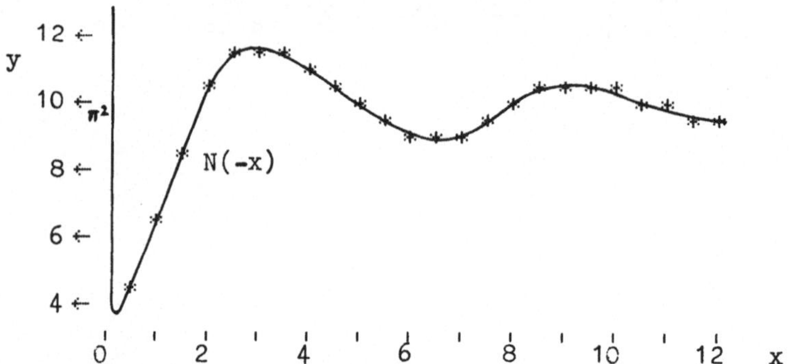

Bild 3.4-8 Modifiziertes Exponentialintegral $N(-x)$

$y = N(-x) = [Ci(-x)]^2 + [si(-x)]^2 = [F(-x)]^2 + [G(-x)]^2 =$
$= N(x) + 2\pi\, si(x) + \pi^2 = N(x) + 2\pi\, Si(x)$, $0 < x \leqslant 12$
$(x \to \infty: y \to \pi^2)$

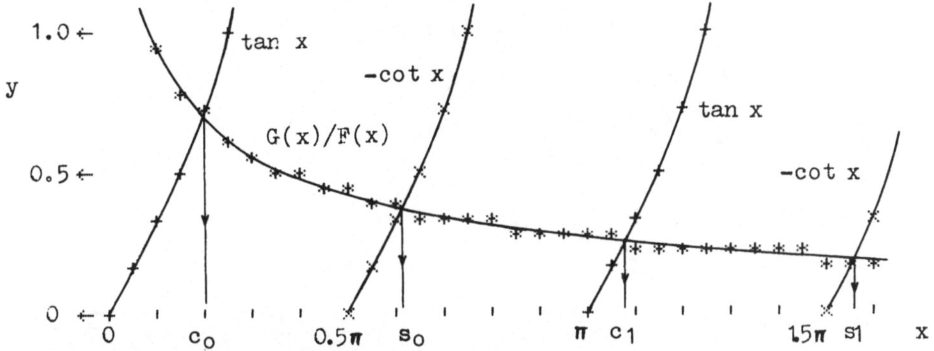

Bild 3.4-9 Lage der Nullstellen der Funktionen Ci und si
Hilfskurven: $y = G(x)/F(x)$, $y = \tan x$, $y = -\cot x$, $0 \leqslant x \leqslant 1.6\,\pi$;
Schnittstellen: c_k (Nullstellen von Ci(x)), s_k (Nullstellen von si(x)),

$k = 0, 1, 2, \ldots$ $[k \to \infty: c_k \to k\pi, s_k \to (k + \frac{1}{2})\,\pi]$

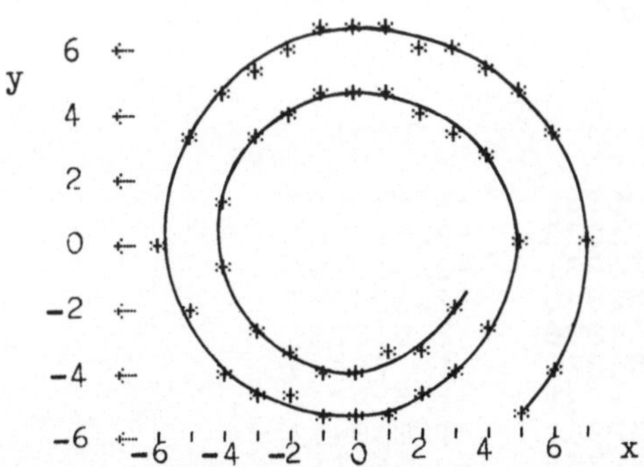

Bild 3.4-10 Cisi-Spirale
$x = 100\,\mathrm{Ci}(t)$, $y = 100\,\mathrm{si}(t)$, $13.5 \leqslant t \leqslant 26$
$(t \to \infty: x \to 0, y \to 0)$; Radius: $r = (x^2 + y^2)^{1/2} = 100\,[N(t)]^{1/2}$
$(t \to \infty: r \to 0)$. Besondere Eigenschaft (Jahnke-Emde-Lösch):
Krümmung der Cisi-Spirale wächst exponentiell mit der Bogen-
länge (geeignet für Kurvenlineal-Profile)

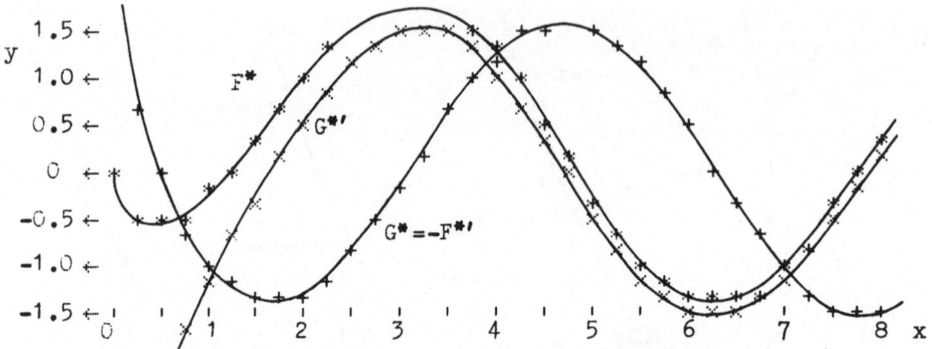

Bild 3.4-11 Modifizierte Exponentialintegrale F* und G* und ihre Ableitungen
$y = F^*(x) = - F^*(-x)$, $y = G^*(x) = G^*(-x) = -F^{*\prime}(x)$, $y = G^{*\prime}(x) = F^*(x) - 1/x$, $0 \leqslant x \leqslant 8$
$[x \to \infty: F^*(x) \sim -\frac{\pi}{2}\cos x, \; G^*(x) \sim -\frac{\pi}{2}\sin x]$

Tabelle 3.4-2 Modifizierte Exponentialintegrale F und G
$F(x)$, $G(x)$, $F(-x)$, $G(-x)$, $x = 2(.1)3$, 6D

x	F(x)	G(x)	F(-x)	G(-x)
2.0	0.399021	0.144545	-1.706385	-2.712097
2.1	0.385054	0.134951	-1.971075	-2.576901
2.2	0.372000	0.126276	-2.220831	-2.413690
2.3	0.359772	0.118407	-2.452940	-2.224295
2.4	0.348295	0.111244	-2.664886	-2.010786
2.5	0.337503	0.104707	-2.854370	-1.775449
2.6	0.327336	0.098723	-3.019331	-1.520772
2.7	0.317742	0.093232	-3.157968	-1.249422
2.8	0.308675	0.088181	-3.268753	-0.964216
2.9	0.300093	0.083524	-3.350448	-0.668100
3.0	0.291958	0.079221	-3.402111	-0.364121

Tabelle 3.4-3 Extrema von $Ci(x)$, $Si(x)$, $si(x)$

(I)   Extrema von $Ci(x)$: $Ci[(k-\frac{1}{2})\pi] = (-1)^{k-1}F[(k-\frac{1}{2})\pi]$ $(k = 1, 2, \ldots, 10)$, 6D;

   Maxima: $Ci[(2k-\frac{3}{2})\pi] = F[(2k-\frac{3}{2})\pi]$,

   Minima: $Ci[(2k-\frac{1}{2})\pi] = -F[(2k-\frac{1}{2})\pi]$

(II)   Extrema von $Si(x)$: $Si(k\pi) = si(k\pi) + \pi/2$ $(k = 1, 2, \ldots, 10)$, 6D

(III)   Extrema von $si(x)$: $si(k\pi) = (-1)^{k-1}F(k\pi)$ $(k = 1, 2, \ldots, 10)$, 6D;

   Maxima: $si[(2k-1)\pi] = F[(2k-1)\pi]$,
   Minima: $si(2k\pi) = -F(2k\pi)$

k	$Ci[(k-\frac{1}{2})\pi]$	$Si(k\pi)$	$si(k\pi)$
1.	0.472001	1.851937	0.281141
2.	-0.198408	1.418152	-0.152645
3.	' 0.123772	1.674762	0.103965
4.	-0.089564	1.492161	-0.078635
5.	0.070065	1.633965	0.063169
6.	-0.057501	1.518034	-0.052762
7.	0.048742	1.616086	0.045289
8.	-0.042292	1.531131	-0.039665
9.	0.037345	1.606077	0.035281
10.	-0.033432	1.539029	-0.031767

(e) Eingabe des Programms

Speicherbereichsverteilung durch 1 Op 17 einstellen auf 879.09. Programm eintasten. (Eingabe des Befehls HIR: Anhang A.) Eingabe des unkonventionellen Labels STO Ind (Schritt 000—001):

   Lbl BST SST STO Ind BST SST

Analog erfolgt auch die Eingabe der unkonventionellen Labels SUM Ind (Schritt 027—028) und RCL Ind (Schritt 033—034). Eingabe der Befehlsfolge SBR STO Ind (Schritt 044—045):
   SBR BST SST STO Ind BST SST
Speicherbereichsverteilung durch 6 Op 17 auf Grundstellung setzen. Block 1, 3 und 4 auf je eine Magnetkartenhälfte aufzeichnen.

Bemerkung: Wenn in einem Programm eine Sprungstelle mehr als zweimal angesprungen wird (durch GTO oder SBR), ist die Verwendung von Labels platzsparender als absolute Adressierung. Zur Verkürzung der Label-Suchzeiten ist es zweckmäßig, Programmteile mit Labels möglichst am Programm-Anfang einzusetzen. Um dem Anwender alle konventionellen Labels zu reservieren, wurden im vorliegenden Programm unkonventionelle (inoffizielle, im Handbuch nicht verzeichnete) Labels benutzt. Der Rechner listet sie bei Op 08 genau so wie die konventionellen Labels.

Programmstruktur:

Schritt

000—014 Vorbereitung	105—114 $Si(x)$
063—104 $Ci(x)$, $|x| > 4$	115—239, 480—523 $F(x)$, $|x| > 4$
524—629 $Ci(x)$, $|x| \leqslant 4$	015—041 $F(x)$, $|x| \leqslant 4$
042—062 $si(x)$, $|x| > 4$	083—104 $G(x)$, $|x| \leqslant 4$
630—724 $si(x)$, $|x| \leqslant 4$	725—879 $G(x)$, $|x| > 4$

1. Liste zu Programm 3.4

000	76	LBL	060	13	C	120	00	0	180	01	1
001	72	ST*	061	61	GTO	121	15	15	181	06	6
002	82	HIR	062	74	SM*	122	55	÷	182	54	)
003	08	8	063	76	LBL	123	32	X:T	183	53	(
004	50	I×I	064	11	A	124	65	×	184	32	X:T
005	53	(	065	71	SBR	125	32	X:T	185	65	×
006	32	X:T	066	72	ST*	126	05	5	186	32	X:T
007	22	INV	067	77	GE	127	01	1	187	75	-
008	58	FIX	068	05	5	128	00	0	188	07	7
009	01	1	069	24	24	129	08	8	189	09	9
010	69	OP	070	82	HIR	130	06	6	190	04	4
011	17	17	071	18	18	131	09	9	191	05	5
012	70	RAD	072	13	C	132	93	.	192	05	5
013	04	4	073	65	×	133	09	9	193	05	5
014	92	RTN	074	82	HIR	134	94	+/-	194	93	.
015	82	HIR	075	18	18	135	85	+	195	06	6
016	18	18	076	38	SIN	136	02	2	196	54	)
017	11	A	077	75	-	137	08	8	197	53	(
018	65	×	078	82	HIR	138	01	1	198	32	X:T
019	82	HIR	079	18	18	139	09	9	199	65	×
020	18	18	080	18	C'	140	01	1	200	32	X:T
021	38	SIN	081	61	GTO	141	07	7	201	85	+
022	24	CE	082	74	SM*	142	09	9	202	02	2
023	75	-	083	76	LBL	143	54	)	203	06	6
024	82	HIR	084	18	C'	144	53	(	204	00	0
025	18	18	085	71	SBR	145	32	X:T	205	01	1
026	17	B'	086	72	ST*	146	65	×	206	02	2
027	76	LBL	087	22	INV	147	32	X:T	207	09	9
028	74	SM*	088	77	GE	148	75	-	208	03	3
029	65	×	089	07	7	149	06	6	209	54	)
030	82	HIR	090	25	25	150	05	5	210	53	(
031	18	18	091	82	HIR	151	03	3	211	32	X:T
032	39	COS	092	18	18	152	07	7	212	65	×
033	76	LBL	093	17	B'	153	02	2	213	32	X:T
034	73	RC*	094	94	+/-	154	08	8	214	75	-
035	85	+	095	65	×	155	03	3	215	03	3
036	06	6	096	82	HIR	156	54	)	216	07	7
037	69	OP	097	18	18	157	53	(	217	06	6
038	17	17	098	38	SIN	158	32	X:T	218	04	4
039	00	0	099	75	-	159	65	×	219	00	0
040	54	)	100	82	HIR	160	32	X:T	220	54	)
041	92	RTN	101	18	18	161	85	+	221	53	(
042	76	LBL	102	11	A	162	07	7	222	32	X:T
043	17	B'	103	61	GTO	163	09	9	223	65	×
044	71	SBR	104	74	SM*	164	00	0	224	32	X:T
045	72	ST*	105	76	LBL	165	02	2	225	75	-
046	77	GE	106	16	A'	166	00	0	226	03	3
047	06	6	107	53	(	167	03	3	227	01	1
048	30	30	108	17	B'	168	04	4	228	02	2
049	82	HIR	109	85	+	169	54	)	229	02	2
050	18	18	110	89	π	170	53	(	230	04	4
051	18	C'	111	55	÷	171	32	X:T	231	01	1
052	94	+/-	112	02	2	172	65	×	232	08	8
053	65	×	113	54	)	173	32	X:T	233	54	)
054	82	HIR	114	92	RTN	174	75	-	234	53	(
055	18	18	115	76	LBL	175	04	4	235	32	X:T
056	38	SIN	116	13	C	176	04	4	236	65	×
057	75	-	117	71	SBR	177	00	0	237	61	GTO
058	82	HIR	118	72	ST*	178	00	0	238	04	4
059	18	18	119	77	GE	179	04	4	239	80	80

2. Liste zu Programm 3.4

480	32	X:T	540	05	5	600	75	-	660	85	+
481	75	-	541	85	+	601	93	.	661	01	1
482	06	6	542	01	1	602	01	1	662	03	3
483	06	6	543	93	.	603	03	3	663	07	7
484	93	.	544	05	5	604	01	1	664	04	4
485	04	4	545	08	8	605	05	5	665	93	.
486	06	6	546	04	4	606	03	3	666	01	1
487	04	4	547	09	9	607	00	0	667	06	6
488	04	4	548	09	9	608	08	8	668	08	8
489	01	1	549	06	6	609	54	)	669	54	)
490	54	)	550	54	)	610	65	×	670	53	(
491	53	(	551	53	(	611	82	HIR	671	32	X:T
492	53	(	552	32	X:T	612	18	18	672	65	×
493	32	X:T	553	65	×	613	33	X²	673	32	X:T
494	65	×	554	32	X:T	614	85	+	674	85	+
495	32	X:T	555	85	+	615	82	HIR	675	06	6
496	55	÷	556	01	1	616	18	18	676	09	9
497	08	8	557	07	7	617	50	I×I	677	03	3
498	22	INV	558	02	2	618	23	LNX	678	09	9
499	28	LOG	559	93	.	619	85	+	679	08	8
500	85	+	560	05	5	620	93	.	680	93	.
501	04	4	561	07	7	621	05	5	681	08	8
502	35	1/X	562	05	5	622	07	7	682	09	9
503	54	)	563	02	2	623	07	7	683	54	)
504	65	×	564	54	)	624	02	2	684	53	(
505	04	4	565	53	(	625	01	1	685	32	X:T
506	55	÷	566	32	X:T	626	05	5	686	65	×
507	82	HIR	567	65	×	627	07	7	687	32	X:T
508	18	18	568	32	X:T	628	61	GTO	688	85	+
509	85	+	569	85	+	629	73	RC*	689	01	1
510	53	(	570	01	1	630	53	(	690	09	9
511	01	1	571	01	1	631	33	X²	691	06	6
512	75	-	572	08	8	632	75	-	692	04	4
513	82	HIR	573	05	5	633	32	X:T	693	08	8
514	18	18	574	09	9	634	33	X²	694	08	8
515	69	OP	575	93	.	635	54	)	695	02	2
516	10	10	576	09	9	636	65	×	696	54	)
517	54	)	577	09	9	637	32	X:T	697	53	(
518	55	÷	578	54	)	638	93	.	698	53	(
519	02	2	579	53	(	639	01	1	699	32	X:T
520	65	×	580	32	X:T	640	07	7	700	65	×
521	89	π	581	65	×	641	05	5	701	32	X:T
522	61	GTO	582	32	X:T	642	03	3	702	55	÷
523	74	SM*	583	85	+	643	01	1	703	08	8
524	53	(	584	04	4	644	04	4	704	22	INV
525	33	X²	585	09	9	645	01	1	705	28	LOG
526	75	-	586	09	9	646	85	+	706	85	+
527	32	X:T	587	00	0	647	01	1	707	93	.
528	33	X²	588	09	9	648	05	5	708	04	4
529	54	)	589	02	2	649	93	.	709	03	3
530	65	×	590	54	)	650	06	6	710	09	9
531	32	X:T	591	53	(	651	08	8	711	05	5
532	93	.	592	53	(	652	09	9	712	05	5
533	00	0	593	94	+/-	653	08	8	713	00	0
534	01	1	594	65	×	654	08	8	714	09	9
535	03	3	595	32	X:T	655	54	)	715	54	)
536	08	8	596	55	÷	656	53	(	716	65	×
537	06	6	597	08	8	657	32	X:T	717	82	HIR
538	09	9	598	22	INV	658	65	×	718	18	18
539	08	8	599	28	LOG	659	32	X:T	719	75	-

3. Liste zu Programm 3.4

720	89	π	760	32	X:T	800	32	X:T	840	53	(
721	55	÷	761	65	×	801	65	×	841	32	X:T
722	02	2	762	32	X:T	802	32	X:T	842	65	×
723	61	GTO	763	75	-	803	75	-	843	32	X:T
724	73	RC*	764	07	7	804	02	2	844	85	+
725	55	÷	765	02	2	805	03	3	845	93	.
726	32	X:T	766	06	6	806	01	1	846	00	0
727	65	×	767	01	1	807	04	4	847	02	2
728	32	X:T	768	06	6.	808	06	6	848	05	5
729	04	4	769	04	4	809	01	1	849	08	8
730	00	0	770	02	2	810	07	7	850	03	3
731	04	4	771	54	)	811	54	)	851	09	9
732	08	8	772	53	(	812	53	(	852	08	8
733	00	0	773	32	X:T	813	32	X:T	853	09	9
734	06	6	774	65	×	814	65	×	854	54	)
735	93	.	775	32	X:T	815	32	X:T	855	55	÷
736	09	9	776	85	+	816	75	-	856	08	8
737	75	-	777	04	4	817	01	1	857	22	INV
738	02	2	778	09	9	818	01	1	858	28	LOG
739	02	2	779	08	8	819	03	3	859	65	×
740	07	7	780	07	7	820	04	4	860	32	X:T
741	09	9	781	07	7	821	93	.	861	85	+
742	01	1	782	01	1	822	09	9	862	53	(
743	04	4	783	06	6	823	05	5	863	01	1
744	03	3	784	54	)	824	08	8	864	75	-
745	54	)	785	53	(	825	54	)	865	82	HIR
746	53	(	786	32	X:T	826	53	(	866	18	18
747	32	X:T	787	65	×	827	32	X:T	867	69	OP
748	65	×	788	32	X:T	828	65	×	868	10	10
749	32	X:T	789	75	-	829	32	X:T	869	54	)
750	85	+	790	03	3	830	85	+	870	55	÷
751	05	5	791	03	3	831	06	6	871	02	2
752	05	5	792	03	3	832	02	2	872	65	×
753	01	1	793	02	2	833	05	5	873	82	HIR
754	05	5	794	05	5	834	00	0	874	18	18
755	00	0	795	01	1	835	00	0	875	38	SIN
756	07	7	796	93	.	836	01	1	876	65	×
757	00	0	797	09	9	837	01	1	877	89	π
758	54	)	798	54	)	838	54	)	878	61	GTO
759	53	(	799	53	(	839	53	(	879	73	RC*

(f) Funktions-Anwendungen

- *Beispiel 3.4-1:* (Gibbssches Phänomen) Bei der Darstellung von Rechteck-Impulsen (Höhe 1) durch eine Fourier-Reihe (Bild 3.4-12) läßt sich an den Sprungstellen je nach der Art des Grenzübergangs jeder beliebige Wert zwischen $+a$ und $-a$ erzeugen, wobei $a = \mathrm{Si}(\pi)/\mathrm{Si}(\infty) = \frac{2}{\pi}\,\mathrm{Si}(\pi) = 1 + \frac{2}{\pi}\,\mathrm{si}(\pi)$. Die Tatsache, daß $a > 1$ ist, heißt Gibbssches Phänomen.[1] Man berechne die Größe a. —

$$a = \frac{2}{\pi}\,\mathrm{Si}(\pi) = 1.17898, \quad \text{Tastenfolge: } 2 \div \pi \times \pi\ A' =$$

---

[1] Vgl. z.B. *Courant, R.,* und *D. Hilbert* (1968): Methoden der mathematischen Physik, Band I. (Kap. II, § 10.9: Das Gibbssche Phänomen.) Springer, Berlin. — *Sommerfeld, A.* (1962): Partielle Differentialgleichungen der Physik. (§ 2: Gibbssches Phänomen und ungleichmäßige Konvergenz.) AVG, Leipzig.

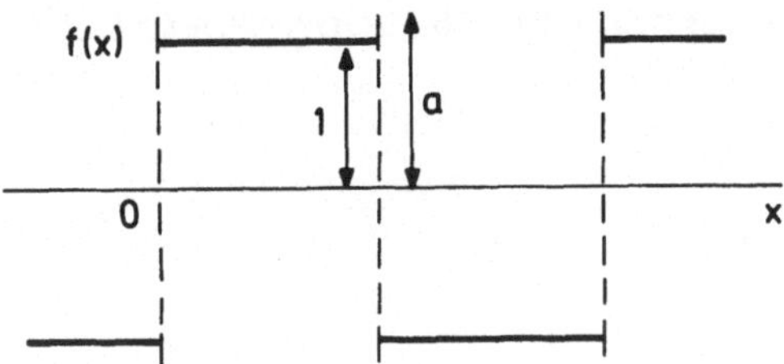

Bild 3.4-12 Rechteck-Impulse und Gibbssches Phänomen

- *Beispiel 3.4-2:* (Strahlungswiderstand einer Vertikalantenne) Die mittlere Strahlungsleistung einer (als Dipol idealisierten) Vertikalantenne ist nach Lebedew (in rationaler Schreibweise)

$$\bar{P} = \frac{I_0^2}{8\pi} \sqrt{\frac{\mu}{\epsilon}}\, \mathrm{Cin}(2\pi)\,,$$

wobei I_0 maximaler Antennenstrom, ϵ und μ Dielektrizitätskonstante und magnetische Permeabilität für Luft. Man berechne den Strahlungswiderstand $R = \bar{P}/I_{eff}^2 = 2\bar{P}/I_0^2$. —

Es folgt $R = (4\pi)^{-1} (\mu/\epsilon)^{1/2}\, \mathrm{Cin}\,(2\pi)$. Mit dem bekannten Vakuum-Wert (der näherungsweise auch für Luft gilt) $(4\pi)^{-1} (\mu_0/\epsilon_0)^{1/2} = 30$ Ohm und mit $\mathrm{Cin}\,(2\pi) = \gamma + \ln(2\pi) - \mathrm{Ci}\,(2\pi)$ (wobei $\gamma = 0.5772...$) kommt $R = [\gamma + \ln(2\pi) - \mathrm{Ci}\,(2\pi)] \times 30$ Ohm ≈ 73.1 Ohm, Tastenfolge: .5772157 + (2 × π) ln x − (2 × π) A = × 30 =

Bemerkung: Bei mäßigen Genauigkeitsansprüchen genügt hier die grobe Näherung $\mathrm{Ci}\,(2\pi) \approx 0$, somit $R \approx [\gamma + \ln(2\pi)] \times 30$ Ohm ≈ 72.5 Ohm.

- *Beispiel 3.4-3:* Mit der Beziehung $\lim_{x \to 0} [G(x) + \ln|x|] = -\gamma$ $(= -0.5772...)$ teste man die G-Routine. —
Für die Testgröße $T(x) = G(x) + \ln|x|$ erhält man $T(0.1) = -0.4365$, $T(0.01) = -0.5618$, $T(0.001) = -0.5756$, $T(0.0001) = -0.5771$, Tastenfolge: .0001 C' + .0001 ln x =

- *Beispiel 3.4-4:* Für $k = 0, 1, 2, ...$ gilt $\mathrm{si}(k\pi) = (-1)^{k+1} F(k\pi)$ und $\mathrm{si}[(k + \frac{1}{2})\pi] = (-1)^{k+1} G[(k + \frac{1}{2})\pi]$. Damit teste man die entsprechenden Routinen (Testwert: $k = 5$). —
Es ist $\mathrm{si}(5\pi) = 0.063169$, Tastenfolge: 5 × π = B', und $F(5\pi) = 0.063169$, Tastenfolge: 5 × π = C; ferner ist $\mathrm{si}(5.5\pi) = 0.003286$, Tastenfolge: 5.5 × π = B', und $G(5.5\pi) = 0.003286$, Tastenfolge: 5.5 × π = C'

- *Beispiel 3.4-5:* Für $k = 0, 1, 2, ...$ gilt $\mathrm{Ci}(k\pi) = (-1)^{k+1} G(k\pi)$ und $\mathrm{Ci}[(k + \frac{1}{2})\pi] = (-1)^k F[(k + \frac{1}{2})\pi]$. Damit teste man die entsprechenden Routinen (Testwert: $k = 5$). —
Es ist $\mathrm{Ci}(5\pi) = 0.003961$, Tastenfolge: 5 × π = A, und $G(5\pi) = 0.003961$, Tastenfolge: 5 × π = C'; ferner ist $\mathrm{Ci}(5.5\pi) = -0.057501$, Tastenfolge: 5.5 × π = A, und $F(5.5\pi) = +0.057501$, Tastenfolge: 5.5 × π = C

● *Beispiel 3.4-6:* (F-Reihen) Die Binet-Funktion $J(x)$ aus Kap. 1, Gl. (1.5), ist darstellbar als Reihe von modifizierten Exponentialintegralen F:

(I) $\displaystyle J(x) = \frac{1}{\pi} \sum_{k=1}^{\infty} \frac{F(2\pi k x)}{k} \qquad (x > 0)$

somit ist mit Gl. (1.4)

(II) $\displaystyle \sum_{k=1}^{\infty} \frac{F(kx)}{k} = \pi J\left(\frac{x}{2\pi}\right) = \pi \ln \Gamma\left(\frac{x}{2\pi}\right) + \frac{\pi}{2} \ln\left(\frac{x}{2\pi}\right) + \frac{x}{2}\left[1 - \ln\left(\frac{x}{2\pi}\right)\right] - \frac{\pi}{2} \ln(2\pi) \qquad (x > 0)$

Die entsprechende alternierende Reihe ist

(III) $\displaystyle \sum_{k=1}^{\infty} (-1)^k \frac{F(kx)}{k} = \pi \ln \Gamma\left(\frac{x}{2\pi} + \frac{1}{2}\right) + \frac{x}{2}\left[1 - \ln\left(\frac{x}{2\pi}\right)\right] - \frac{\pi}{2} \ln(2\pi) \qquad (x > 0)$

Die halbe Differenz von Gl. (II) und Gl. (III) ergibt

(IV) $\displaystyle \sum_{k=1}^{\infty} \frac{F[(2k-1)x]}{2k-1} = \frac{\pi}{2}\left[\ln\Gamma\left(\frac{x}{2\pi}\right) - \ln\Gamma\left(\frac{x}{2\pi} + \frac{1}{2}\right)\right] + \frac{\pi}{4} \ln\left(\frac{x}{2\pi}\right) \qquad (x > 0)$

Man teste die F-Routine durch Summierung einiger Reihen. —

(a) Gl. (II) liefert z.B. für $x = 2$: $\displaystyle \sum_{k=1}^{\infty} \frac{F(2k)}{k} = \pi \ln \Gamma\left(\frac{1}{\pi}\right) + (1 - \pi) \ln \pi - \frac{\pi}{2} \ln 2 + 1 = 0.7069569165$.

Für $x = \pi$ kommt $\displaystyle \sum_{k=1}^{\infty} \frac{F(k\pi)}{k} = \sum_{k=1}^{\infty} (-1)^{k-1} \frac{si(k\pi)}{k} = \frac{\pi}{2}(1 - \ln 2) = 0.4820032816$ [in Über-

einstimmung mit Gl. (II) von Beispiel 3.4-8]. Für $x = 2\pi$ folgt $\displaystyle \sum_{k=1}^{\infty} \frac{F(2k\pi)}{k} = -\sum_{k=1}^{\infty} \frac{si(2k\pi)}{k} =$

$= \pi\left[1 - \frac{1}{2}\ln(2\pi)\right] = 0.2546621086$ [im Einklang mit Gl. (I) von Beispiel 3.4-8];

Test: als Partialsummen $\displaystyle R_n = \sum_{k=1}^{n} \frac{F(2k\pi)}{k} = -\sum_{k=1}^{n} \frac{si(2k\pi)}{k}$ $(n = 1, 2, 3, \ldots)$ erhält man

$R_1 = 0.1526$, $R_2 = 0.1920$, $R_3 = 0.2095$, $R_4 = 0.2195$, $R_5 = 0.2258$, $R_6 = 0.2302$, $R_7 = 0.2335$.

(b) Gl. (III) (negativ genommen) ergibt z.B. für $x = \pi$: $\displaystyle \sum_{k=1}^{\infty} (-1)^{k-1} \frac{F(k\pi)}{k} = \sum_{k=1}^{\infty} \frac{si(k\pi)}{k} =$

$= \frac{\pi}{2}(\ln \pi - 1) = 0.2273411731$ [in Übereinstimmung mit Gl. (I) von Beispiel 3.4-8].

Für $x = 2\pi$ folgt eine Beziehung, die nicht aus Gl. (II) von Beispiel 3.4-8 gewinnbar ist (da jene Gleichung nicht für $x > \pi$ gilt):

$\displaystyle \sum_{k=1}^{\infty} (-1)^{k-1} \frac{F(2k\pi)}{k} = \sum_{k=1}^{\infty} (-1)^k \frac{si(2k\pi)}{k} = \pi\left(1 - \frac{3}{2}\ln 2\right)^{1)} = 0.1247864819;$

---

[1] Die bei *Nielsen* [§ 33 Gl. (8)] angegebene Beziehung ist zu korrigieren.

Test: als Partialsummen $S_n = \sum_{k=1}^{n} (-1)^{k-1} \dfrac{F(2k\pi)}{k} = \sum_{k=1}^{n} (-1)^k \dfrac{si(2k\pi)}{k}$ $(n = 1, 2, 3, \ldots)$

erhält man $S_1 = 0.1526$, $S_2 = 0.1133$, $S_3 = 0.1309$, $S_4 = 0.1210$, $S_5 = 0.1274$, $S_6 = 0.1229$, $S_7 = 0.1262$.

(c)   Gl. (IV) liefert z.B. für $x = \pi$: $\sum_{k=1}^{\infty} \dfrac{F[(2k-1)\pi]}{2k-1} = \sum_{k=1}^{\infty} \dfrac{si[(2k-1)\pi]}{2k-1} = \dfrac{\pi}{4} \ln\left(\dfrac{\pi}{2}\right) =$

$= 0.0359358099$ [im Einklang mit Gl. (III) von Beispiel 3.4-8]. Für $x = 2\pi$ folgt eine Beziehung, die nicht aus Gl. (III) von Beispiel 3.4-8 gewinnbar ist (da jene Gleichung nicht

für $x > \pi$ gilt): $\sum_{k=1}^{\infty} \dfrac{F[(4k-2)\pi]}{2k-1} = -\sum_{k=1}^{\infty} \dfrac{si[(4k-2)\pi]}{2k-1} = \dfrac{\pi}{2} (\ln 2 - \tfrac{1}{2}\ln\pi) = 0.1897242952.$

[Weitere F-Reihen: Beispiel 3.4-8 (d), (e), (f).]

- *Beispiel 3.4-7:* (G-Reihen) Durch Differentiation von Gl. (I) aus Beispiel 3.4-6 wird die Funktion $L^{(0)}(x)$ aus Kap. 2 [Abschnitt 2.2 (a)] als Reihe von modifizierten Exponential-integralen G dargestellt:

(I) $L^{(0)}(x) = J'(x) = -2 \sum_{k=1}^{\infty} G(2\pi k x)$ $(x > 0)$,

somit ist

(II) $\sum_{k=1}^{\infty} G(kx) = -\dfrac{1}{2} L^{(0)}\left(\dfrac{x}{2\pi}\right) = \dfrac{1}{2}\left[\ln\left(\dfrac{x}{2\pi}\right) - \psi\left(\dfrac{x}{2\pi}\right) - \dfrac{\pi}{x}\right]$ $(x > 0)$

(mit der Digamma-Funktion ψ aus Kap. 2). Die entsprechende alternierende Reihe folgt durch Differentiation von Gl. (III) aus Beispiel 3.4-6:

(III) $\sum_{k=1}^{\infty} (-1)^k G(kx) = \dfrac{1}{2}\left[\ln\left(\dfrac{x}{2\pi}\right) - \psi\left(\dfrac{x}{2\pi} + \dfrac{1}{2}\right)\right]$ $(x > 0)$

Die halbe Differenz von Gl. (II) und Gl. (III) ergibt

(IV) $\sum_{k=1}^{\infty} G[(2k-1)x] = \dfrac{1}{2}\left[\beta\left(\dfrac{x}{\pi}\right) - \dfrac{\pi}{2x}\right]$ $(x > 0)$

(mit der beta-Funktion β aus Kap. 2). Man teste die G-Routine durch Summierung einiger Reihen. —

(a)   Gl. (II) liefert z.B. für $x = 2$: $\sum_{k=1}^{\infty} G(2k) = -\dfrac{1}{2}\left[\ln\pi + \psi\left(\tfrac{1}{\pi}\right) + \tfrac{\pi}{2}\right] = 0.2873438737.$

Für $x = \pi$ kommt $\sum_{k=1}^{\infty} G(k\pi) = \sum_{k=1}^{\infty} (-1)^{k-1} Ci(k\pi) = \dfrac{1}{2}(\gamma + \ln 2 - 1) = 0.1351814227.$

Für $x = 2\pi$ folgt $\sum_{k=1}^{\infty} G(2k\pi) = -\sum_{k=1}^{\infty} Ci(2k\pi) = \dfrac{1}{2}\left(\gamma - \tfrac{1}{2}\right)$ [1] $= 0.0386078325;$

---

[1]   Die bei *Nielsen* [§ 33 Gl. (10)] angegebene Beziehung ist zu korrigieren.

Test: als Partialsummen $R_n = \sum\limits_{k=1}^{n} G(2k\pi) = -\sum\limits_{k=1}^{n} \text{Ci}(2k\pi)$ $(n = 1, 2, 3, \ldots)$ erhält man

$R_1 = 0.02256$, $R_2 = 0.02868$, $R_3 = 0.03145$, $R_4 = 0.03302$, $R_5 = 0.03402$, $R_6 = 0.03472$, $R_7 = 0.03524$.

(b) Gl. (III) (negativ genommen) ergibt z.B. für $x = \pi$: $\sum\limits_{k=1}^{\infty} (-1)^{k-1} G(k\pi) = \sum\limits_{k=1}^{\infty} \text{Ci}(k\pi) =$

$= \frac{1}{2}(\ln 2 - \gamma) = 0.0579657578$ [mit $\gamma = -\psi(1) = 0.5772156649\ldots$]. Für $x = 2\pi$ kommt

$$\sum_{k=1}^{\infty} (-1)^{k-1} G(2k\pi) = \sum_{k=1}^{\infty} (-1)^{k} \text{Ci}(2k\pi) = 1 - \ln 2 - \frac{\gamma}{2}\,^{1)} = 0.0182449870;$$

Test: als Partialsummen $P_n = \sum\limits_{k=1}^{n} (-1)^{k-1} G(2k\pi) = \sum\limits_{k=1}^{n} (-1)^{k} \text{Ci}(2k\pi)$ $(n = 1, 2, 3, \ldots)$

erhält man $P_1 = 0.02256$, $P_2 = 0.01644$, $P_3 = 0.01921$, $P_4 = 0.01764$, $P_5 = 0.01865$, $P_6 = 0.01795$, $P_7 = 0.01847$.

(c) Gl. (IV) liefert z.B. für $x = 1$: $\sum\limits_{k=1}^{\infty} G(2k-1) = \frac{1}{2}\left[\beta\left(\frac{1}{\pi}\right) - \frac{\pi}{2}\right] = 0.5355524131$.

Für $x = \pi$ kommt $\sum\limits_{k=1}^{\infty} G[(2k-1)\pi] = \sum\limits_{k=1}^{\infty} \text{Ci}[(2k-1)\pi] = \frac{1}{2}(\ln 2 - \frac{1}{2}) = 0.0965735903$.

Für $x = 2\pi$ folgt $\sum\limits_{k=1}^{\infty} G[(4k-2)\pi] = -\sum\limits_{k=1}^{\infty} \text{Ci}[(4k-2)\pi] = \frac{1}{2}(\frac{3}{4} - \ln 2) = 0.0284264097$.

[Weitere G-Reihen: Beispiel 3.4-11 (a), (b), (c), (d).]

- *Beispiel 3.4-8:* (si-Reihen)

(I) $\sum\limits_{k=1}^{\infty} \frac{\text{si}(kx)}{k} = \frac{1}{2}(\pi \ln x - x)$ $(0 < x \leqslant 2\pi)$ [Nielsen § 34 Gl. (8)]

(II) $\sum\limits_{k=1}^{\infty} (-1)^{k-1} \frac{\text{si}(kx)}{k} = \frac{1}{2}(x - \pi \ln 2)$ $(-\pi \leqslant x \leqslant \pi)$ [Nielsen § 34 Gl. (12)]

Die halbe Summe von Gl. (I) und Gl. (II) ergibt

(III) $\sum\limits_{k=1}^{\infty} \frac{\text{si}[(2k-1)x]}{2k-1} = \frac{\pi}{4} \ln\left(\frac{x}{2}\right)$ $(0 < x \leqslant \pi)$

Wegen $\text{si}(x) = \text{Si}(x) - \pi/2$ erhält man weitere si-Reihen aus Beispiel 3.4-9:

(IV) $\sum\limits_{k=1}^{\infty} \frac{\text{si}(kx)}{k^3} = \frac{x}{12}\left(\frac{x^2}{3} - \frac{3\pi x}{2} + 2\pi^2\right) - \frac{\pi}{2}\zeta(3)$ $(0 \leqslant x \leqslant 2\pi)$,

---

¹⁾ Die bei *Nielsen* [§ 33 Gl. (11)] angegebene Beziehung ist zu korrigieren.

wobei $\quad \zeta(3) = \sum_{k=1}^{\infty} k^{-3} = 1.202056903\ldots$

(V) $\quad \sum_{k=1}^{\infty} (-1)^{k-1} \frac{si(kx)}{k^3} = \frac{x}{12}\left(\pi^2 - \frac{x^2}{3}\right) - \frac{3\pi}{8}\zeta(3) \quad (-\pi \leqslant x \leqslant \pi)$

Die halbe Summe von Gl. (IV) und Gl. (V) liefert

(VI) $\quad \sum_{k=1}^{\infty} \frac{si[(2k-1)x]}{(2k-1)^3} = \frac{\pi}{16}[x(2\pi - x) - 7\zeta(3)] \quad (0 \leqslant x \leqslant \pi)$

Man teste die si-Routine durch Summierung einiger Reihen. —

(a) Gl. (I) liefert z.B. für $x = 2$: $\sum_{k=1}^{\infty} \frac{si(2k)}{k} = \frac{\pi}{2}\ln 2 - 1 = 0.0887930452$. Für $x = 1$ kommt

$\sum_{k=1}^{\infty} \frac{si(k)}{k} = -\frac{1}{2}$; Test: als Partialsummen $R_n = \sum_{k=1}^{n} \frac{si(k)}{k}$ $(n = 1, 2, 3, \ldots)$ erhält man

$R_1 = -0.6247$, $R_2 = -0.6074$, $R_3 = -0.5148$, $R_4 = -0.4679$, $R_5 = -0.4721$, $R_6 = -0.4965$, $R_7 = -0.5131$, $R_8 = -0.5126$, $R_9 = -0.5022$.
[$x = \pi$: Beispiel 3.4-6 (b); $x = 2\pi$: Beispiel 3.4-6 (a).]

(b) Gl. (II) (negativ genommen) ergibt z.B. für $x = 2$: $\sum_{k=1}^{\infty} (-1)^k \frac{si(2k)}{k} = \frac{\pi}{2}\ln 2 - 1 =$

$= 0.0887930452$; derselbe Zahlenwert erscheint auch bei (a), da $\sum_{k=1}^{\infty} \frac{si(4k-2)}{2k-1} = 0$ gibt

[siehe (c)]. Für $x = 1$ kommt $\sum_{k=1}^{\infty} (-1)^k \frac{si(k)}{k} = \frac{1}{2}(\pi\ln 2 - 1) = 0.5887930452$.

Für $x = \pi\ln 2 = 2.177586090$ verschwindet die rechte Seite von Gl. (II): $\sum_{k=1}^{\infty} (-1)^k \frac{si(k\pi\ln 2)}{k} = 0$;

Test: als Partialsummen $S_n = \sum_{k=1}^{n} (-1)^k \frac{si(k\pi\ln 2)}{k}$ $(n = 1, 2, 3, \ldots)$ erhält man $S_1 = -0.1085$,

$S_2 = -0.0511$, $S_3 = -0.0018$, $S_4 = 0.0173$, $S_5 = 0.0138$, $S_6 = 0.0022$, $S_7 = -0.0058$.
[$x = \pi$: Beispiel 3.4-6 (a); $x = 2\pi$ (hier nicht zulässig, da Gl. (II) nicht für $x > \pi$ gilt): Beispiel 3.4-6 (b).]

(c) Gl. (III) liefert z.B. für $x = 1$: $\sum_{k=1}^{\infty} \frac{si(2k-1)}{2k-1} = -\frac{\pi}{4}\ln 2 = -0.5443965226$.

Für $x = 2$ verschwindet die rechte Seite von Gl. (III): $\sum_{k=1}^{\infty} \frac{si(4k-2)}{2k-1} = 0$.

[$x = \pi$: Beispiel 3.4-6 (c); $x = 2\pi$ (hier nicht zulässig, da Gl. (III) nicht für $x > \pi$ gilt): Beispiel 3.4-6 (c).]

(d)   Gl. (IV) ergibt z.B. für $x = 1$: $\displaystyle\sum_{k=1}^{\infty} \frac{si(k)}{k^3} = \frac{1}{12}\left(\frac{1}{3} - \frac{3\pi}{2} + 2\pi^2\right) - \frac{\pi}{2}\zeta(3) = -0.6081738049.$

Für $x = \pi$ kommt $\displaystyle\sum_{k=1}^{\infty} \frac{si(k\pi)}{k^3} = \sum_{k=1}^{\infty} (-1)^{k-1} \frac{F(k\pi)}{k^3} = \frac{\pi}{2}\left[\frac{5}{36}\pi^2 - \zeta(3)\right] = 0.2650270905.$

Für $x = 2\pi$ folgt $\displaystyle\sum_{k=1}^{\infty} \frac{si(2k\pi)}{k^3} = -\sum_{k=1}^{\infty} \frac{F(2k\pi)}{k^3} = \frac{\pi}{2}\left[\frac{\pi^2}{9} - \zeta(3)\right] = -0.1656156411;$

Test: als Partialsummen $P_n = \displaystyle\sum_{k=1}^{n} \frac{si(2k\pi)}{k^3} = -\sum_{k=1}^{n} \frac{F(2k\pi)}{k^3}$ ($n = 1, 2, 3, \ldots$)   erhält man

$P_1 = -0.1526$, $P_2 = -0.1625$, $P_3 = -0.1644$, $P_4 = -0.1650$, $P_5 = -0.1653$, $P_6 = -0.1654$, $P_7 = -0.1655$.

(e)   Gl. (V) liefert z.B. für $x = 1$: $\displaystyle\sum_{k=1}^{\infty} (-1)^{k-1} \frac{si(k)}{k^3} = \frac{1}{12}\left(\pi^2 - \frac{1}{3}\right) - \frac{3\pi}{8}\zeta(3) = -0.6214506702.$

Für $x = \pi$ kommt $\displaystyle\sum_{k=1}^{\infty} (-1)^{k-1} \frac{si(k\pi)}{k^3} = \sum_{k=1}^{\infty} \frac{F(k\pi)}{k^3} = \frac{\pi}{2}\left[\frac{\pi^2}{9} - \frac{3}{4}\zeta(3)\right] = 0.3064310008;$

Test: als Partialsummen $Q_n = \displaystyle\sum_{k=1}^{n} (-1)^{k-1} \frac{si(k\pi)}{k^3} = \sum_{k=1}^{n} \frac{F(k\pi)}{k^3}$ ($n = 1, 2, 3, \ldots$)   erhält man

$Q_1 = 0.2811$, $Q_2 = 0.3002$, $Q_3 = 0.3041$, $Q_4 = 0.3053$, $Q_5 = 0.3058$, $Q_6 = 0.3061$, $Q_7 = 0.3062$.

(f)   Gl. (VI) ergibt z.B. für $x = 1$: $\displaystyle\sum_{k=1}^{\infty} \frac{si(2k-1)}{(2k-1)^3} = \frac{\pi}{16}[2\pi - 1 - 7\zeta(3)] = -0.6148122376.$

Für $x = \pi$ kommt $\displaystyle\sum_{k=1}^{\infty} \frac{si[(2k-1)\pi]}{(2k-1)^3} = \sum_{k=1}^{\infty} \frac{F[(2k-1)\pi]}{(2k-1)^3} = \frac{\pi}{16}[\pi^2 - 7\zeta(3)] = 0.2857290457.$

● *Beispiel 3.4-9:* (Si-Reihen [erhältlich durch Integration von Fourier-Sinus-Reihen])

(I) $\displaystyle\sum_{k=1}^{\infty} (-1)^{k-1} \frac{Si(kx)}{k} = \frac{x}{2}$ $(-\pi \leqslant x \leqslant \pi)$

(II) $\displaystyle\sum_{k=1}^{\infty} \frac{Si(kx)}{k^3} = \frac{x}{12}\left(\frac{x^2}{3} - \frac{3\pi x}{2} + 2\pi^2\right)$ $(0 \leqslant x \leqslant 2\pi)$

(III) $\displaystyle\sum_{k=1}^{\infty} (-1)^{k-1} \frac{Si(kx)}{k^3} = \frac{x}{12}\left(\pi^2 - \frac{x^2}{3}\right)$ $(-\pi \leqslant x \leqslant \pi)$

Die halbe Summe von Gl. (II) und Gl. (III) ergibt

(IV) $\displaystyle\sum_{k=1}^{\infty} \frac{Si[(2k-1)x]}{(2k-1)^3} = \frac{\pi x}{8}\left(\pi - \frac{x}{2}\right)$ $(0 \leqslant x \leqslant \pi)$

$$(V) \quad \sum_{k=1}^{\infty} (-1)^{k-1} \frac{k}{k^2 + a^2} \, Si(kx) = \frac{\pi}{2} \frac{Shi(ax)}{\sinh(a\pi)} \quad (-\pi \leqslant x \leqslant \pi; \; a \neq 0)$$

$$(VI) \quad \sum_{k=1}^{\infty} (-1)^{k-1} \frac{k}{k^2 - a^2} \, Si(kx) = \frac{\pi}{2} \frac{Si(ax)}{\sin(a\pi)} \quad (-\pi \leqslant x \leqslant \pi; \; a \neq 0, \pm 1, \pm 2, \ldots)$$

Der Fall $a = \frac{1}{2}$ ergibt eine Halbierungsformel für den Integralsinus:

$$Si\left(\frac{x}{2}\right) = \frac{4}{\pi} \sum_{k=1}^{\infty} (-1)^{k-1} \frac{2k}{(2k-1)(2k+1)} Si(kx) \quad (-\pi \leqslant x \leqslant \pi)$$

Man teste die Si-Routine durch Summierung einiger Reihen. —

(a)   Gl. (I) liefert z.B. für $x = 1$: $\displaystyle\sum_{k=1}^{\infty} (-1)^{k-1} \frac{Si(k)}{k} = \frac{1}{2}$. Für $x = \pi$ kommt $\displaystyle\sum_{k=1}^{\infty} (-1)^{k-1} \frac{Si(k\pi)}{k} = \frac{\pi}{2}$.

Für $x = 2$ folgt $\displaystyle\sum_{k=1}^{\infty} (-1)^{k-1} \frac{Si(2k)}{k} = 1$; Test: als Partialsummen $R_n = \displaystyle\sum_{k=1}^{n} (-1)^{k-1} \frac{Si(2k)}{k}$

($n = 1, 2, 3, \ldots$) erhält man $R_1 = 1.6054$, $R_2 = 0.7263$, $R_3 = 1.2012$, $R_4 = 0.8077$, $R_5 = 1.1393$, $R_6 = 0.8885$, $R_7 = 1.1108$, $R_8 = 0.9069$, $R_9 = 1.0776$.

(b)   Gl. (II) ergibt z.B. für $x = 1$: $\displaystyle\sum_{k=1}^{\infty} \frac{Si(k)}{k^3} = \frac{1}{12}\left(\frac{1}{3} - \frac{3\pi}{2} + 2\pi^2\right) = 1.280012763$. Für $x = \pi$

kommt $\displaystyle\sum_{k=1}^{\infty} \frac{Si(k\pi)}{k^3} = \frac{5}{72}\pi^3 = 2.153213658$.

Für $x = 2\pi$ folgt $\displaystyle\sum_{k=1}^{\infty} \frac{Si(2k\pi)}{k^3} = \frac{\pi^3}{18} = 1.722570927$.

(c)   Gl. (III) liefert z.B. für $x = 1$: $\displaystyle\sum_{k=1}^{\infty} (-1)^{k-1} \frac{Si(k)}{k^3} = \frac{1}{12}\left(\pi^2 - \frac{1}{3}\right) = 0.7946892556$.

Für $x = \pi$ kommt $\displaystyle\sum_{k=1}^{\infty} (-1)^{k-1} \frac{Si(k\pi)}{k^3} = \frac{\pi^3}{18} = 1.722570927$; derselbe Zahlenwert erscheint

auch bei (b), da nach (d) $\displaystyle\sum_{k=1}^{\infty} \frac{Si[(2k-1)\pi]}{(2k-1)^3} = \frac{\pi^3}{16}$ gilt, so daß

$$\sum_{k=1}^{\infty} (-1)^{k-1} \frac{Si(k\pi)}{k^3} = \sum_{k=1}^{\infty} \frac{Si[(2k-1)\pi]}{(2k-1)^3} - \sum_{k=1}^{\infty} \frac{Si(2k\pi)}{(2k)^3} = \frac{\pi^3}{16} - \frac{1}{8}\frac{\pi^3}{18} = \frac{\pi^3}{18}.$$

(d)   Gl. (IV) ergibt z.B. für $x = 1$: $\displaystyle\sum_{k=1}^{\infty} \frac{Si(2k-1)}{(2k-1)^3} = \frac{\pi}{8}\left(\pi - \frac{1}{2}\right) = 1.037351009$.

Für $x = \pi$ kommt $\displaystyle\sum_{k=1}^{\infty} \frac{\text{Si}[(2k-1)\,\pi]}{(2k-1)^3} = \frac{\pi^3}{16} = 1.937892293$; Test: als Partialsummen

$$S_n = \sum_{k=1}^{n} \frac{\text{Si}[(2k-1)\,\pi]}{(2k-1)^3} \quad (n = 1, 2, 3, \ldots) \quad \text{erhält man} \quad S_1 = 1.8519, \ S_2 = 1.9140, \ S_3 = 1.9270,$$

$S_4 = 1.9317, \ S_5 = 1.9340, \ S_6 = 1.9352, \ S_7 = 1.9359.$

(e) Gl. (V) liefert z.B. für $x = \pi$, $a = 1$: $\displaystyle\sum_{k=1}^{\infty} (-1)^{k-1} \frac{k}{k^2+1}\,\text{Si}(k\pi) = \frac{\pi}{2}\,\frac{\text{Shi}(\pi)}{\sinh(\pi)} = 0.74395;$

Test: als Partialsummen $T_n = \displaystyle\sum_{k=1}^{n} (-1)^{k-1} \frac{k}{k^2+1}\,\text{Si}(k\pi) \quad (n = 1, 2, 3, \ldots)$ erhält man

$T_1 = 0.9260, \ T_2 = 0.3587, \ T_3 = 0.8611, \ T_4 = 0.5100, \ T_5 = 0.8243, \ T_6 = 0.5781,$
$T_7 = 0.8043, \ T_8 = 0.6159, \ T_9 = 0.7922.$

(f) Gl. (VI) ergibt z.B. für $x = 2$, $a = \frac{1}{2}$: $\displaystyle\sum_{k=1}^{\infty} (-1)^{k-1} \frac{k}{k^2-\frac{1}{4}}\,\text{Si}(2k) = \frac{\pi}{2}\,\text{Si}(1) = 1.48610;$

Test: als Partialsummen $P_n = \displaystyle\sum_{k=1}^{n} (-1)^{k-1} \frac{k}{k^2-\frac{1}{4}}\,\text{Si}(2k) \quad (n = 1, 2, 3, \ldots)$ erhält man

$P_1 = 2.1406, \ P_2 = 1.2028, \ P_3 = 1.6913, \ P_4 = 1.2915, \ P_5 = 1.6265, \ P_6 = 1.3739,$
$P_7 = 1.5974, \ P_8 = 1.3927, \ P_9 = 1.5640, \ P_{10} = 1.4087.$

● *Beispiel 3.4-10:* (Cin-Reihen [erhältlich durch Integration von Fourier-Cosinus-Reihen])

(I) $\displaystyle\sum_{k=1}^{\infty} \frac{\text{Cin}(kx)}{k^2} = \frac{x}{2}\left(\pi - \frac{x}{4}\right) \quad (0 \leqslant x \leqslant 2\pi)$

(II) $\displaystyle\sum_{k=1}^{\infty} (-1)^{k-1} \frac{\text{Cin}(kx)}{k^2} = \frac{x^2}{8} \quad (-\pi \leqslant x \leqslant \pi)$

Die halbe Summe von Gl. (I) und Gl. (II) ergibt

(III) $\displaystyle\sum_{k=1}^{\infty} \frac{\text{Cin}[(2k-1)\,x]}{(2k-1)^2} = \frac{\pi}{4}\,x \quad (0 \leqslant x \leqslant \pi)$

(IV) $\displaystyle\sum_{k=1}^{\infty} \frac{\text{Cin}(2kx)}{(2k-1)(2k+1)} = \frac{\pi}{4}\,\text{Si}(x) \quad (0 \leqslant x \leqslant \pi)$

(V) $\displaystyle\sum_{k=1}^{\infty} \frac{\text{Cin}(kx)}{k^4} = \frac{x^2}{12}\left(\frac{\pi^2}{2} - \frac{\pi}{3}\,x + \frac{x^2}{16}\right) \quad (0 \leqslant x \leqslant 2\pi)$

Zur Berechnung von Cin (x) dient die folgende Zusatzroutine (Aufruf mit Taste E):

```
240   76  LBL      247   09   09      254   50  IxI      261   02   2
241   15   E       248   11   A       255   23  LNX      262   01   1
242   29  CP       249   53   (       256   85   +       263   05   5
243   67  EQ       250   94  +/-      257   93   .       264   07   7
244   02   2       251   85   +       258   05   5       265   54   )
245   66  66       252   43  RCL      259   07   7       266   92  RTN
246   42  STO      253   09   09      260   07   7
```

Man teste diese Cin-Routine durch Summierung einiger Reihen. —

(a)   Gl. (I) liefert z.B. für $x = 1$: $\displaystyle\sum_{k=1}^{\infty} \frac{\mathrm{Cin}\,(k)}{k^2} = \frac{1}{2}\left(\pi - \frac{1}{4}\right) = 1.445796327$. Für $x = 2$ kommt

$$\sum_{k=1}^{\infty} \frac{\mathrm{Cin}\,(2k)}{k^2} = \pi - \frac{1}{2} = 2.641592654.\quad \text{Für } x = 2\pi \text{ ergibt sich } \sum_{k=1}^{\infty} \frac{\mathrm{Cin}\,(2k\pi)}{k^2} = \frac{\pi^2}{2} = 4.934802201;$$

Test: als Partialsummen $R_n = \displaystyle\sum_{k=1}^{n} \frac{\mathrm{Cin}\,(2k\pi)}{k^2}$ $(n = 1, 2, 3, \ldots)$ erhält man $R_1 = 2.4377$,

$R_2 = 3.2162$, $R_3 = 3.6070$, $R_4 = 3.8446$, $R_5 = 4.0057$, $R_6 = 4.1225$, $R_7 = 4.2116$.

(b)   Gl. (II) ergibt z.B. für $x = 2\sqrt{2}$: $\displaystyle\sum_{k=1}^{\infty} (-1)^{k-1} \frac{\mathrm{Cin}\,(2\sqrt{2}\,k)}{k^2} = 1$. Für $x = 2$ kommt

$$\sum_{k=1}^{\infty} (-1)^{k-1}\frac{\mathrm{Cin}\,(2k)}{k^2} = \frac{1}{2};\quad \text{Test: als Partialsummen } S_n = \sum_{k=1}^{n} (-1)^{k-1}\frac{\mathrm{Cin}\,(2k)}{k^2}\ (n = 1, 2, 3, \ldots)$$

erhält man $S_1 = 0.8474$, $S_2 = 0.3213$, $S_3 = 0.5920$, $S_4 = 0.4337$, $S_5 = 0.5507$,
$S_6 = 0.4642$, $S_7 = 0.5284$.

(c)   Gl. (III) liefert z.B. für $x = 1$: $\displaystyle\sum_{k=1}^{\infty} \frac{\mathrm{Cin}(2k-1)}{(2k-1)^2} = \frac{\pi}{4} = 0.7853981634$.

Für $x = \dfrac{4}{\pi} = 1.273239545$ folgt $\displaystyle\sum_{k=1}^{\infty} \frac{\mathrm{Cin}\,[(2k-1)\,4/\pi]}{(2k-1)^2} = 1$.

(d)   Gl. (IV) ergibt z.B. für $x = \dfrac{1}{2}$: $\displaystyle\sum_{k=1}^{\infty} \frac{\mathrm{Cin}\,(k)}{(2k-1)\,(2k+1)} = \frac{\pi}{4}\,\mathrm{Si}\left(\frac{1}{2}\right) = 0.387286$;

Test: als Partialsummen $T_n = \displaystyle\sum_{k=1}^{n} \frac{\mathrm{Cin}\,(k)}{(2k-1)\,(2k+1)}$ $(n = 1, 2, 3, \ldots)$ erhält man $T_1 = 0.0799$,

$T_2 = 0.1364$, $T_3 = 0.1809$, $T_4 = 0.2143$, $T_5 = 0.2383$, $T_6 = 0.2553$, $T_7 = 0.2679$,
$T_8 = 0.2778$, $T_9 = 0.2862$, $T_{10} = 0.2936$, $T_{11} = 0.2999$, $T_{12} = 0.3053$.

(e)   Gl. (V) liefert z.B. für $x = 1$: $\displaystyle\sum_{k=1}^{\infty} \frac{\mathrm{Cin}\,(k)}{k^4} = \frac{1}{12}\left(\frac{\pi^2}{2} - \frac{\pi}{3} + \frac{1}{16}\right) = 0.3291753874$.

Für $x = \pi$ kommt $\displaystyle\sum_{k=1}^{\infty} \frac{\text{Cin}(k\pi)}{k^4} = \frac{11}{576}\pi^4 = 1.860243058$. Für $x = 2\pi$ folgt $\displaystyle\sum_{k=1}^{\infty} \frac{\text{Cin}(2k\pi)}{k^4} =$

$= \dfrac{\pi^4}{36} = 2.705808084$; Test: als Partialsummen $P_n = \displaystyle\sum_{k=1}^{n} \frac{\text{Cin}(2k\pi)}{k^4}$ $(n = 1, 2, 3, \ldots)$

erhält man $P_1 = 2.4377$, $P_2 = 2.6323$, $P_3 = 2.6757$, $P_4 = 2.6906$, $P_5 = 2.6970$, $P_6 = 2.7003$, $P_7 = 2.7021$.

● *Beispiel 3.4-11:* (Ci-Reihen) Wegen $\text{Ci}(x) = \gamma + \ln|x| - \text{Cin}(x)$ erhält man Ci-Reihen aus Beispiel 3.4-10:

(I) $\displaystyle\sum_{k=1}^{\infty} \frac{\text{Ci}(kx)}{k^2} = \frac{x}{2}\left(\frac{x}{4} - \pi\right) + \frac{\pi^2}{6}(\gamma + \ln x) - \zeta'(2)$ $(0 < x \leqslant 2\pi)$,

     wobei $\gamma = 0.5772156649\ldots$, $\zeta'(2) = -\displaystyle\sum_{k=2}^{\infty} \frac{\ln k}{k^2} \approx -0.9375482$

(II) $\displaystyle\sum_{k=1}^{\infty} (-1)^k \frac{\text{Ci}(kx)}{k^2} = \frac{x^2}{8} - \frac{\pi^2}{12}(\gamma + \ln x) + \eta'(2)$ $(0 < x \leqslant \pi)$

     wobei $\eta'(2) = \displaystyle\sum_{k=2}^{\infty} (-1)^k \frac{\ln k}{k^2} = \frac{1}{2}\zeta'(2) + \frac{\pi^2}{12}\ln 2 \approx 0.1013166$.

Die halbe Differenz von Gl. (I) und Gl. (II) ergibt

(III) $\displaystyle\sum_{k=1}^{\infty} \frac{\text{Ci}[(2k-1)x]}{(2k-1)^2} = -\frac{\pi}{4}x + \frac{\pi^2}{8}(\gamma + \ln x) - \frac{1}{2}[\zeta'(2) + \eta'(2)]$ $(0 < x \leqslant \pi)$

(IV) $\displaystyle\sum_{k=1}^{\infty} \frac{\text{Ci}(kx)}{k^4} = \frac{x^2}{12}\left(\frac{\pi}{3}x - \frac{x^2}{16} - \frac{\pi^2}{2}\right) + \frac{\pi^4}{90}(\gamma + \ln x) - \zeta'(4)$ $(0 < x \leqslant 2\pi)$,

     wobei $\zeta'(4) = -\displaystyle\sum_{k=2}^{\infty} \frac{\ln k}{k^4} \approx -0.0689112659$.

Man teste die Ci-Routine durch Summierung einiger Reihen. –

(a)   Gl. (I) liefert z.B. für $x = \pi$: $\displaystyle\sum_{k=1}^{\infty} \frac{\text{Ci}(k\pi)}{k^2} = \displaystyle\sum_{k=1}^{\infty} (-1)^{k-1} \frac{G(k\pi)}{k^2} = -\frac{3}{8}\pi^2 + \frac{\pi^2}{6}(\gamma + \ln \pi) -$

$-\zeta'(2) \approx 0.0689334$. Für $x = 2\pi$ kommt $\displaystyle\sum_{k=1}^{\infty} \frac{\text{Ci}(2k\pi)}{k^2} = -\displaystyle\sum_{k=1}^{\infty} \frac{G(2k\pi)}{k^2} = -\frac{\pi^2}{2} + \frac{\pi^2}{6}[\gamma + \ln(2\pi)] -$

$-\zeta'(2) \approx -0.0245857$. Für $x = 1$ folgt $\displaystyle\sum_{k=1}^{\infty} \frac{\text{Ci}(k)}{k^2} = \frac{1}{2}\left(\frac{1}{4} - \pi\right) + \frac{\pi^2}{6}\gamma - \zeta'(2) \approx 0.4412336$;

     Test: als Partialsummen $R_n = \displaystyle\sum_{k=1}^{n} \frac{\text{Ci}(k)}{k^2}$ $(n = 1, 2, 3, \ldots)$ erhält man $R_1 = 0.3374$,

$R_2 = 0.4431$, $R_3 = 0.4564$, $R_4 = 0.4476$, $R_5 = 0.4400$, $R_6 = 0.4381$, $R_7 = 0.4397$, $R_8 = 0.4416$, $R_9 = 0.4423$, $R_{10} = 0.4418$.

(b) Gl. (II) (negativ genommen) ergibt z.B. für $x = \pi$: $\displaystyle\sum_{k=1}^{\infty} (-1)^{k-1}\, \frac{\mathrm{Ci}(k\pi)}{k^2} = \sum_{k=1}^{\infty} \frac{G(k\pi)}{k^2} =$

$$-\frac{\pi^2}{8} + \frac{\pi^2}{12}\,(\gamma + \ln\pi) - \eta'(2) \approx 0.0812263.$$

Für $x = 1$ kommt $\displaystyle\sum_{k=1}^{\infty} (-1)^{k-1}\, \frac{\mathrm{Ci}(k)}{k^2} = -\frac{1}{8} + \frac{\pi^2}{12}\,\gamma - \eta'(2) \approx 0.2484243;$

Test: als Partialsummen $S_n = \displaystyle\sum_{k=1}^{n} (-1)^{k-1}\, \frac{\mathrm{Ci}(k)}{k^2}$ $(n = 1, 2, 3, \dots)$ erhält man $S_1 = 0.3374,$

$S_2 = 0.2317$, $S_3 = 0.2450$, $S_4 = 0.2538$, $S_5 = 0.2462$, $S_6 = 0.2481$, $S_7 = 0.2496$,
$S_8 = 0.2477$, $S_9 = 0.2484$, $S_{10} = 0.2488$.

(c) Gl. (III) liefert z.B. für $x = \pi$: $\displaystyle\sum_{k=1}^{\infty} \frac{\mathrm{Ci}[(2k-1)\pi]}{(2k-1)^2} = \sum_{k=1}^{\infty} \frac{G[(2k-1)\pi]}{(2k-1)^2} = -\frac{\pi^2}{4} + \frac{\pi^2}{8}\,(\gamma + \ln\pi) -$

$$-\frac{1}{2}\,[\zeta'(2) + \eta'(2)] \approx 0.0750799.$$

Für $x = 1$ kommt $\displaystyle\sum_{k=1}^{\infty} \frac{\mathrm{Ci}(2k-1)}{(2k-1)^2} = -\frac{\pi}{4} + \frac{\pi^2}{8}\,\gamma - \frac{1}{2}\,[\zeta'(2) + \eta'(2)] \approx 0.3448289;$

Test: als Partialsummen $T_n = \displaystyle\sum_{k=1}^{n} \frac{\mathrm{Ci}(2k-1)}{(2k-1)^2}$ $(n = 1, 2, 3, \dots)$ erhält man $T_1 = 0.3374,$

$T_2 = 0.3507$, $T_3 = 0.3431$, $T_4 = 0.3447$, $T_5 = 0.3453$, $T_6 = 0.3446$, $T_7 = 0.3448$,
$T_8 = 0.3450$, $T_9 = 0.3448$, $T_{10} = 0.3448$.

(d) Gl. (IV) ergibt z.B. für $x = \pi$: $\displaystyle\sum_{k=1}^{\infty} \frac{\mathrm{Ci}(k\pi)}{k^4} = \sum_{k=1}^{\infty} (-1)^{k-1}\, \frac{G(k\pi)}{k^4} = -\frac{11}{576}\,\pi^4 + \frac{\pi^4}{90}\,(\gamma + \ln\pi) -$

$$-\zeta'(4) = 0.0723698847.$$

Für $x = 2\pi$ kommt $\displaystyle\sum_{k=1}^{\infty} \frac{\mathrm{Ci}(2k\pi)}{k^4} = -\sum_{k=1}^{\infty} \frac{G(2k\pi)}{k^4} = -\frac{\pi^4}{36} + \frac{\pi^4}{90}\,[\gamma + \ln(2\pi)] - \zeta'(4) = -0.0229858437.$

Für $x = 1$ folgt $\displaystyle\sum_{k=1}^{\infty} \frac{\mathrm{Ci}(k)}{k^4} = \frac{1}{12}\left(\frac{\pi}{3} - \frac{1}{16} - \frac{\pi^2}{2}\right) + \frac{\pi^4}{90}\,\gamma - \zeta'(4) = 0.3644698034;$

Test: als Partialsummen $P_n = \displaystyle\sum_{k=1}^{n} \frac{\mathrm{Ci}(k)}{k^4}$ $(n = 1, 2, 3, \dots)$ erhält man $P_1 = 0.3374,$

$P_2 = 0.3638$, $P_3 = 0.3653$, $P_4 = 0.3648$, $P_5 = 0.3645$, $P_6 = 0.3644$, $P_7 = 0.3644$,
$P_8 = 0.3645$, $P_9 = 0.3645$, $P_{10} = 0.3645$.

Anhang: Sonderprogramme

Programme im Anhang (Übersicht)

Programm	Zweck	Datenregister
A1 *), A2 *)	Vergleich von Datenregister- und Hierarchie-Arithmetik	
Plotroutinen:		
B1	Plotten von 2 Kurven	$R_{01}-R_{03}$
B2	Plotten von bis zu 5 Kurven	$R_{01}-R_{06}$
C1—C7	Plotten der Ordinatenachse (mit gleichmäßiger Teilung)	keine
Druckroutinen (Standardformat):		
D1	Drucken mit 9 Dezimalstellen (ohne Null-Unterdrückung)	keine
D2	Drucken mit 10 Dezimalstellen (ohne Null-Unterdrückung)	keine
Druckroutinen (Exponentialformat):		
E1	Drucken mit 9-stelliger Mantisse (ohne Null-Unterdrückung)	keine
E2	Drucken mit 10-stelliger Mantisse (ohne Null-Unterdrückung)	keine
E3	Drucken mit 13-stelliger Mantisse (ohne Null-Unterdrückung)	keine
E4	13-stellige Auflistung von Datenregistern	effektiv keine

*) auch für TI-58 geeignet

A. Vorteile der Hierarchie-Arithmetik

Im folgenden wird ein typischer Funktions-Algorithmus (Gamma-Funktion nach Programm 1.2)
in zwei schnellen Versionen realisiert: in konventioneller Datenregister-Arithmetik (Programm A1
mit SUM, Prd, Op 20–39, Dsz-Befehlen) und in unkonventioneller Hierarchie-Arithmetik
(Programm A2 mit HIR-Befehlen; aus Programm 1.2 entnommen). Dies ermöglicht einen Vergleich
bezüglich Kenndaten und Laufzeiten. Aufruf: A.

Eingabe des Befehls HIR

Der Befehl HIR hat den Code 82, der nicht unmittelbar über die Tastatur in den Programmspeicher
eingebracht werden kann. Man behilft sich beim Eintasten des Programms (im Learn-Modus) mit
einem redigiertechnischen Kniff: einen Schritt vor dem HIR-Befehl benutzt man den Hilfs-Befehl
RCL, gefolgt von der Eingabe 82. Es ist empfehlenswert, zuerst alle HIR-Befehle in den Programmspeicher einzubringen. Zuletzt werden die Hilfs-Befehle (RCL = Code 43) mit den eigentlichen
Programmbefehlen überschrieben. Schon gesetzte HIR-Befehle (Code 82) werden durch SST über-
sprungen. Die Zifferncodes nach den HIR-Befehlen werden durch bekannte Redigier-Maßnahmen
eingebracht (z.B. Code 38 = sin).
Das Aufzeichnen eines solchen Programms auf Magnetkarte (oder Einlesen von einer Magnetkarte)
sowie das Auflisten erfolgt wie bei konventionellen Programmen.

Vergleich der beiden Programmversionen der Gamma-Funktion:

	Datenregister-Arithmetik (Programm A1)	Hierarchie-Arithmetik (Programm A2)
Kenndaten:	206 Programmschritte	181 Programmschritte
	3 Datenregister	keine Datenregister
	keine Klammer-Ebene	2 Klammer-Ebenen
	keine unvollständige Op.-Ebene	3 unvollständige Op.-Ebenen

Laufzeiten:		
$\Gamma(\pi) = 2.2880378$	6 Sekunden	5 Sekunden
$\Gamma(-\pi) = 1.0156971$	9 Sekunden	8 Sekunden
$\Gamma(1/\pi) = 2.8112975$	7 Sekunden	6 Sekunden
$\Gamma(10\pi) = 1.1021833 \times 10^{33}$	21 Sekunden	17 Sekunden
$\Gamma(-10\pi) = 9.3988393 \times 10^{-35}$	23 Sekunden	20 Sekunden

Bemerkung: Die Verwendung von *indirekter* Datenregister-Arithmetik in Programm A1 würde
die Anzahl der Programmschritte etwas vermindern, jedoch die Laufzeit erhöhen.

Zusammenfassung: Für die Hierarchie-Arithmetik spricht die Einsparung von Datenregistern (die
dann dem Anwender als Daten- oder Programm-Speicherplatz zur Verfügung stehen), ferner die
geringere Anzahl von Programmschritten und die kürzere Laufzeit (trotz der Notwendigkeit expli-
ziter Programmierung von Schleifen).

Liste zu Programm A1 (Datenregister-Arithmetik)

000	76	LBL	052	09	9	104	08	08	156	93	.
001	11	A	053	06	6	105	49	PRD	157	08	8
002	42	STO	054	02	2	106	09	09	158	04	4
003	08	08	055	04	4	107	07	7	159	03	3
004	42	STO	056	06	6	108	04	4	160	07	7
005	09	09	057	04	4	109	01	1	161	44	SUM
006	32	X:T	058	08	8	110	93	.	162	09	09
007	01	1	059	49	PRD	111	06	6	163	43	RCL
008	42	STO	060	09	09	112	00	0	164	08	08
009	10	10	061	01	1	113	00	0	165	49	PRD
010	02	2	062	05	5	114	09	9	166	09	09
011	22	INV	063	93	.	115	01	1	167	04	4
012	44	SUM	064	07	7	116	44	SUM	168	22	INV
013	09	09	065	08	8	117	09	09	169	28	LOG
014	32	X:T	066	00	0	118	43	RCL	170	22	INV
015	77	GE	067	00	0	119	08	08	171	49	PRD
016	01	1	068	07	7	120	49	PRD	172	09	09
017	86	86	069	05	5	121	09	09	173	69	OP
018	43	RCL	070	22	INV	122	08	8	174	29	29
019	08	08	071	44	SUM	123	01	1	175	43	RCL
020	69	OP	072	09	09	124	05	5	176	09	09
021	28	28	073	43	RCL	125	93	.	177	49	PRD
022	49	PRD	074	08	08	126	09	9	178	10	10
023	10	10	075	49	PRD	127	00	0	179	43	RCL
024	97	DSZ	076	09	09	128	03	3	180	10	10
025	09	9	077	01	1	129	04	4	181	92	RTN
026	00	0	078	00	0	130	05	5	182	02	2
027	18	18	079	03	3	131	44	SUM	183	61	GTO
028	43	RCL	080	93	.	132	09	09	184	01	01
029	10	10	081	03	3	133	43	RCL	185	77	77
030	35	1/X	082	02	2	134	08	08	186	32	X:T
031	42	STO	083	00	0	135	49	PRD	187	03	3
032	10	10	084	06	6	136	09	09	188	77	GE
033	01	1	085	08	8	137	04	4	189	00	0
034	32	X:T	086	44	SUM	138	01	1	190	33	33
035	02	2	087	09	09	139	01	1	191	69	OP
036	22	INV	088	43	RCL	140	08	8	192	39	39
037	44	SUM	089	08	08	141	93	.	193	69	OP
038	08	08	090	49	PRD	142	03	3	194	38	38
039	43	RCL	091	09	09	143	09	9	195	43	RCL
040	08	08	092	93	.	144	02	2	196	08	08
041	67	EQ	093	07	7	145	09	9	197	49	PRD
042	01	1	094	05	5	146	44	SUM	198	10	10
043	82	82	095	05	5	147	09	09	199	97	DSZ
044	29	CP	096	09	9	148	43	RCL	200	09	9
045	67	EQ	097	06	6	149	08	08	201	01	1
046	01	1	098	04	4	150	49	PRD	202	93	93
047	79	79	099	01	1	151	09	09	203	61	GTO
048	42	STO	100	08	8	152	04	4	204	00	0
049	09	09	101	44	SUM	153	02	2	205	33	33
050	07	7	102	09	09	154	02	2			
051	93	.	103	43	RCL	155	07	7			

Liste zu Programm A2 (Hierarchie-Arithmetik)

000	76	LBL	046	08	8	092	85	+	138	04	4
001	11	A	047	75	−	093	07	7	139	02	2
002	82	HIR	048	01	1	094	04	4	140	02	2
003	08	8	049	05	5	095	01	1	141	07	7
004	32	X:T	050	93	.	096	93	.	142	93	.
005	02	2	051	07	7	097	06	6	143	08	8
006	32	X:T	052	08	8	098	00	0	144	04	4
007	53	(	053	00	0	099	00	0	145	03	3
008	77	GE	054	00	0	100	09	9	146	07	7
009	01	1	055	07	7	101	01	1	147	54	)
010	61	61	056	05	5	102	54	)	148	53	(
011	65	×	057	54	)	103	53	(	149	32	X:T
012	01	1	058	53	(	104	32	X:T	150	65	×
013	82	HIR	059	32	X:T	105	65	×	151	32	X:T
014	38	38	060	65	×	106	32	X:T	152	55	÷
015	82	HIR	061	32	X:T	107	85	+	153	04	4
016	18	18	062	85	+	108	08	8	154	22	INV
017	22	INV	063	01	1	109	01	1	155	28	LOG
018	77	GE	064	00	0	110	05	5	156	85	+
019	00	0	065	03	3	111	93	.	157	01	1
020	11	11	066	93	.	112	09	9	158	54	)
021	01	1	067	03	3	113	00	0	159	54	)
022	54	)	068	02	2	114	03	3	160	92	RTN
023	53	(	069	00	0	115	04	4	161	32	X:T
024	35	1/X	070	06	6	116	05	5	162	03	3
025	65	×	071	08	8	117	54	)	163	32	X:T
026	02	2	072	54	)	118	53	(	164	22	INV
027	82	HIR	073	53	(	119	32	X:T	165	77	GE
028	58	58	074	32	X:T	120	65	×	166	00	0
029	82	HIR	075	65	×	121	32	X:T	167	26	26
030	18	18	076	32	X:T	122	85	+	168	01	1
031	29	CP	077	85	+	123	04	4	169	65	×
032	53	(	078	93	.	124	01	1	170	01	1
033	67	EQ	079	07	7	125	01	1	171	82	HIR
034	01	1	080	05	5	126	08	8	172	58	58
035	57	57	081	05	5	127	93	.	173	82	HIR
036	65	×	082	09	9	128	03	3	174	18	18
037	32	X:T	083	06	6	129	09	9	175	77	GE
038	07	7	084	04	4	130	02	2	176	01	1
039	93	.	085	01	1	131	09	9	177	69	69
040	09	9	086	08	8	132	54	)	178	61	GTO
041	06	6	087	54	)	133	53	(	179	00	0
042	02	2	088	53	(	134	32	X:T	180	25	25
043	04	4	089	32	X:T	135	65	×			
044	06	6	090	65	×	136	32	X:T			
045	04	4	091	32	X:T	137	85	+			

Eingabe des Programms: Speicherbereichsverteilung in Grundstellung. Programm eintasten.

B. Plotten von mehreren Kurven

Programm B1:   Plotten von 2 Kurven

Die eingebaute Funktion Op 07 dient zum raschen Plotten einer einzelnen Kurve (mit dem ganz-zahligen Teil des Werts im Anzeigeregister als Ordinate y). Die vorliegende komfortable Plotroutine gestattet das simultane Plotten von 2 Kurven mit den Ordinaten y_1 und y_2, wobei für y_1 der ganz-zahlige Teil des Werts im Anzeigeregister und für y_2 der ganzzahlige Teil des Inhalts von R_{02} genommen wird.

Zum Plotten muß $0 \leqslant y_k < 20$ sein (k = 1, 2); Werte außerhalb dieses Bereichs werden ignoriert (verwendbar zum Unterdrücken von Punkten oder ganzen Kurven). Beim Zusammentreffen der beiden Kurven hat y_1 Priorität vor y_2.

Die Routine benötigt nur 3 Datenregister (R_{01}, R_{02}, R_{03}). Der Inhalt von R_{02} wird nicht verändert; R_{01} enthält nach Durchführung der Routine den ganzzahligen Wert y_1 (der aus dem Wert im Anzeigeregister gebildet wurde).

Aufruf: SBR 240. Anzeigeformat: Standard (INV Eng, INV Fix).

Programm-Koordination zum Zeichnen einer speziellen Funktion:

Block 1 (manchmal auch 3, 4)	Block 2
Unterprogramm: Funktionsroutine Aufruf: A, B, …	**Unterprogramm:** Plotroutine Aufruf: SBR 240
	Hauptprogramm: Zusatzroutine Aufruf: SBR SBR

Jeder Block läßt sich auf einer Magnetkartenhälfte archivieren.

Bemerkung: Eine vor Aufruf der Plotroutine vorhandene Fehlerbedingung (Blinken!) stört nicht und wird nicht gelöscht.

● *Beispiel B1-1:* Man skizziere die Sinus-Funktion zusammen mit Koordinatenachsen. —

(a)   Da die Sinus-Funktion eingebaut ist, erübrigt sich hier das Einlesen einer Funktionsroutine. Das Plotten erfolgt mit der Plotroutine B1 in Verbindung mit der nachstehenden Zusatzroutine (Aufruf: SBR SBR). Zum Plotten der y-Achse wird in den Schritten 367—386 Programmteil C1 (aus Anhang C) eingesetzt. Winkelmodus: Standard (Deg) (Bild B1-1).

Bemerkung: Die Addition von .5 (hier Schritt 402—403) dient zur Rundung.

```
365   76 LBL      392   42 STO      402   93  .       412   43 RCL
366   71 SBR      393   00  00      403   05  5       413   00  00
367              394   43 RCL      404   95  =       414   32 X:T
...  Programm-    395   00  00      405   71 SBR      415   03  3
386   teil C1     396   38 SIN      406   02  2       416   06  6
387   01  1       397   65  ×       407   40  40      417   00  0
388   00  0       398   09  9       408   01  1       418   77 GE
389   42 STO      399   85  +       409   08  8       419   03  3
390   02  02      400   01  1       410   44 SUM      420   94  94
391   00  0       401   00  0       411   00  00      421   92 RTN
```

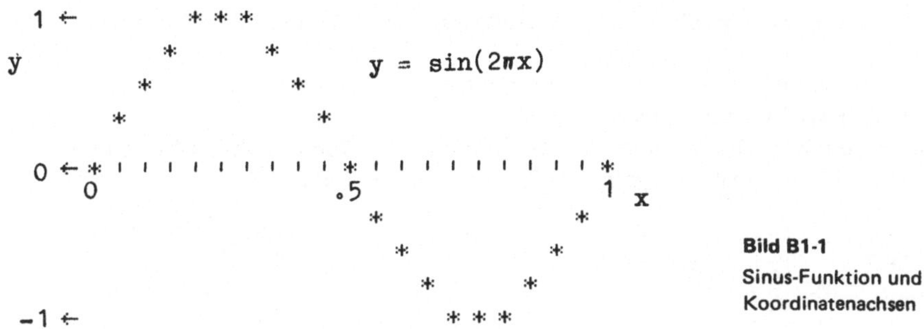

Bild B1-1

Sinus-Funktion und
Koordinatenachsen

(b)   Soll die x-Achse nach unten versetzt werden (meist zweckmäßig für Beschriftung), ist in den
Schritten 387—388 einfach 01 einzusetzen. Außerdem kann das Plotter-Symbol leicht geändert
werden; z.B. erhält man X (statt *) durch Einsetzen von Code 50 in den Schritten 257—258
(Bild B1-2).

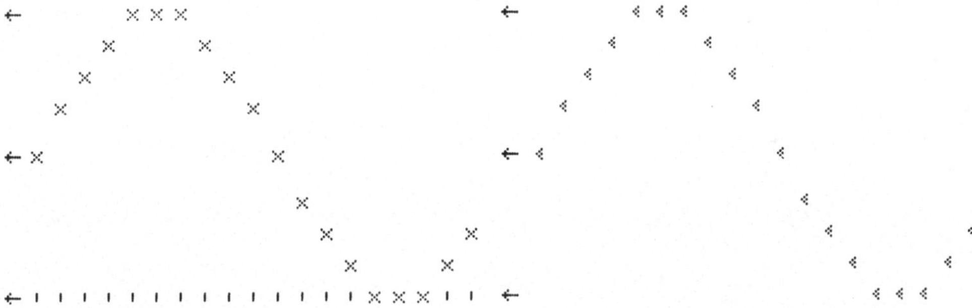

Bild B1-2 Sinus-Funktion (x-Achse versetzt)

Bild B1-3 Sinus-Funktion (x-Achse unterdrückt)

(c)   Die x-Achse wird unterdrückt, wenn in den Schritten 387—388 eine negative Zahl eingesetzt
wird, z.B. 1 +/−. Außerdem erhält man das Plotter-Symbol ◄ durch Einsetzen von Code 75 in den
Schritten 257—258 (Bild B1-3).

(d)   Die Teilung der x-Achse läßt sich vergröbern, indem die Achse teilweise unterdrückt wird
(z.B. bei jedem 2. Schritt, Bild B1-4 und B1-5); dies geschieht durch Einschub der 4 Befehle
1 +/− Prd 02 vor Schritt 408. Außerdem erhält man das Plotter-Symbol ·I· durch Einsetzen von
Code 72 in den Schritten 257—258 (oder ▬ durch Code 65).

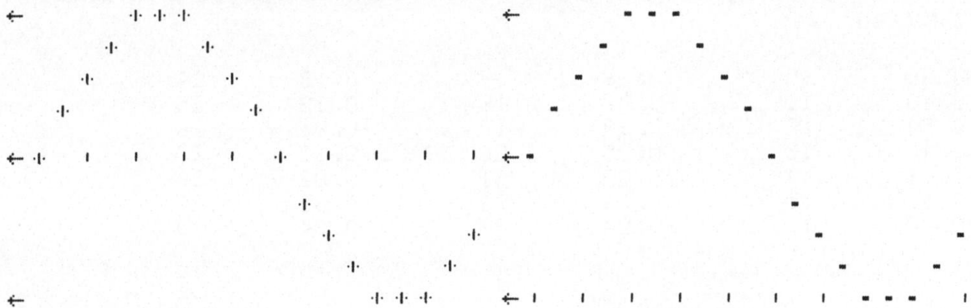

Bild B1-4 Sinus-Funktion
(x-Achse teilweise unterdrückt)

Bild B1-5 Sinus-Funktion
(x-Achse versetzt und teilweise unterdrückt)

● *Beispiel B1-2:* Man skizziere die Sinus-Funktion zusammen mit ihrem Spiegelbild (bezüglich x-Achse). —
Verwendet wird die Plotroutine B1 in Verbindung mit der folgenden Zusatzroutine (Aufruf: SBR SBR). Winkelmodus: Standard (Deg).
Durch Einsetzen von Code 47 (für + statt *) in den Schritten 257–258 und Code 64 (für II statt I) in den Schritten 283–284 erhält man geänderte Plotter-Symbole (Bild B1-6).

```
365   76 LBL      393   65  ×       404   02  02      415   32 X!T
366   71 SBR      394   09  9       405   95  =       416   03  3
367               395   85  +       406   71 SBR      417   06  6
... Programm-     396   94 +/-      407   02  2       418   00  0
386   teil C1     397   42 STO      408   40 40       419   77 GE
387   00  0       398   02  02      409   01  1       420   03  3
388   42 STO      399   01  1       410   08  8       421   90 90
389   00  00      400   00  0       411   44 SUM      422   92 RTN
390   43 RCL      401   93  .       412   00  00
391   00  00      402   05  5       413   43 RCL
392   38 SIN      403   44 SUM      414   00  00
```

Bild B1-6 Sinus-Funktion und Spiegelbild

● *Beispiel B1-3:* Man skizziere die Airy-Funktion Ai(− x) zwischen x = 0 und x = 10 nach Tabellenwerten. —
Aus einer Tabelle (z.B. Abramowitz-Stegun) werden die Funktionswerte Ai(− x) für x = 0(.5) 10 auf 2D gerundet entnommen (diese mäßige Genauigkeit genügt zum Plotten) und über die Tastatur in den Datenregistern R_{10} bis R_{30} abgespeichert. Die Funktionswerte lauten (aufgelistet durch 10 INV List):

```
 0.36   10      -0.38   17       0.18   24
 0.48   11      -0.07   18       0.32   25
 0.54   12       0.29   19      -0.05   26
 0.46   13       0.35   20      -0.33   27
 0.23   14       0.02   21      -0.02   28
-0.11   15      -0.33   22       0.32   29
-0.38   16      -0.24   23       0.04   30
```

Geplottet wird mit der Plotroutine B1 in Verbindung mit der nachstehenden Zusatzroutine
(Aufruf: SBR SBR) (Bild B1-7).

```
365   76 LBL      401   42 STO      410   85  +       419   00   00
366   71 SBR      402   00  00      411   09  9       420   32 X:T
367 ...Programm-  403   69 OP       412   93  .       421   02   2
396   teil C3     404   20  20      413   05  5       422   09   9
                  405   73 RC*      414   95  =       423   77 GE
397   01  1       406   00  00      415   71 SBR      424   04   4
398   42 STO      407   65  x       416   02   2      425   03   03
399   02  02      408   01  1       417   40  40      426   92 RTN
400   09  9       409   06  6       418   43 RCL
```

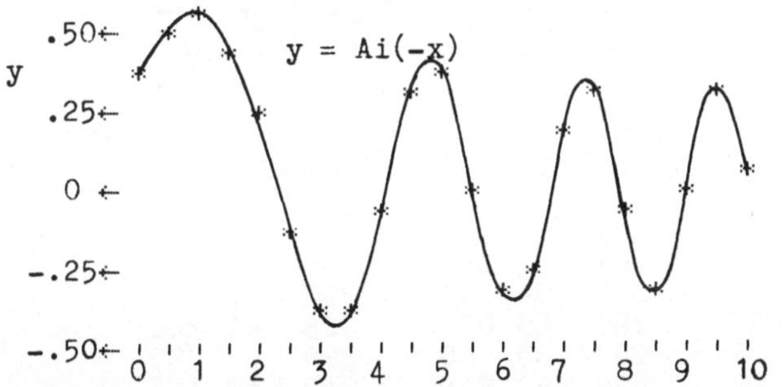

Bild B1-7 Airy-Funktion
$y = Ai(-x)$, $0 \leqslant x \leqslant 10$

Bemerkung: Auf diese Art lassen sich auch Histogramme der Statistik zusammen mit Koordinatenachsen zeichnen.

- *Beispiel B1-4:* (Erzeugung von Bild 1.1-1.) Man skizziere die Gamma-Funktion $\Gamma(x)$ zwischen
  $x = 0$ und $x = 4. -$
  Ein passendes Programm für die Funktion $\Gamma(x)$ ist einzulesen; hier eignet sich Programm 1.1. Die
  Funktion wird mit der Plotroutine B1 in Verbindung mit der folgenden Zusatzroutine geplottet
  (Aufruf: SBR SBR). (Der Pol bei $x = 0$ bereitet keine Schwierigkeiten.)

```
365   76 LBL      397   42 STO      407   95  =       417   02   2
366   71 SBR      398   00  00      408   11 A        418   40  40
367 ...Programm-  399   43 RCL      409   65  x       419   97 DSZ
391   teil C6     400   00  00      410   03  3       420   00   0
                  401   55  ÷       411   85  +       421   03   3
392   01  1       402   02  2       412   01  1       422   99  99
393   42 STO      403   85  +       413   93  .       423   24 CE
394   02  02      404   04  4       414   05  5       424   92 RTN
395   09  9       405   93  .       415   95  =
396   94 +/-      406   05  5       416   71 SBR
```

● *Beispiel B1-5:* (Erzeugung von Bild 1.1-2.) Man skizziere die reziproke Gamma-Funktion $1/\Gamma(x)$ zwischen $x = -3$ und $x = 4$. —
Ein passendes Programm für die Funktion $\Gamma(x)$ ist einzulesen; hier eignet sich Programm 1.1. Das Plotten der Funktion erfolgt mit der Plotroutine B1 in Verbindung mit der nachstehenden Zusatz-routine (Aufruf: SBR SBR). (Das Plotter-Symbol + erhält man durch Einsetzen von Code 47 in den Schritten 257—258.)

365	76	LBL	402	94	+/-	412	05	5	422	95	=
366	71	SBR	403	42	STO	413	95	=	423	71	SBR
367		Programm-	404	00	00	414	11	A	424	02	2
...		teil C3	405	43	RCL	415	35	1/X	425	40	40
396			406	00	00	416	65	×	426	97	DSZ
397	01	1	407	55	÷	417	08	8	427	00	0
398	42	STO	408	02	2	418	85	+	428	04	4
399	02	02	409	85	+	419	09	9	429	05	05
400	01	1	410	04	4	420	93	.	430	24	CE
401	06	6	411	93	.	421	05	5	431	92	RTN

Liste zu Programm B1

240	69	OP	272	09	9	304	69	OP	336	05	5
241	00	00	273	22	INV	305	04	04	337	75	-
242	42	STO	274	77	GE	306	69	OP	338	43	RCL
243	01	01	275	02	2	307	05	05	339	03	03
244	29	CP	276	88	88	308	92	RTN	340	59	INT
245	22	INV	277	43	RCL	309	82	HIR	341	48	EXC
246	77	GE	278	01	01	310	35	35	342	03	03
247	02	2	279	67	EQ	311	92	RTN	343	22	INV
248	62	62	280	02	2	312	82	HIR	344	59	INT
249	32	X:T	281	88	88	313	36	36	345	32	X:T
250	01	1	282	93	.	314	92	RTN	346	54	)
251	09	9	283	02	2	315	82	HIR	347	22	INV
252	22	INV	284	00	0	316	37	37	348	28	LOG
253	77	GE	285	71	SBR	317	92	RTN	349	33	X²
254	02	2	286	03	3	318	82	HIR	350	53	(
255	62	62	287	21	21	319	38	38	351	52	EE
256	93	.	288	22	INV	320	92	RTN	352	65	×
257	05	5	289	57	ENG	321	42	STO	353	03	3
258	01	1	290	82	HIR	322	03	03	354	49	PRD
259	71	SBR	291	15	15	323	53	(	355	03	03
260	03	3	292	69	OP	324	32	X:T	356	03	3
261	21	21	293	01	01	325	55	÷	357	00	0
262	43	RCL	294	82	HIR	326	32	X:T	358	06	6
263	02	02	295	16	16	327	05	5	359	44	SUM
264	59	INT	296	69	OP	328	85	+	360	03	03
265	29	CP	297	02	02	329	01	1	361	32	X:T
266	22	INV	298	82	HIR	330	54	)	362	54	)
267	77	GE	299	17	17	331	59	INT	363	83	GO*
268	02	2	300	69	OP	332	53	(	364	03	03
269	88	88	301	03	03	333	44	SUM			
270	32	X:T	302	82	HIR	334	03	03			
271	01	1	303	18	18	335	65	×			

Eingabe des Programms: Speicherbereichsverteilung in Grundstellung. Programm eintasten. (Eingabe des Befehls HIR: Anhang A.) Block 2 auf eine Magnetkartenhälfte aufzeichnen.

Programm B2:   Plotten von bis zu 5 Kurven

Die vorliegende komfortable Plotroutine erlaubt das simultane Plotten von bis zu 5 Kurven in den
fixen Symbolen * + X · I · I. Die Kurven 1 bis 5 beziehen ihre Ordinatenwerte y_1 bis y_5 aus dem
ganzzahligen Teil des Inhalts der Datenregister R_{01} bis R_{05} (der Wert im Anzeigeregister ist hier
gleichgültig). Zum Plotten muß $0 \leqslant y_k < 20$ sein (k = 1 bis 5); Werte außerhalb dieses Bereichs
werden ignoriert (verwendbar zum Unterdrücken von Punkten oder ganzen Kurven).
Beim Zusammentreffen mehrerer Kurven hat y_1 höchste, y_5 niedrigste Priorität. Außer den
5 Ordinaten-Registern (R_{01} bis R_{05}), deren Inhalt nicht verändert wird, benötigt die Routine
nur noch R_{06}.
Aufruf: SBR 240. Anzeigeformat: Standard (INV Eng, INV Fix).
Programm-Koordination zum Plotten: wie bei Programm B1.

Bemerkung: Eine vor Aufruf der Plotroutine vorhandene Fehlerbedingung (Blinken!) stört nicht
und wird nicht gelöscht. —
Wenn nur 2 Kurven zu zeichnen sind, ist Programm B1 etwas schneller.

● *Beispiel B2-1:* Man skizziere in einem einzigen Diagramm die Funktionen ± sin (2πx) und
± cos (2πx) zusammen mit Koordinatenachsen. —
Verwendet wird die Plotroutine B2 in Verbindung mit der folgenden Zusatzroutine
(Aufruf: SBR SBR). Zum Plotten der y-Achse wird in den Schritten 385—404 Programmteil C1
(aus Anhang C) eingesetzt. Winkelmodus: Standard (Deg) (Bild B2-1).

```
383   76 LBL        416   09    9        432   42 STO        448   40    40
384   71 SBR        417   95    =        433   04    04      449   01    1
385                 418   42 STO         434   01    1       450   08    8
...   Programm-     419   01    01       435   00    0       451   44 SUM
      teil C1       420   94 +/-         436   93    .       452   00    00
404                 421   42 STO         437   05    5       453   43 RCL
405   01    1       422   03    03       438   44 SUM        454   00    00
406   00    0       423   43 RCL         439   01    01      455   32 X:T
407   42 STO        424   00    00       440   44 SUM        456   04    4
408   05    05      425   39 COS         441   02    02      457   05    5
409   00    0       426   65    ×        442   44 SUM        458   00    0
410   42 STO        427   09    9        443   03    03      459   77 GE
411   00    00      428   95    =        444   44 SUM        460   04    4
412   43 RCL        429   42 STO         445   04    04      461   12    12
413   00    00      430   02    02       446   71 SBR        462   92 RTN
414   38 SIN        431   94 +/-         447   02    2
415   65    ×
```

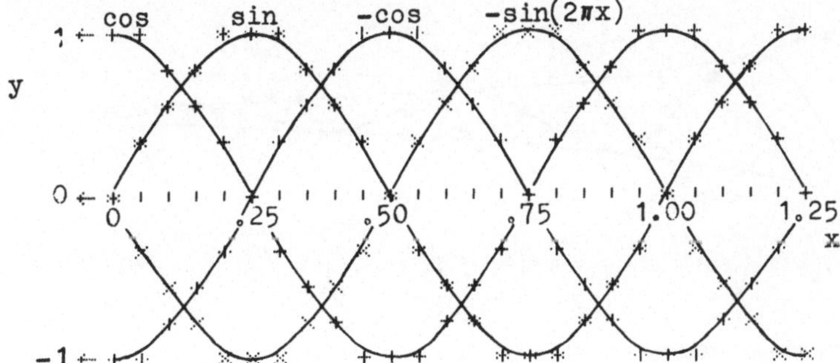

Bild B2-1

Harmonische
Schwingungen

● *Beispiel B2-2:* Man skizziere eine freie gedämpfte Schwingung zusammen mit Begrenzungslinien und Koordinatenachsen. —

(a)   Da nur 4 Kurven zu zeichnen sind, wird eine Kurve unterdrückt (hier Kurve 3 durch $y_3 < 0$). Das Plotten erfolgt mit der Plotroutine B2 in Verbindung mit der nachstehenden Zusatzroutine (Aufruf: SBR SBR). Winkelmodus: Standard (Deg) (Bild B2-2).

```
383   76 LBL      417   55  ÷       434   04   04      451   02    2
384   71 SBR      418   03  3       435   43 RCL       452   40   40
385               419   06  6       436   00   00      453   03    3
... Programm-     420   00  0       437   39 COS       454   06    6
    teil C1       421   95  =       438   49 PRD       455   44  SUM
404               422   94 +/-      439   01   01      456   00   00
405   94 +/-      423   22 INV      440   01    1      457   43  RCL
406   42 STO      424   23 LNX      441   00    0      458   00   00
407   03   03     425   65  ×       442   93    .      459   32  X:T
408   01    1     426   09  9       443   05    5      460   01    1
409   00    0     427   95  =       444   44 SUM       461   01    1
410   42 STO      428   42 STO      445   01   01      462   08    8
411   05   05     429   01   01     446   44 SUM       463   08    8
412   00    0     430   42 STO      447   02   02      464   77   GE
413   42 STO      431   02   02     448   44 SUM       465   04    4
414   00   00     432   94 +/-      449   04   04      466   15   15
415   43 RCL      433   42 STO      450   71 SBR       467   92  RTN
416   00   00
```

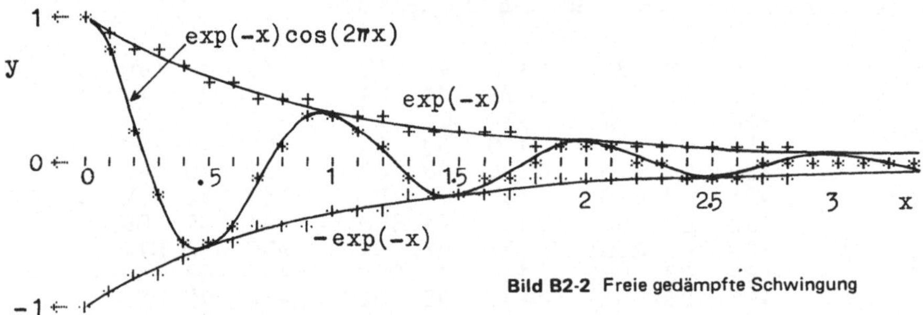

Bild B2-2 Freie gedämpfte Schwingung

(b)   Die Beschriftung läßt sich leichter anbringen, wenn die x-Achse nach unten versetzt wird. Dazu ist in den Schritten 408–409 einfach 01 einzusetzen (Bild B2-3).

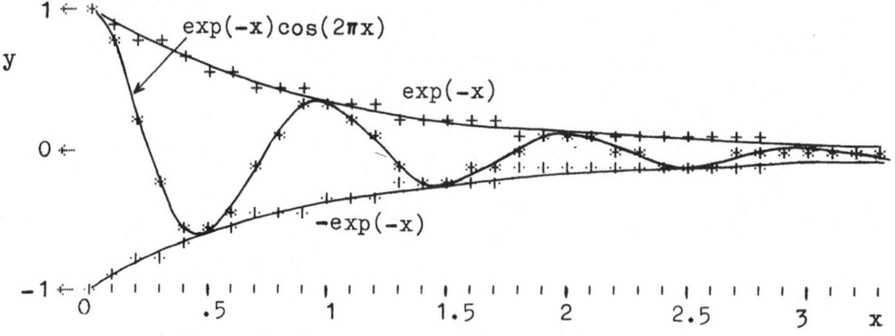

Bild B2-3 Freie gedämpfte Schwingung (x-Achse versetzt)

● *Beispiel B2-3:* Man skizziere die beiden Airy-Funktionen Ai$(-x)$ und Bi$(-x)$ zwischen $x = 0$
und $x = 10$ nach Tabellenwerten. —
Zu den zwei Kurven (Ai und x-Achse) von Beispiel B1-3 kommt hier noch Bi als dritte Kurve hinzu.
Da nur drei Kurven zu zeichnen sind, werden zwei Kurven unterdrückt ($y_3 < 0$, $y_4 < 0$). Neben
den Funktionswerten Ai$(-x)$, die wie in Beispiel B1-3 in den Datenregistern R_{10} bis R_{30} abgespeichert sind, werden noch die Funktionswerte für Bi$(-x)$ einer Tabelle entnommen und in den
Datenregistern R_{31} bis R_{51} gespeichert. Die Funktionswerte lauten (gelistet mit 10 INV List):

0.36	10	0.18	24	0.17	38
0.48	11	0.32	25	0.39	39
0.54	12	-0.05	26	0.25	40
0.46	13	-0.33	27	-0.14	41
0.23	14	-0.02	28	-0.37	42
-0.11	15	0.32	29	-0.15	43
-0.38	16	0.04	30	0.26	44
-0.38	17	0.61	31	0.29	45
-0.07	18	0.38	32	-0.11	46
0.29	19	0.1	33	-0.33	47
0.35	20	-0.19	34	0.01	48
0.02	21	-0.41	35	0.32	49
-0.33	22	-0.43	36	0.04	50
-0.24	23	-0.2	37	-0.31	51

Geplottet wird mit der Plotroutine B2 in Verbindung mit der nachstehenden Zusatzroutine
(Aufruf: SBR SBR) (Bild B2-4).

383	76	LBL	425	00	00	440	01	1	455	40	40
384	71	SBR	426	69	OP	441	06	6	456	02	2
385		Programm-	427	20	20	442	49	PRD	457	01	1
...		teil C3	428	73	RC*	443	01	01	458	22	INV
414			429	00	00	444	49	PRD	459	44	SUM
415	94	+/-	430	42	STO	445	02	02	460	00	00
416	42	STO	431	01	01	446	09	9	461	43	RCL
417	03	03	432	02	2	447	93	.	462	00	00
418	42	STO	433	01	1	448	05	5	463	32	X!T
419	04	04	434	44	SUM	449	44	SUM	464	02	2
420	01	1	435	00	00	450	01	01	465	09	9
421	42	STO	436	73	RC*	451	44	SUM	466	77	GE
422	05	05	437	00	00	452	02	02	467	04	4
423	09	9	438	42	STO	453	71	SBR	468	26	26
424	42	STO	439	02	02	454	02	2	469	92	RTN

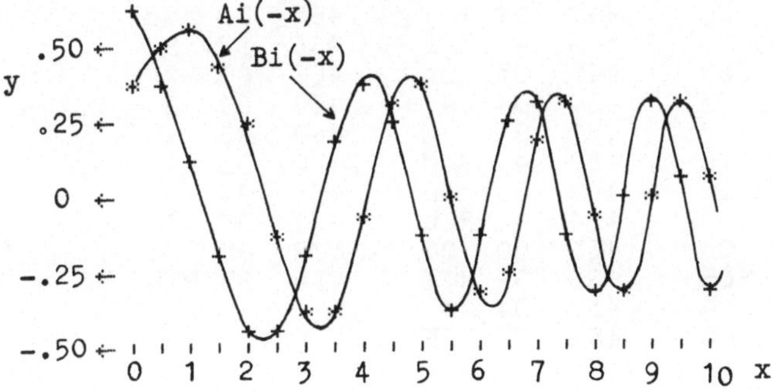

Bild B2-4

Airy-Funktionen
$y = \text{Ai}(-x)$, $y = \text{Bi}(-x)$,
$0 \leqslant x \leqslant 10$

Bemerkung: Auf diese Art lassen sich auch mehrfache Histogramme der Statistik zusammen mit Koordinatenachsen zeichnen.

● *Beispiel B2-4:* (Erzeugung von Bild 1.2-3.) Man skizziere die Beta-Funktion $B(x, u)$ zwischen $x = 0$ und $x = 4$ für $u = .2, .3, .5$ und 1.0. —
Ein passendes Programm für die Funktion $B(x, u)$ ist einzulesen; hier eignet sich Programm 1.2. Die Funktion wird mit der Plotroutine B2 in Verbindung mit der folgenden Zusatzroutine geplottet (Aufruf: SBR SBR). (Der Pol bei $x = 0$ bereitet keine Schwierigkeiten.)

Bemerkung: Die teilweise Unterdrückung der x-Achse erfolgt bei Programm B2 durch die vier Befehle 1 +/− Prd 05 (hier Schritt 446–449).

```
383   76 LBL      420   42 STO      435   00  0       450   49 PRD
384   71 SBR      421   07  07      436   93  .       451   05  05
385               422   43 RCL      437   05  5       452   93  .
...  Programm-    423   07  07      438   95  =       453   05  5
      teil C6     424   75  -       439   72 ST*      454   44 SUM
409               425   01  1       440   07  07      455   00  00
410   01  1       426   95  =       441   97 DSZ      456   43 RCL
411   42 STO      427   11  A       442   07  7       457   00  00
412   05  05      428   43 RCL      443   04  4       458   32 X:T
413   94 +/-      429   00  00      444   22  22      459   06  6
414   42 STO      430   12  B       445   71 SBR      460   77 GE
415   04  04      431   65  ×       446   02  2       461   04  4
416   00  0       432   03  3       447   40  40      462   19  19
417   42 STO      433   85  +       448   01  1       463   24 CE
418   00  00      434   01  1       449   94 +/-      464   92 RTN
419   03  3
```

● *Beispiel B2-5:* (Erzeugung von Bild 2.1-1.) Man skizziere die Di-, Tri- und Tetragamma-Funktion $\psi(x), \psi'(x), \psi''(x)$ zwischen $x = 0$ und $x = 6$. —
Ein passendes Programm für die Funktionen $\psi(x), \psi'(x), \psi''(x)$ ist einzulesen; hier eignet sich Programm 2.1. Das Plotten der Funktionen erfolgt mit der Plotroutine B2 in Verbindung mit der nachstehenden Zusatzroutine (Aufruf: SBR SBR). (Der Pol bei $x = 0$ bereitet keine Schwierigkeiten.)

```
383   76 LBL      423   05  5       441   42 STO      459   04  4
384   71 SBR      424   71 SBR      442   04  04      460   16  16
385               425   04  4       443   71 SBR      461   24 CE
...  Programm-    426   63  63      444   02  2       462   92 RTN
      teil C6     427   42 STO      445   40  40      463   32 X:T
409               428   02  02      446   01  1       464   43 RCL
410   01  1       429   93  .       447   94 +/-      465   00  00
411   42 STO      430   03  3       448   49 PRD      466   12  B
412   05  05      431   71 SBR      449   05  05      467   65  ×
413   00  0       432   04  4       450   04  4       468   03  3
414   42 STO      433   63  63      451   35 1/X      469   85  +
415   00  00      434   42 STO      452   44 SUM      470   01  1
416   01  1       435   03  03      453   00  00      471   93  .
417   71 SBR      436   93  .       454   43 RCL      472   05  5
418   04  4       437   02  2       455   00  00      473   95  =
419   63  63      438   71 SBR      456   32 X:T      474   92 RTN
420   42 STO      439   04  4       457   04  4
421   01  01      440   63  63      458   77 GE
422   93  .
```

● *Beispiel B2-6:* (Erzeugung von Bild 1.2-7.) Man skizziere die Funktionen $\Phi(n)$ und $G(n)$ aus Beispiel 1.2-8 zwischen n = 0 und n = 0.6. —
Ein passendes Programm für die Funktion $\Gamma(x)$ ist einzulesen; hier eignet sich Programm 1.2. Nach Einlesen der Plotroutine B2 wird die Zusatzroutine aus Beispiel 1.2-8 ‚angehängt' in Verbindung mit einem Plotter-Hauptprogramm (Aufruf: SBR SBR). Liste zum gesamten Zusatzprogramm:

```
383  76 LBL      420  15  E       457  55  ÷       521  49 PRD
384  10 E'       421  29 CP       458  69 OP       522  02  02
385  94 +/-      422  67  EQ      459  31  31      523  85  +
386  42 STO      423  10 E'       460  43 RCL      524  01  1
387  06  06      424  53  (       461  01  01      525  93  .
388  69 OP       425  42 STO      462  94 +/-      526  05  5
389  26  26      426  06  06      463  11  A       527  44 SUM
390  53  (       427  85  +       464  54  )       528  02  02
391  53  (       428  02  2       465  92 RTN      529  95  =
392  94 +/-      429  75  -       466  69 OP       530  42 STO
393  65  ×       430  35 1/X      467  17  17      531  01  01
394  53  (       431  42 STO      468  92 RTN      532  71 SBR
395  94 +/-      432  01  01      469  76 LBL      533  02   2
396  85  +       433  04  4       470  71 SBR      534  40  40
397  02  2       434  54  )       471  05  5       535  69 OP
398  54  )       435  53  (       472  69 OP       536  00  00
399  55  ÷       436  53  (       473  17  17      537  69 OP
400  43 RCL      437  94 +/-      474 Programm-    538  05  05
401  06  06      438  65  ×       ···   teil C3    539  93  .
402  33 X²       439  43 RCL      503                540  01  1
403  65  ×       440  01  01      504  01  1       541  44 SUM
404  89  π       441  54  )       505  42 STO      542  00  00
405  55  ÷       442  45 YX       506  05  05      543  43 RCL
406  05  5       443  94 +/-      507  94 +/-      544  00  00
407  00  0       444  55  ÷       508  42 STO      545  32 X:T
408  54  )       445  02  2       509  03  03      546  93  .
409  45 YX       446  49 PRD      510  42 STO      547  06  6
410  43 RCL      447  01  01      511  04  04      548  77 GE
411  06  06      448  43 RCL      512  00  0       549  05   5
412  55  ÷       449  01  01      513  42 STO      550  15  15
413  43 RCL      450  65  ×       514  00  00      551  06  6
414  06  06      451  43 RCL      515  43 RCL      552  61 GTO
415  54  )       452  06  06      516  00  00      553  04   4
416  42 STO      453  10 E'       517  15  E       554  66  66
417  02  02      454  45 YX       518  65  ×
418  92 RTN      455  43 RCL      519  02  2
419  76 LBL      456  01  01      520  00  0
```

Eingabe des Programms: Speicherbereichsverteilung in Grundstellung, Gamma-Routine (Programm 1.2) und Plotroutine B2 einlesen. Speicherbereichsverteilung durch 5 Op 17 einstellen auf 559.49, obiges Zusatzprogramm eintasten. Speicherbereichsverteilung durch 6 Op 17 auf Grundstellung setzen.

Liste zu Programm B2

240	69	OP	276	22	INV	312	02	2	348	55	÷
241	00	00	277	57	ENG	313	82	HIR	349	32	X:T
242	57	ENG	278	82	HIR	314	38	38	350	05	5
243	01	1	279	15	15	315	32	X:T	351	85	+
244	32	X:T	280	69	OP	316	42	STO	352	01	1
245	05	5	281	01	01	317	06	06	353	54	)
246	01	1	282	82	HIR	318	73	RC*	354	59	INT
247	71	SBR	283	16	16	319	06	06	355	53	(
248	03	3	284	69	OP	320	59	INT	356	42	STO
249	10	10	285	02	02	321	29	CP	357	06	06
250	02	2	286	82	HIR	322	77	GE	358	65	×
251	32	X:T	287	17	17	323	03	3	359	05	5
252	04	4	288	69	OP	324	26	26	360	75	−
253	71	SBR	289	03	03	325	92	RTN	361	32	X:T
254	03	3	290	82	HIR	326	32	X:T	362	54	)
255	09	09	291	18	18	327	01	1	363	22	INV
256	03	3	292	69	OP	328	09	9	364	28	LOG
257	32	X:T	293	04	04	329	77	GE	365	33	X²
258	03	3	294	69	OP	330	03	3	366	53	(
259	71	SBR	295	05	05	331	33	33	367	52	EE
260	03	3	296	92	RTN	332	92	RTN	368	65	×
261	10	10	297	82	HIR	333	22	INV	369	09	9
262	04	4	298	35	35	334	97	DSZ	370	08	8
263	32	X:T	299	92	RTN	335	06	6	371	44	SUM
264	02	2	300	82	HIR	336	03	3	372	06	06
265	02	2	301	36	36	337	46	46	373	03	3
266	71	SBR	302	92	RTN	338	73	RC*	374	49	PRD
267	03	3	303	82	HIR	339	06	06	375	06	06
268	10	10	304	37	37	340	59	INT	376	82	HIR
269	05	5	305	92	RTN	341	22	INV	377	18	18
270	32	X:T	306	82	HIR	342	67	EQ	378	22	INV
271	05	5	307	38	38	343	03	3	379	59	INT
272	02	2	308	92	RTN	344	33	33	380	54	)
273	71	SBR	309	94	+/−	345	92	RTN	381	83	GO*
274	03	3	310	52	EE	346	53	(	382	06	06
275	09	09	311	94	+/−	347	32	X:T			

Eingabe des Programms: Speicherbereichsverteilung in Grundstellung. Programm eintasten.
(Eingabe des Befehls HIR: Anhang A.) Block 2 auf eine Magnetkartenhälfte aufzeichnen.

C. Plotten der Ordinatenachse (mit gleichmäßiger Teilung)

Die hier angegebenen Programmteile dienen zum Zeichnen der y-Achse. Ein solcher Programmteil
kommt vor Aufruf der Plotroutine B1 oder B2 zum Einsatz (Beispiele: Anhang B). Position 0 wird
für nachträgliche Beschriftung der x-Achse freigehalten.

Anzeigeformat: Standard (INV Eng, INV Fix). Datenregister: keine.

Programmteil C1: Ordinatenachse mit 3 Teilstrichen

20 Programmschritte: Position der Teilstriche:

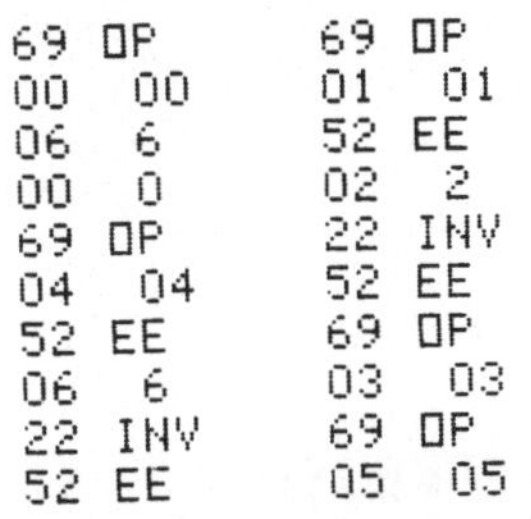

```
69 OP        69 OP
00  00       01  01
06  6        52 EE
00  0        02  2
69 OP        22 INV
04  04       52 EE
52 EE        69 OP
06  6        03  03
22 INV       69 OP
52 EE        05  05
```

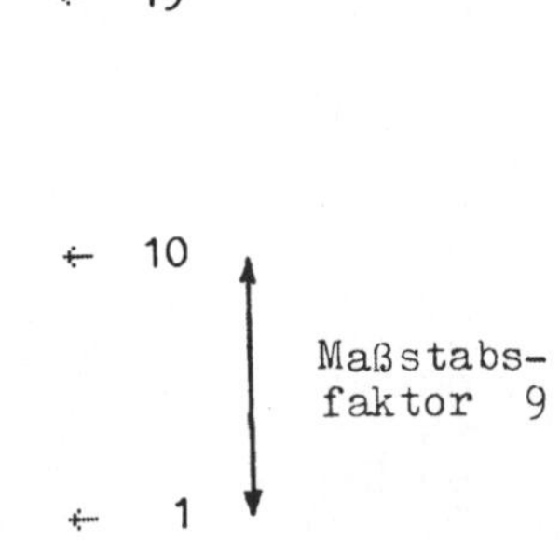

Programmteil C2: Ordinatenachse mit 4 Teilstrichen

24 Programmschritte: Position der Teilstriche:

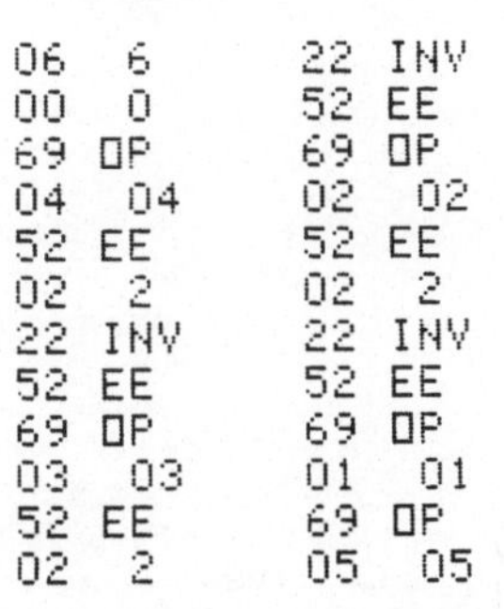

```
06  6        22 INV
00  0        52 EE
69 OP        69 OP
04  04       02  02
52 EE        52 EE
02  2        02  2
22 INV       22 INV
52 EE        52 EE
69 OP        69 OP
03  03       01  01
52 EE        69 OP
02  2        05  05
```

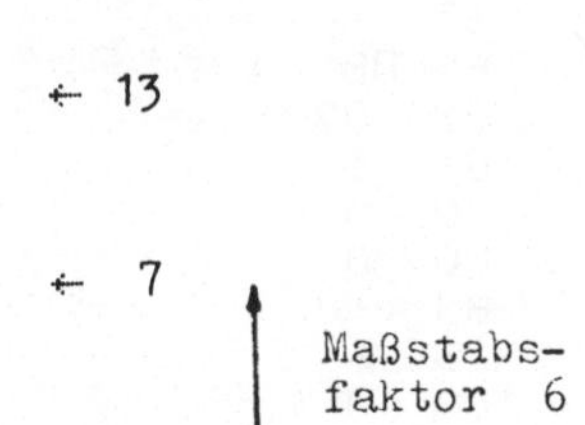

Programmteil C3: Ordinatenachse mit 5 Teilstrichen (Version I)

30 Programmschritte: Position der Teilstriche:

```
06  6        00  0
00  0        65  ×
00  0        69 OP
00  0        01  01
69 OP        01  1
03  03       00  0
65  ×        00  0
01  1        85  +
00  0        06  6
00  0        00  0
65  ×        95  =
69 OP        69 OP
04  04       02  02
01  1        69 OP
00  0        05  05
```

Programmteil C4: Ordinatenachse mit 5 Teilstrichen (Version II)

30 Programmschritte:　　　　　　　　　　　Position der Teilstriche:

```
06   6        00   0
00   0        65   ×                      ←   18
00   0        69  OP
00   0        02   02                     ←   14
69  OP        01   1
04   04       00   0                      ←   10
65   ×        00   0
01   1        85   +                      ←    6
00   0        06   6
00   0        00   0
65   ×        95   =                      ←    2
69  OP        69  OP
01   01       03   03
01   1        69  OP
00   0        05   05
```

Maßstabs-
faktor 4

Programmteil C5: Ordinatenachse mit 5 Teilstrichen (Version III)

30 Programmschritte:　　　　　　　　　　　Position der Teilstriche:

```
06   6        00   0
00   0        65   ×                      ←   19
00   0        69  OP
00   0        03   03                     ←   15
69  OP        01   1
01   01       00   0                      ←   11
65   ×        00   0
01   1        85   +                      ←    7
00   0        06   6
00   0        00   0
65   ×        95   =                      ←    3
69  OP        69  OP
02   02       04   04
01   1        69  OP
00   0        05   05
```

Maßstabs-
faktor 4

Programmteil C6: Ordinatenachse mit 7 Teilstrichen

25 Programmschritte:　　　　　　　　　　　Position der Teilstriche:

```
06   6        69  OP
52  EE        01   01                     ←   19
05   5        69  OP
22  INV       04   04                     ←   16
52  EE        52  EE
69  OP        02   2                       ←   13
02   02       22  INV
52  EE        52  EE                       ←   10
02   2        69  OP
93   .        03   03                      ←    7
06   6        69  OP
22  INV       05   05                      ←    4
52  EE
                                           ←    1
```

Maßstabs-
faktor 3

Programmteil C7: Ordinatenachse mit 10 Teilstrichen

26 Programmschritte: Position der Teilstriche:

```
06   6      01   1                                    ← 19
00   0      00   0                                    ← 17
00   0      00   0                                    ← 15
00   0      85   +                                    ← 13
06   6      06   6
00   0      00   0                                    ← 11
00   0      95   =                                    ← 9
00   0      69   OP
69   OP     02   02                                   ← 7
01   01     69   OP                                   ← 5
69   OP     04   04
03   03     69   OP                                   ← 3    ↕ Maßstabs-
65   ×      05   05                                   ← 1      faktor 2
```

D. Drucken im Standardformat (ohne 0-Unterdrückung)

Programm D1: Drucken mit 9 Dezimalstellen (ohne 0-Unterdrückung)

Im konventionellen Standardformat ist die Unterdrückung von abschließenden Nullen manchmal störend; die dabei auftretende Stellenverschiebung ist für Tabellen unbrauchbar. Werte mit Betrag < 1 können in konventioneller Form nicht mit 9 Dezimalstellen ausgegeben werden, da Fix 9 äquivalent ist mit INV Fix.
Die vorliegende komfortable Druckroutine druckt den Wert aus dem Anzeigeregister im Standardformat mit 9 Dezimalstellen (letzte Stelle gerundet) ohne Null-Unterdrückung. (Werte mit Betrag ≥ 100 werden in konventioneller Form ausgegeben.) Aufruf: SBR 240.

Bemerkung: Soll die Routine häufig über die Tastatur (z.B. Taste E) aufgerufen werden, ist folgende Ergänzung bequem:

```
238   76 LBL
239   15 E
```

Die Routine benötigt keine Datenregister. Das eingestellte Anzeigeformat ist beliebig; zurück bleibt Standardformat (INV Eng, INV Fix).

Programm-Koordination zum Tabellieren einer speziellen Funktion:

Block 1 (manchmal auch 3, 4)	Block 2
Unterprogramm: Funktionsroutine Aufruf: A, B, …	**Unterprogramm:** Druckroutine Aufruf: SBR 240
	Hauptprogramm: Zusatzroutine Aufruf: SBR SBR

Jeder Block läßt sich auf einer Magnetkartenhälfte archivieren.

Bemerkung: Eine vor Aufruf der Druckroutine vorhandene Fehlerbedingung (Blinken!) wird nicht gelöscht; das übliche ,?' wird mitgedruckt.

- *Beispiel D1-1:* Man drucke die Werte 1/9992 und 1/9993 mit 9 Dezimalstellen. —

```
0.00010008       0     Tastenfolge: 9992 1/x SBR 240
0.00010007       0                  9993 1/x SBR 240
```

Durch Entfernen des Zwischenraums erhält man das übliche Druckbild:

```
0.000100080
0.000100070
```

Zum Vergleich die konventionelle Ausgabe mit Prt:

```
.0001000801
0.00010007           (Stellenverschiebung durch 0-Unterdrückung)
```

- *Beispiel D1-2:* (Erzeugung eines Teils von Tabelle 2.3-1.) Man tabelliere die fünfte und sechste Ableitung der beta-Funktion, d.h. $\beta^{(5)}(x)$ und $\beta^{(6)}(x)$, zwischen $x = 2$ und $x = 5$ (Schrittweite 0.5) mit 9 Dezimalstellen. —
Ein passendes Programm für die Funktionen $\beta^{(5)}(x)$, $\beta^{(6)}(x)$ ist einzulesen; hier eignet sich Programm 2.3. Das Tabellieren erfolgt mit der Druckroutine D1 in Verbindung mit der nachstehenden Zusatzroutine (Aufruf: SBR SBR).

```
319  76 LBL     334  27  27     349  03   3     364  00   0
320  71 SBR     335  98 ADV     350  40  40     365  03   3
321  07  7      336  07   7     351  98 ADV     366  56  56
322  94 +/-     337  94 +/-     352  07   7     367  92 RTN
323  42 STO     338  42 STO     353  94 +/-     368  43 RCL
324  00  00     339  00  00     354  42 STO     369  00  00
325  58 FIX     340  71 SBR     355  00  00     370  55  ÷
326  01   1     341  03   3     356  71 SBR     371  02   2
327  71 SBR     342  68  68     357  03   3     372  85   +
328  03   3     343  17 B'      358  68  68     373  05   5
329  68  68     344  71 SBR     359  18 C'      374  93   .
330  99 PRT     345  02   2     360  71 SBR     375  05   5
331  97 DSZ     346  40  40     361  02   2     376  95   =
332  00   0     347  97 DSZ     362  40  40     377  92 RTN
333  03   3     348  00   0     363  97 DSZ
```

- *Beispiel D1-3:* Man tabelliere die Funktion exp (x) zwischen $x = -10$ und $x = -20$ (Schrittweite -1) mit 9 Dezimalstellen. —
Da die Exponentialfunktion eingebaut ist, erübrigt sich hier das Einlesen einer Funktionsroutine. Das Tabellieren erfolgt mit der Druckroutine D1 in Verbindung mit der nachstehenden Zusatzroutine (Aufruf: SBR SBR). Zuerst wird die Spalte der Argumentwerte x gedruckt, dann die Spalte der Funktionswerte exp (x) (nebeneinander zu kleben) (Tabelle D1-1).

319	76	LBL	329	01	1	339	42	STO	349	71	SBR
320	71	SBR	330	95	=	340	00	00	350	02	2
321	01	1	331	99	PRT	341	43	RCL	351	40	40
322	01	1	332	97	DSZ	342	00	00	352	97	DSZ
323	42	STO	333	00	0	343	75	-	353	00	0
324	00	00	334	03	3	344	02	2	354	03	3
325	43	RCL	335	25	25	345	01	1	355	41	41
326	00	00	336	98	ADV	346	95	=	356	92	RTN
327	75	-	337	01	1	347	22	INV			
328	02	2	338	01	1	348	23	LNX			

Tabelle D1-1 Exponentialfunktion
exp (x), x = -10 (-1) -20, 9D

x	exp (x)
-10.	0. 000045400
-11.	0. 000016702
-12.	0. 000006144
-13.	0. 000002260
-14.	0. 000000832
-15.	0. 000000306
-16.	0. 000000113
-17.	0. 000000041
-18.	0. 000000015
-19.	0. 000000006
-20.	0. 000000002

Liste zu Programm D1

240	22	INV	260	02	2	280	59	INT	300	59	INT
241	58	FIX	261	52	EE	281	85	+	301	55	÷
242	82	HIR	262	09	9	282	32	X:T	302	01	1
243	07	7	263	54	)	283	06	6	303	52	EE
244	32	X:T	264	82	HIR	284	77	GE	304	08	8
245	01	1	265	37	37	285	02	2	305	54	)
246	00	0	266	01	1	286	89	89	306	22	INV
247	00	0	267	52	EE	287	02	2	307	52	EE
248	32	X:T	268	08	8	288	85	+	308	58	FIX
249	50	IxI	269	82	HIR	289	01	1	309	08	8
250	77	GE	270	47	47	290	54	)	310	69	OP
251	03	3	271	82	HIR	291	52	EE	311	06	06
252	15	15	272	17	17	292	06	6	312	22	INV
253	57	ENG	273	22	INV	293	22	INV	313	58	FIX
254	82	HIR	274	59	INT	294	57	ENG	314	92	RTN
255	17	17	275	50	IxI	295	69	OP	315	82	HIR
256	53	(	276	52	EE	296	04	04	316	17	17
257	69	OP	277	00	0	297	82	HIR	317	99	PRT
258	10	10	278	02	2	298	17	17	318	92	RTN
259	55	÷	279	53	(	299	53	(			

Eingabe des Programms: Speicherbereichsverteilung in Grundstellung. Programm eintasten.
(Eingabe des Befehls HIR: Anhang A.) Block 2 auf eine Magnetkartenhälfte aufzeichnen.

Programm D2: Drucken mit 10 Dezimalstellen (ohne 0-Unterdrückung)

Die vorliegende komfortable Druckroutine druckt den Wert aus dem Anzeigeregister im Standardformat mit 10 Dezimalstellen (letzte Stelle gerundet) ohne Null-Unterdrückung. (Werte mit Betrag $\geqslant 100$ werden in konventioneller Form ausgegeben.) Aufruf: SBR 240. (Ergänzung bei häufigem Aufruf über die Tastatur: wie bei Programm D1.)
Die Routine benötigt keine Datenregister. Das eingestellte Anzeigeformat ist beliebig; zurück bleibt Standardformat (INV Eng, INV Fix).
Programm-Koordination zum Tabellieren: wie bei Programm D1.

Bemerkung: Eine vor Aufruf der Druckroutine vorhandene Fehlerbedingung (Blinken!) wird nicht gelöscht; das übliche ‚?' wird mitgedruckt.

- *Beispiel D2-1:* Man drucke die Werte 1/9992 und 1/9993 mit 10 Dezimalstellen. —

```
0. 00010008       01     Tastenfolge: 9992 1/x SBR 240
0. 00010007       00                  9993 1/x SBR 240
```

Durch Entfernen des Zwischenraums erhält man das übliche Druckbild:

```
0. 0001000801
0. 0001000700
```

- *Beispiel D2-2:* Die Werte exp (− 4) und exp (− 5) sind mit 10 Dezimalstellen auszudrucken. —

```
0. 0183156389       Tastenfolge: 4 +/− INV ln x SBR 240
0. 0067379470                    5 +/− INV ln x SBR 240
```

Zum Vergleich die konventionelle Ausgabe mit Prt:

```
. 0183156389
0. 006737947        (Stellenverschiebung durch 0-Unterdrückung)
```

- *Beispiel D2-3:* (Erzeugung eines Teils von Tabelle 2.1-1.) Man tabelliere die Trigamma-Funktion $\psi'(x)$ und die Tetragamma-Funktion $\psi''(x)$ zwischen $x = 2$ und $x = 5$ (Schrittweite 0.5) mit 10 Dezimalstellen. —
Ein passendes Programm für die Funktionen $\psi'(x)$, $\psi''(x)$ ist einzulesen; hier eignet sich Programm 2.1. Die Funktionen werden mit der Druckroutine D2 in Verbindung mit der folgenden Zusatzroutine tabelliert (Aufruf: SBR SBR).

```
351   76 LBL     365   03    3     379   42 STO     393   07    7
352   71 SBR     366   59   59     380   00   00     394   03    3
353   07    7     367   02    2     381   71 SBR     395   70   70
354   94 +/−     368   42 STO     382   03    3     396   92 RTN
355   42 STO     369   07   07     383   97   97     397   43 RCL
356   00   00     370   98 ADV     384   12    B     398   00   00
357   58 FIX     371   03    3     385   71 SBR     399   55   ÷
358   01    1     372   75   −     386   02    2     400   02    2
359   71 SBR     373   43 RCL     387   40   40     401   85   +
360   03    3     374   07   07     388   97 DSZ     402   05    5
361   97   97     375   95   =     389   00    0     403   93   .
362   99 PRT     376   11    A     390   03    3     404   05    5
363   97 DSZ     377   07    7     391   81   81     405   95   =
364   00    0     378   94 +/−     392   97 DSZ     406   92 RTN
```

Liste zu Programm D2

240	22	INV	268	52	EE	296	02	2	324	54	)
241	58	FIX	269	08	8	297	32	X:T	325	22	INV
242	82	HIR	270	82	HIR	298	52	EE	326	52	EE
243	07	7	271	47	47	299	06	6	327	58	FIX
244	32	X:T	272	82	HIR	300	82	HIR	328	08	8
245	01	1	273	17	17	301	08	8	329	69	OP
246	00	0	274	22	INV	302	32	X:T	330	06	06
247	00	0	275	59	INT	303	71	SBR	331	22	INV
248	32	X:T	276	50	I×I	304	03	3	332	58	FIX
249	50	I×I	277	52	EE	305	38	38	333	92	RTN
250	77	GE	278	00	0	306	52	EE	334	82	HIR
251	03	3	279	01	1	307	04	4	335	17	17
252	34	34	280	59	INT	308	82	HIR	336	99	PRT
253	57	ENG	281	52	EE	309	38	38	337	92	RTN
254	82	HIR	282	94	+/−	310	82	HIR	338	53	(
255	17	17	283	01	1	311	18	18	339	59	INT
256	53	(	284	82	HIR	312	22	INV	340	85	+
257	69	OP	285	08	8	313	57	ENG	341	32	X:T
258	10	10	286	71	SBR	314	69	OP	342	06	6
259	55	÷	287	03	3	315	04	04	343	77	GE
260	02	2	288	38	38	316	82	HIR	344	03	3
261	52	EE	289	32	X:T	317	17	17	345	48	48
262	01	1	290	82	HIR	318	53	(	346	02	2
263	00	0	291	18	18	319	59	INT	347	85	+
264	54	)	292	22	INV	320	55	÷	348	01	1
265	82	HIR	293	59	INT	321	01	1	349	54	)
266	37	37	294	52	EE	322	52	EE	350	92	RTN
267	01	1	295	00	0	323	08	8			

Eingabe des Programms: Speicherbereichsverteilung in Grundstellung. Programm eintasten.
(Eingabe des Befehls HIR: Anhang A.) Block 2 auf eine Magnetkartenhälfte aufzeichnen.

E. Drucken im Exponentialformat (ohne 0-Unterdrückung)

Programm E1:   Drucken mit 9-stelliger Mantisse (ohne 0-Unterdrückung)

Im konventionellen EE- und Eng-Format erfolgt die Ausgabe der Mantisse maximal 8-stellig. Die
vorliegende komfortable Druckroutine druckt den Wert aus dem Anzeigeregister im Exponential-
format mit 9-stelliger (gerundeter) Mantisse (ohne Null-Unterdrückung). Aufruf: SBR 240.
(Ergänzung bei häufigem Aufruf über die Tastatur: wie bei Programm D1.)
Die Routine benötigt keine Datenregister. Das eingestellte Anzeigeformat ist beliebig; zurück bleibt
Standardformat (INV Eng, INV Fix).
Programm-Koordination zum Tabellieren: wie bei Programm D1.

Bemerkung: Eine vor Aufruf der Druckroutine vorhandene Fehlerbedingung (Blinken!) wird nicht
gelöscht; das übliche ‚?' wird mitgedruckt.

● *Beispiel E1-1:* Man drucke den Wert 1/1234 mit 9 signifikanten Ziffern (d.h. mit 9-stelliger
Mantisse). —

8. 10372771 −04   Tastenfolge: **1234 1/x SBR 240**

Durch Entfernen des Zwischenraums erhält man das übliche Druckbild:
8. 10372771 -04

Zum Vergleich die konventionelle Ausgabe mit Prt:

   (a) EE-Format   (b) Eng-Format

      8. 1037277 -04   810. 37277 -06

● *Beispiel E1-2:* Die Werte exp (− 4) und exp (− 5) sind mit 9-stelliger Mantisse auszudrucken. −

1. 83156389 -02   Tastenfolge: 4 +/− INV ln x SBR 240
6. 73794700 -03   5 +/− INV ln x SBR 240

Zum Vergleich die konventionelle Ausgabe mit Prt:

   (a) EE- oder Eng-Format, INV Fix   (b) EE- oder Eng-Format, Fix 7
      1. 8315639 -02   1. 8315639 -02
       6. 737947 -03   6. 7379470 -03

      (Null-Unterdrückung)   (keine Null-Unterdrückung)

● *Beispiel E1-3:* Man tabelliere die Funktion exp (x) zwischen x = − 10 und x = − 20
(Schrittweite − 1) mit 9 signifikanten Ziffern. −
Da die Exponentialfunktion eingebaut ist, erübrigt sich hier das Einlesen einer Funktionsroutine.
Das Tabellieren erfolgt mit der Druckroutine E1 in Verbindung mit der nachstehenden (aus
Beispiel D1-3 übernommenen) Zusatzroutine (Aufruf: SBR SBR). Zuerst wird die Spalte der
Argumentwerte x gedruckt, dann die Spalte der Funktionswerte exp (x) (nebeneinander zu
kleben) (Tabelle E1-1).

```
386   76 LBL      396   01    1      406   42 STO      416   71 SBR
387   71 SBR      397   95    =      407   00   00      417   02    2
388   01    1      398   99 PRT      408   43 RCL      418   40   40
389   01    1      399   97 DSZ      409   00   00      419   97 DSZ
390   42 STO      400   00    0      410   75    -      420   00    0
391   00   00      401   03    3      411   02    2      421   04    4
392   43 RCL      402   92   92      412   01    1      422   08   08
393   00   00      403   98 ADV      413   95    =      423   92 RTN
394   75    -      404   01    1      414   22 INV
395   02    2      405   01    1      415   23 LNX
```

Tabelle E1-1 Exponentialfunktion
exp (x), x = − 10 (−1) − 20, 9S

Zum Vergleich die konventionelle Ausgabe
mit Prt (EE-Format, Fix 7):

x	exp (x)	
-10.	4. 53999298 -05	4. 5399930 -05
-11.	1. 67017008 -05	1. 6701701 -05
-12.	6. 14421235 -06	6. 1442124 -06
-13.	2. 26032941 -06	2. 2603294 -06
-14.	8. 31528719 -07	8. 3152872 -07
-15.	3. 05902321 -07	3. 0590232 -07
-16.	1. 12535175 -07	1. 1253517 -07
-17.	4. 13993772 -08	4. 1399377 -08
-18.	1. 52299797 -08	1. 5229980 -08
-19.	5. 60279644 -09	5. 6027964 -09
-20.	2. 06115362 -09	2. 0611536 -09

Liste zu Programm E1

240	58	FIX	277	73	73	314	03	3	351	22	INV
241	08	8	278	82	HIR	315	25	25	352	57	ENG
242	29	CP	279	38	38	316	94	+/-	353	82	HIR
243	67	EQ	280	82	HIR	317	71	SBR	354	17	17
244	03	3	281	16	16	318	03	3	355	52	EE
245	08	08	282	29	CP	319	25	25	356	82	HIR
246	71	SBR	283	77	GE	320	01	1	357	07	7
247	03	3	284	02	2	321	94	+/-	358	32	X:T
248	13	13	285	91	91	322	82	HIR	359	01	1
249	57	ENG	286	02	2	323	47	47	360	00	0
250	82	HIR	287	52	EE	324	92	RTN	361	32	X:T
251	16	16	288	05	5	325	53	(	362	77	GE
252	50	IxI	289	82	HIR	326	32	X:T	363	03	3
253	52	EE	290	38	38	327	01	1	364	66	66
254	94	+/-	291	82	HIR	328	32	X:T	365	92	RTN
255	01	1	292	18	18	329	55	÷	366	32	X:T
256	82	HIR	293	22	INV	330	28	LOG	367	82	HIR
257	08	8	294	57	ENG	331	59	INT	368	67	67
258	71	SBR	295	22	INV	332	82	HIR	369	01	1
259	03	3	296	58	FIX	333	06	6	370	82	HIR
260	73	73	297	69	OP	334	22	INV	371	36	36
261	32	X:T	298	04	04	335	28	LOG	372	92	RTN
262	82	HIR	299	82	HIR	336	57	ENG	373	53	(
263	18	18	300	17	17	337	52	EE	374	59	INT
264	22	INV	301	58	FIX	338	54	)	375	85	+
265	59	INT	302	08	8	339	82	HIR	376	32	X:T
266	52	EE	303	69	OP	340	07	7	377	06	6
267	00	0	304	06	06	341	77	GE	378	77	GE
268	02	2	305	22	INV	342	03	3	379	03	3
269	32	X:T	306	58	FIX	343	51	51	380	83	83
270	52	EE	307	92	RTN	344	01	1	381	02	2
271	02	2	308	69	OP	345	00	0	382	85	+
272	82	HIR	309	00	00	346	82	HIR	383	01	1
273	08	8	310	61	GTO	347	47	47	384	54	)
274	32	X:T	311	02	2	348	01	1	385	92	RTN
275	71	SBR	312	58	58	349	82	HIR			
276	03	3	313	77	GE	350	56	56			

Eingabe des Programms: Speicherbereichsverteilung in Grundstellung. Programm eintasten.
(Eingabe des Befehls HIR: Anhang A.) Block 2 auf eine Magnetkartenhälfte aufzeichnen.

Programm E2: Drucken mit 10-stelliger Mantisse (ohne 0-Unterdrückung)

Die vorliegende komfortable Druckroutine druckt den Wert aus dem Anzeigeregister im Exponentialformat mit 10-stelliger (gerundeter) Mantisse (ohne Null-Unterdrückung). Aufruf: SBR 240.
(Ergänzung bei häufigem Aufruf über die Tastatur: wie bei Programm D1.)
Die Routine benötigt keine Datenregister. Das eingestellte Anzeigeformat ist beliebig; zurück bleibt Standard-Format (INV Eng, INV Fix).
Programm-Koordination zum Tabellieren: wie bei Programm D1.

Bemerkung: Eine vor Aufruf der Druckroutine vorhandene Fehlerbedingung (Blinken!) wird nicht gelöscht; das übliche ‚?' wird mitgedruckt.

- *Beispiel E2-1:* Man drucke den Wert 1/1234 mit 10 signifikanten Ziffern (d.h. mit 10-stelliger Mantisse). —

8. 10372771   5-04 Tastenfolge: 1234 1/x SBR 240

Durch Entfernen des Zwischenraums erhält man das übliche Druckbild:

8. 103727715-04

- *Beispiel E2-2:* Der Wert exp (− 5) ist mit 10-stelliger Mantisse auszudrucken. —

6. 737946999-03   Tastenfolge: 5 +/− INV ln x SBR 240

- *Beispiel E2-3:* (Erzeugung von Tabelle 1.1-1.) Man tabelliere die Gamma-Funktion $\Gamma(x)$ zwischen x = 0.5 und x = 5 (Schrittweite 0.5) mit 10 signifikanten Ziffern. —
Ein passendes Programm für die Funktion $\Gamma(x)$ ist einzulesen; hier eignet sich Programm 1.1. Die Funktion wird mit der Druckroutine E2 in Verbindung mit der folgenden Zusatzroutine tabelliert (Aufruf: SBR SBR).

```
412  76 LBL      424  99 PRT      436  04   4      448  00  00
413  71 SBR      425  97 DSZ      437  47  47      449  55   ÷
414  01   1      426  00   0      438  11   A      450  02   2
415  00   0      427  04   4      439  71 SBR      451  85   +
416  94 +/-      428  21  21      440  02   2      452  05   5
417  42 STO      429  98 ADV      441  40  40      453  93   .
418  00  00      430  01   1      442  97 DSZ      454  05   5
419  58 FIX      431  00   0      443  00   0      455  95   =
420  01   1      432  94 +/-      444  04   4      456  92 RTN
421  71 SBR      433  42 STO      445  35  35
422  04   4      434  00  00      446  92 RTN
423  47  47      435  71 SBR      447  43 RCL
```

Liste zu Programm E2

240	22	INV	283	82	HIR	326	22	INV	369	77	77
241	58	FIX	284	38	38	327	52	EE	370	01	1
242	29	CP	285	82	HIR	328	58	FIX	371	00	0
243	67	EQ	286	16	16	329	08	8	372	82	HIR
244	03	3	287	29	CP	330	69	OP	373	47	47
245	35	35	288	77	GE	331	06	06	374	01	1
246	71	SBR	289	02	2	332	22	INV	375	82	HIR
247	03	3	290	96	96	333	58	FIX	376	56	56
248	40	40	291	02	2	334	92	RTN	377	22	INV
249	01	1	292	52	EE	335	69	OP	378	57	ENG
250	52	EE	293	05	5	336	00	00	379	82	HIR
251	08	8	294	82	HIR	337	61	GTO	380	17	17
252	82	HIR	295	38	38	338	02	2	381	52	EE
253	47	47	296	82	HIR	339	63	63	382	82	HIR
254	57	ENG	297	17	17	340	77	GE	383	07	7
255	82	HIR	298	22	INV	341	03	3	384	32	X:T
256	16	16	299	59	INT	342	52	52	385	01	1
257	50	IxI	300	50	IxI	343	94	+/-	386	00	0
258	52	EE	301	52	EE	344	71	SBR	387	32	X:T
259	94	+/-	302	00	0	345	03	3	388	77	GE
260	01	1	303	02	2	346	52	52	389	03	3
261	82	HIR	304	71	SBR	347	01	1	390	92	92
262	08	8	305	03	3	348	94	+/-	391	92	RTN
263	71	SBR	306	99	99	349	82	HIR	392	32	X:T
264	03	3	307	52	EE	350	47	47	393	82	HIR
265	99	99	308	06	6	351	92	RTN	394	67	67
266	32	X:T	309	82	HIR	352	53	(	395	01	1
267	82	HIR	310	38	38	353	32	X:T	396	82	HIR
268	18	18	311	82	HIR	354	01	1	397	36	36
269	22	INV	312	18	18	355	32	X:T	398	92	RTN
270	59	INT	313	22	INV	356	55	÷	399	53	(
271	52	EE	314	57	ENG	357	28	LOG	400	59	INT
272	00	0	315	69	OP	358	59	INT	401	85	+
273	02	2	316	04	04	359	82	HIR	402	32	X:T
274	32	X:T	317	82	HIR	360	06	6	403	06	6
275	52	EE	318	17	17	361	22	INV	404	77	GE
276	02	2	319	53	(	362	28	LOG	405	04	4
277	82	HIR	320	59	INT	363	52	EE	406	09	09
278	08	8	321	55	÷	364	54	)	407	02	2
279	32	X:T	322	01	1	365	82	HIR	408	85	+
280	71	SBR	323	52	EE	366	07	7	409	01	1
281	03	3	324	08	8	367	77	GE	410	54	)
282	99	99	325	54	)	368	03	3	411	92	RTN

Eingabe des Programms: Speicherbereichsverteilung in Grundstellung. Programm eintasten.
(Eingabe des Befehls HIR: Anhang A.) Block 2 auf eine Magnetkartenhälfte aufzeichnen.

Programm E3:   Drucken mit 13-stelliger Mantisse (ohne 0-Unterdrückung)

Im allgemeinen ist es nicht sinnvoll, Schutzstellen auszugeben. Zur Datenkontrolle oder bei Genauigkeits-Tests ist es jedoch zweckmäßig, alle 13 Mantissen-Stellen der internen Darstellung einer Zahl zu kennen.
Die vorliegende komfortable Druckroutine druckt den Wert aus dem Anzeigeregister im Exponentialformat mit 13-stelliger Mantisse (ohne Null-Unterdrückung). Aufruf: SBR 240. (Ergänzung bei häufigem Aufruf über die Tastatur: wie bei Programm D1.)
Die Routine benötigt keine Datenregister. Das eingestellte Anzeigeformat ist beliebig; zurück bleibt Standard-Format (INV Eng, INV Fix).

Ausgabeformat:
erste Zeile: Mantisse 1. Teil (9-stellig, ungerundet)
zweite Zeile: Mantisse 2. Teil (4-stellig) und Exponent

(Die drei Schutzstellen stehen nach dem Punkt in der zweiten Zeile.)

Bemerkung: Eine vor Aufruf der Druckroutine vorhandene Fehlerbedingung (Blinken!) wird nicht gelöscht; das übliche ‚?' wird mitgedruckt.

● *Beispiel E3-1:* Man drucke den Wert 1/1234 mit 13-stelliger Mantisse. —

```
8. 10372771
      4.749         -04  Tastenfolge: 1234 1/x SBR 240
```

Somit gilt intern $1/1234 = 8.103727714749 \times 10^{-4}$.

● *Beispiel E3-2:* Die Werte exp (−5) und exp (−9) sind mit 13-stelliger Mantisse auszudrucken. —

```
6. 73794699
      9.084         -03  Tastenfolge: 5 +/− INV In x SBR 240
1. 23409804
      0.866         -04  Tastenfolge: 9 +/− INV In x SBR 240
```

Somit ist intern $\exp(-5) = 6.737946999084 \times 10^{-3}$ und $\exp(-9) = 1.234098040866 \times 10^{-4}$.

● *Beispiel E3-3:* Man ermittle die interne Darstellung der transzendenten Zahlen π und e. —

```
3. 14159265
      3.590         00  Tastenfolge: π SBR 240
2. 71828182
      8.459         00  Tastenfolge: 1 INV In x SBR 240
```

Die interne Darstellung ist somit $\pi = 3.141592653590 \times 10^{0}$ und $e = 2.718281828459 \times 10^{0}$.

Liste zu Programm E3

240	58	FIX	278	82	HIR	316	17	17	354	28	LOG
241	08	8	279	18	18	317	22	INV	355	59	INT
242	29	CP	280	22	INV	318	59	INT	356	82	HIR
243	67	EQ	281	59	INT	319	53	(	357	06	6
244	03	3	282	52	EE	320	50	I×I	358	22	INV
245	32	32	283	00	0	321	65	×	359	28	LOG
246	71	SBR	284	02	2	322	01	1	360	57	ENG
247	03	3	285	32	X:T	323	00	0	361	52	EE
248	37	37	286	52	EE	324	54	)	362	54	)
249	01	1	287	02	2	325	58	FIX	363	82	HIR
250	52	EE	288	82	HIR	326	03	3	364	07	7
251	08	8	289	08	8	327	69	OP	365	77	GE
252	82	HIR	290	32	X:T	328	06	06	366	03	3
253	47	47	291	71	SBR	329	22	INV	367	75	75
254	32	X:T	292	03	3	330	58	FIX	368	01	1
255	82	HIR	293	76	76	331	92	RTN	369	00	0
256	17	17	294	82	HIR	332	69	OP	370	82	HIR
257	53	(	295	38	38	333	00	00	371	47	47
258	59	INT	296	82	HIR	334	61	GTO	372	01	1
259	55	÷	297	16	16	335	02	2	373	82	HIR
260	32	X:T	298	29	CP	336	62	62	374	56	56
261	54	)	299	77	GE	337	77	GE	375	92	RTN
262	22	INV	300	03	3	338	03	3	376	53	(
263	57	ENG	301	07	07	339	49	49	377	59	INT
264	99	PRT	302	02	2	340	94	+/-	378	85	+
265	57	ENG	303	52	EE	341	71	SBR	379	32	X:T
266	82	HIR	304	05	5	342	03	3	380	06	6
267	16	16	305	82	HIR	343	49	49	381	77	GE
268	50	I×I	306	38	38	344	01	1	382	03	3
269	52	EE	307	82	HIR	345	94	+/-	383	86	86
270	94	+/-	308	18	18	346	82	HIR	384	02	2
271	01	1	309	22	INV	347	47	47	385	85	+
272	82	HIR	310	57	ENG	348	92	RTN	386	01	1
273	08	8	311	22	INV	349	53	(	387	54	)
274	71	SBR	312	58	FIX	350	32	X:T	388	92	RTN
275	03	3	313	69	OP	351	01	1			
276	76	76	314	04	04	352	32	X:T			
277	32	X:T	315	82	HIR	353	55	÷			

Eingabe des Programms: Speicherbereichsverteilung in Grundstellung. Programm eintasten.
(Eingabe des Befehls HIR: Anhang A.) Block 2 auf eine Magnetkartenhälfte aufzeichnen.

Programm E4:   13-stellige Auflistung von Datenregistern

Das vorliegende komfortable Programm dient zur Auflistung der Datenregister mit Inhalt $\neq 0$ im
Exponentialformat mit 13-stelliger Mantisse (ohne Null-Unterdrückung). Leere Datenregister
werden übergangen. Wenn die Auflistung bei Register R_n $(n = 0, 1, 2, ...)$ beginnen soll, ist die
Tastenfolge für den Aufruf: n A.
Bei Erreichen der Speicherbereichsgrenze wird automatisch angehalten und 0 angezeigt. Das Programm benötigt effektiv keine Datenregister und verändert auch nicht deren Inhalt, falls man es
zu Ende laufen läßt. Wird das Programm von Hand aus unterbrochen (durch R/S), sollte an-
schließend Taste B gedrückt werden (u.a. zur Wiederherstellung des Inhalts von R_{00}).

Ausgabeformat:

erste Zeile: Mantisse 1. Teil (9-stellig, ungerundet) und Register-Nummer

zweite Zeile: Mantisse 2. Teil (4-stellig) und Exponent

(Die drei Schutzstellen stehen nach dem Punkt in der zweiten Zeile.)

Bemerkung: Ungültiger Registerinhalt $(,\pm \infty')$ bewirkt sofortige Beendigung der Auflistung. —
Eine vor Aufruf der Routine vorhandene Fehlerbedingung (Blinken!) stört nicht, wird aber gelöscht.

- *Beispiel E4-1:* (Datenkontrolle) Über die Tastatur wurden folgende Werte berechnet und in den
  angegebenen Datenregistern gespeichert:

$$-1000\,\pi \text{ in } R_{53}; \quad \pi/100 \text{ in } R_{54}; \quad e = \exp(1) \text{ in } R_{56}; \quad -10^{-6}\,e \text{ in } R_{59}$$

Es wird eine 13-stellige Auflistung dieser Werte gewünscht. —
Nach Aufruf mit der Tastenfolge 53 A erhält man diese Liste:

```
-3. 14159265      R53
      3. 590       03
 3. 14159265      R54
      3. 590      -02
 2. 71828182      R56
      8. 459       00
-2. 71828182      R59
      8. 459      -06
```

Zum Vergleich die Standard-Auflistung, aufgerufen durch 53 INV List:

(a) Standard-Format:		(b) EE-Format:		(c) Eng-Format:	
-3141. 592654	53	-3. 1415927 03	53	-3. 1415927 03	53
. 0314159265	54	3. 1415927 -02	54	31. 415927 -03	54
0.	55	0. 00	55	0. 00	55
2. 718281828	56	2. 7182818 00	56	2. 7182818 00	56
0.	57	0. 00	57	0. 00	57
0.	58	0. 00	58	0. 00	58
-. 0000027183	59	-2. 7182818 -06	59	-2. 7182818 -06	59

● *Beispiel E4-2:* (Genauigkeits-Test) Mit der eingebauten Funktion INV log wurden die Werte 10^0, 10^1 usw. bis 10^{20} berechnet und in den Datenregistern R_{00} bis R_{20} gespeichert. Es wird eine 13-stellige Auflistung dieser Werte gewünscht. —
Nach Aufruf mit der Tastenfolge 0 A erhält man diese Liste:

```
1.00000000   R00          9.99999999   R11
   0.000        00            9.959        10
1.00000000   R01          9.99999999   R12
   0.000        01            9.919        11
1.00000000   R02          9.99999999   R13
   0.000        02            9.979        12
1.00000000   R03          9.99999999   R14
   0.000        03            9.939        13
1.00000000   R04          9.99999999   R15
   0.000        04            9.599        14
1.00000000   R05          9.99999999   R16
   0.000        05            9.559        15
9.99999999   R06          9.99999999   R17
   9.959       05            9.519        16
9.99999999   R07          9.99999999   R18
   9.919       06            9.479        17
9.99999999   R08          9.99999999   R19
   9.879       07            9.439        18
9.99999999   R09          1.00000000   R20
   9.839       08            0.000        20
1.00000000   R10
   0.000        10
```

Zum Vergleich die Standard-Auflistung, aufgerufen durch 0 INV List:

(a) Standard-Format: (b) EE-Format: (c) Eng-Format:

```
         1.       00      1. 00   00         1. 00   00
        10.       01      1. 01   01        10. 00   01
       100.       02      1. 02   02       100. 00   02
      1000.       03      1. 03   03         1. 03   03
     10000.       04      1. 04   04        10. 03   04
    100000.       05      1. 05   05       100. 03   05
   1000000.       06      1. 06   06         1. 06   06
  10000000.       07      1. 07   07        10. 06   07
 100000000.       08      1. 08   08       100. 06   08
1000000000.       09      1. 09   09         1. 09   09
         1. 10    10      1. 10   10        10. 09   10
         1. 11    11      1. 11   11       100. 09   11
         1. 12    12      1. 12   12         1. 12   12
         1. 13    13      1. 13   13        10. 12   13
         1. 14    14      1. 14   14       100. 12   14
         1. 15    15      1. 15   15         1. 15   15
         1. 16    16      1. 16   16        10. 15   16
         1. 17    17      1. 17   17       100. 15   17
         1. 18    18      1. 18   18         1. 18   18
         1. 19    19      1. 19   19        10. 18   19
         1. 20    20      1. 20   20       100. 18   20
         0.       21      0. 00   21         0. 00   21
         0.       22      0. 00   22         0. 00   22
         0.       23      0. 00   23         0. 00   23
```

- *Beispiel E4-3:* Auflistung der Datenregister R_{60} bis R_{89}:
    (1)   Speicherbereichsverteilung auf Grundstellung setzen durch 6 Op 17
    (2)   Programm E4 einlesen durch CLR und Einschieben der Programmkarte
    (3)   Speicherbereichsverteilung ändern durch 9 Op 17
    (4)   Auflistung starten durch 60 A

- *Beispiel E4-4:* Auflistung der Datenregister R_{90} bis R_{99}:
    (1)   Speicherbereichsverteilung auf Grundstellung setzen durch 6 Op 17
    (2)   Block 1 auf eine leere Magnetkartenhälfte schreiben durch 1 Write und Einschieben
           der Magnetkarte
    (3)   Einlesen der Magnetkartenhälfte auf Block 3 erzwingen durch 3 +/− und Einschieben
           der Magnetkarte (Der Inhalt von $R_{90}-R_{99}$ ist nun nach $R_{30}-R_{39}$ kopiert.)
    (4)   Programm E4 einlesen durch CLR und Einschieben der Programmkarte
    (5)   Speicherbereichsverteilung ändern durch 4 Op 17
    (6)   Auflistung starten durch 30 A

Zum Beispiel Auflistung der Datenregister R_{90} bis R_{98} aus Programm 1.4:
[Falls Programm 1.4 bereits auf Magnetkarte gespeichert: sofort bei Punkt (3) beginnen.]

```
  2.06200000      R30          -5.69167704      R35
         0.000     -10                2.000       -04
 -3.46280000      R31           2.07398006      R36
         0.000     -09                1.610       -02
  6.06565000      R32           5.49876446      R37
         0.000     -08                1.214       -01
 -1.13060760      R33           5.28543036      R38
         0.000     -06                9.822       -01
  2.32458721      R34
         0.000     -05
```

[In der Datenregister-Liste von Programm 1.4, Abschnitt (e), wurde die Zehnerstelle der Register-
nummern von Hand aus auf 9 geändert.]

Liste zu Programm E4

000	22	INV	055	82	HIR	110	58	FIX	165	77	GE
001	86	STF	056	48	48	111	69	OP	166	01	1
002	07	7	057	03	3	112	04	04	167	75	75
003	82	HIR	058	05	5	113	82	HIR	168	01	1
004	15	15	059	52	EE	114	17	17	169	00	0
005	42	STO	060	06	6	115	22	INV	170	82	HIR
006	00	00	061	82	HIR	116	59	INT	171	47	47
007	00	0	062	38	38	117	53	(	172	01	1
008	24	CE	063	82	HIR	118	50	IxI	173	82	HIR
009	92	RTN	064	18	18	119	65	x	174	56	56
010	76	LBL	065	22	INV	120	01	1	175	92	RTN
011	12	B	066	57	ENG	121	00	0	176	57	ENG
012	22	INV	067	69	OP	122	54	)	177	52	EE
013	57	ENG	068	04	04	123	58	FIX	178	94	+/-
014	22	INV	069	01	1	124	03	3	179	01	1
015	58	FIX	070	52	EE	125	69	OP	180	82	HIR
016	25	CLR	071	08	8	126	06	06	181	08	8
017	81	RST	072	82	HIR	127	29	CP	182	71	SBR
018	76	LBL	073	47	47	128	69	OP	183	02	2
019	11	A	074	32	X:T	129	20	20	184	05	05
020	48	EXC	075	82	HIR	130	61	GTO	185	32	X:T
021	00	00	076	17	17	131	00	0	186	82	HIR
022	82	HIR	077	53	(	132	31	31	187	18	18
023	05	5	078	59	INT	133	82	HIR	188	22	INV
024	43	RCL	079	55	÷	134	15	15	189	59	INT
025	00	00	080	32	X:T	135	61	GTO	190	52	EE
026	24	CE	081	54	)	136	00	0	191	00	0
027	29	CP	082	22	INV	137	33	33	192	02	2
028	67	EQ	083	52	EE	138	77	GE	193	32	X:T
029	01	1	084	58	FIX	139	01	1	194	52	EE
030	33	33	085	08	8	140	50	50	195	02	2
031	73	RC*	086	69	OP	141	94	+/-	196	82	HIR
032	00	00	087	06	06	142	71	SBR	197	08	8
033	22	INV	088	82	HIR	143	01	1	198	32	X:T
034	58	FIX	089	16	16	144	50	50	199	71	SBR
035	69	OP	090	50	IxI	145	01	1	200	02	2
036	19	19	091	71	SBR	146	94	+/-	201	05	05
037	87	IFF	092	01	1	147	82	HIR	202	82	HIR
038	07	7	093	76	76	148	47	47	203	38	38
039	00	0	094	82	HIR	149	92	RTN	204	92	RTN
040	00	00	095	16	16	150	53	(	205	53	(
041	67	EQ	096	29	CP	151	32	X:T	206	59	INT
042	01	1	097	77	GE	152	01	1	207	85	+
043	28	28	098	01	1	153	32	X:T	208	32	X:T
044	71	SBR	099	05	05	154	55	÷	209	06	6
045	01	1	100	02	2	155	28	LOG	210	77	GE
046	38	38	101	52	EE	156	59	INT	211	02	2
047	43	RCL	102	05	5	157	82	HIR	212	15	15
048	00	00	103	82	HIR	158	06	6	213	02	2
049	71	SBR	104	38	38	159	22	INV	214	85	+
050	01	1	105	82	HIR	160	28	LOG	215	01	1
051	76	76	106	18	18	161	52	EE	216	54	)
052	01	1	107	22	INV	162	54	)	217	92	RTN
053	52	EE	108	57	ENG	163	82	HIR			
054	02	2	109	22	INV	164	07	7			

Eingabe des Programms: Speicherbereichsverteilung in Grundstellung. Programm eintasten.
(Eingabe des Befehls HIR: Anhang A.) Block 1 auf eine Magnetkartenhälfte aufzeichnen.

Namenverzeichnis

Sachverzeichnis

Symbolverzeichnis

(I) Lateinische Buchstaben

$\binom{a}{k}$	Binomialkoeffizienten (Kombinationen) 3, 5, 7, 12, 19
$(a)_k$	Pochhammer-Symbol 17
$B(x, u)$	Beta-Funktion 3, 4, 7, 12, 19, 26, 154
B_n	Bernoulli-Zahlen ($B_0 = 1$, $B_1 = -1/2$, $B_2 = 1/$, $B_3 = 0$, $B_4 = -1/30$, $B_5 = 0$, ...) 20,43
$\mathrm{Chi}(x)$, $\mathrm{Cinh}(x)$	hyperbolischer Integralcosinus 75, 82, 83, 89, 101
$\mathrm{Ci}(x)$, $\mathrm{Cin}(x)$	Integralcosinus 75, 85, 86, 118, 139
$\cosh(x) = \frac{1}{2}\left[\exp(x) + \exp(-x)\right]$	hyperbolischer Cosinus 101
D	Dezimalstellen 2
$e_k = 1$ für $k = 0$, $e_k = 2$ für $k = 1, 2, 3, \ldots$ (Hankel-Symbol) 26, 60	
$\exp(x) = e^x$	Exponentialfunktion 21
$E_n(x)$, $\mathrm{Ee}_n(x)$, $\mathrm{Ei}(x)$, $\mathrm{Eei}(x)$, $\mathrm{Ein}(x)$, $\mathrm{Eni}(x)$ Exponentialintegrale 75–81, 89, 100, 103, 110	
$F(x)$, $G(x)$, $F^*(x)$, $G^*(x)$	modifizierte Exponentialintegrale 75, 84, 85, 87, 118
$J(x)$	Binet-Funktion 4, 20, 43, 132, 133
$L^{(m)}(x) = J^{(m+1)}(x)$	Ableitungen der Binet-Funktion 43, 133
$\mathrm{li}(x)$	Integrallogarithmus 80, 89
$\ln \Gamma(x)$	natürlicher Logarithmus der Gamma-Funktion 3, 4, 19
$\log_{10} \Gamma(x)$	Briggsscher Logarithmus der Gamma-Funktion 22, 25
$m! = \Gamma(m+1)$	Faktorielle (Fakultät) 3, 7, 12, 19, 26
$m!!$	Doppel-Faktorielle 31
$M(x)$	ein Exponentialintegral 81, 96
$N(x)$	ein modifiziertes Exponentialintegral 85, 124
P_b^a	Variationen (permutations, factorial powers) 3, 5, 7, 12, 19
P.V.	Cauchy-Hauptwert (principal value) eines uneigentlichen Integrals
S	signifikante Ziffern 2
$\mathrm{Shi}(x)$	hyperbolischer Integralsinus 75, 82, 89
$\mathrm{Si}(x)$, $\mathrm{si}(x)$	Integralsinus 75, 85, 118
$\sinh(x) = \frac{1}{2}\left[\exp(x) - \exp(-x)\right]$	hyperbolischer Sinus 101
$T_k^*(x)$	spezielle (shifted) Chebyshev-Polynome erster Art 26, 60
$U(a, b, x)$	logarithmische Lösung der konfluenten hypergeometrischen Differentialgleichung 76, 77, 81, 82
$V(x)$, $W(x)$	Exponentialintegrale 75, 81, 89
$[x]$	größte ganze Zahl $\leqslant x$; für $x \geqslant 0$ ist $[x] = \mathrm{Int}(x)$
$\sim$	asymptotisch gleich
$\approx$	näherungsweise gleich

(II) Griechische Buchstaben

$\beta(x)$	beta-Funktion 33–35, 43, 53, 67, 133
$B(x, u)$	Beta-Funktion 3, 4, 7, 12, 19, 26, 154

$\Gamma(x)$ — Gamma-Funktion 3, 7, 12, 19, 26, 149, 150

$\Gamma(a, x)$ — unvollständige Gamma-Funktion 76, 77, 79

$\gamma = 0.5772\ldots$ — Eulersche Konstante 37

$\Delta = \epsilon/f = (f - \tilde{f})/f$ — relativer Fehler einer Näherung $\tilde{f}$ gegenüber dem exakten Wert f [Vorzeichen von Δ wie üblich so, daß $f = \tilde{f} + f\Delta$]

$\delta = \epsilon/\tilde{f} = (f - \tilde{f})/\tilde{f}$ — modifizierter relativer Fehler einer Näherung $\tilde{f}$ gegenüber dem exakten Wert f [Vorzeichen von δ wie üblich so, daß $f = (1 + \delta)\,\tilde{f}$] 20, 27, 111

Bemerkung: Da i.a. $|\delta| \ll 1$ und $|\Delta| \ll 1$, ist der Unterschied zwischen Δ und δ meist vernachlässigbar:

$$\Delta = 1 - (1 + \delta)^{-1} = \delta - \delta^2 + \delta^3 - \ldots \approx \delta,$$

$$\delta = (1 - \Delta)^{-1} - 1 = \Delta + \Delta^2 + \Delta^3 + \ldots \approx \Delta.$$

$\epsilon = f - \tilde{f}$ — (absoluter) Fehler einer Näherung $\tilde{f}$ gegenüber dem exakten Wert f [Vorzeichen von ϵ wie üblich so, daß $f = \tilde{f} + \epsilon$] 12, 20, 27, 44, 61, 90, 110, 119

$\zeta(z)$ — zeta-Funktion von Riemann 37, 135, 140

$\pi = 3.14159\ldots$ — Verhältnis Kreisumfang/Durchmesser

$\displaystyle\prod_{k=1}^{n} r_k = r_1 r_2 r_3 \ldots r_n$ — Produkt

$\displaystyle\sum_{k=1}^{n} s_k = s_1 + s_2 + s_3 + \ldots + s_n$ — Summe

$\tau(x)$ — Transmissionsfunktion 109, 115, 117

$\psi(x)$ — Digamma-Funktion (psi-Funktion) 33, 34, 37, 43, 53, 60, 69, 133, 154

Verzeichnis unkonventioneller Programmtechniken